Unity 3D

从入门到精通

主 编：薛庆文

副主编：姜涛 王平 夏文彬

电子工业出版社

Publishing House of Electronics Industry

北京•BEIJING

内 容 简 介

Unity是近几年非常流行的一款3D游戏开发引擎，其特点是跨平台能力强，移植便捷，所以得到了众多游戏开发者的青睐。本书主要介绍的内容包括游戏引擎概述、3D数学基础知识、Unity基本内容、Unity脚本开发技术、创建基本的3D场景、物理系统、图形用户界面UGUI、Mecanim动画系统、导航网格寻路、音效系统、全局光照与粒子系统、游戏资源打包与跨平台发布，并通过RunBall案例讲解Unity 3D场景的创建、刚体及力场的应用、UGUI游戏界面的创建和在PC等平台发布游戏。最后，本书通过UGUI综合案例介绍搭建游戏环境的过程，包括制作游戏的开始面板、主面板、"角色"面板、"背包"面板、"关卡选择"面板、"设置"面板和"登录"面板。

本书既可以作为广大Unity初学者的自学手册，也可以作为虚拟现实专业（方向）的高校学生学习Unity的入门教程，还可以作为Unity进阶者查阅软件使用方法、注意事项等资料的参考手册。

本书附赠配套案例源代码、素材文件和教学视频，以及教学PPT，方便高校教师教学使用。读者可以借助配套资源更好、更快地学习Unity。

图书在版编目（CIP）数据

Unity 3D 从入门到精通：视频微课版 / 薛庆文主编. —北京：电子工业出版社，2021.11

ISBN 978-7-121-42206-5

Ⅰ. ①U… Ⅱ. ①薛… Ⅲ. ①游戏程序—程序设计 Ⅳ. ①TP311.5

中国版本图书馆 CIP 数据核字（2021）第 207232 号

责任编辑：孔祥飞　　　　　　特约编辑：田学清
印　　刷：三河市良远印务有限公司
装　　订：三河市良远印务有限公司
出版发行：电子工业出版社
　　　　　北京市海淀区万寿路 173 信箱　　　邮编：100036
开　　本：787×1092　　1/16　　印张：20　　字数：538 千字
版　　次：2021 年 11 月第 1 版
印　　次：2025 年 1 月第 11 次印刷
定　　价：89.00 元

凡所购买电子工业出版社图书有缺损问题，请向购买书店调换。若书店售缺，请与本社发行部联系，联系及邮购电话：（010）88254888，88258888。

质量投诉请发邮件至 zlts@phei.com.cn，盗版侵权举报请发邮件至 dbqq@phei.com.cn。

本书咨询联系方式：010-51260888-819，faq@phei.com.cn。

虚拟现实专业（方向）系列教程编委会

主任：李　青　薛庆文

成员：（按姓氏笔画顺序排列）

王　平　刘　晶　关永征

周　华　姜　涛　夏文彬

前　言

Unity 也被称作 Unity 3D，是近几年非常流行的一款 3D 游戏开发引擎，由 C#和游戏开发两个领域融合而成。正如 David Helgason 所说："Unity 是一个用来构建游戏的工具箱，它整合了图像、音频、物理引擎、人机交互及网络等技术。"Unity 的特点是跨平台能力强（支持 Windows、macOS、Linux、WebGL、iOS、Android 等平台），移植便捷，3D 图形性能出众，同时支持 2D 功能，所以得到了众多游戏开发者的青睐。在移动端，Unity 几乎成为 3D、2D 游戏开发的标准工具。

Unity 已经被广泛应用并进入成熟期，而且一直保持平稳、持续的更新。目前，其官方资料和文档（特别是中文文档）的更新并不是很及时，而网上的大多数同类教程知识碎片化，难以形成体系，导致相关内容在一些重要的细节上有所缺失。

近几年，开设虚拟现实专业（方向）的高校越来越多，适合高校学生学习 Unity 相关知识的入门教程却非常少，从而使得高校相关课程的教学和人才培养面临诸多困难。为此，山东骏文科技有限公司凭借其游戏开发经验和校企合作办学的教学经验，针对 Unity 初学者的特点和需求，组织企业游戏开发人员和高校教师共同编写了本书。本书力求以实用为宗旨，结合案例讲解知识点，不仅可以使读者轻松、快速地学习相关知识，还可以帮助读者理解 Unity 的重点和难点，并有效提高其动手能力。

本书内容

本书基于 Unity 2018 版本编写，其相关内容在其他版本中通用。本书主要介绍的内容包括游戏引擎概述、3D 数学基础知识、Unity 基本内容、Unity 脚本开发技术、创建基本的 3D 场景、物理系统、图形用户界面 UGUI、Mecanim 动画系统、导航网格寻路、音效系统、全局光照与粒子系统、游戏资源打包与跨平台发布，并通过 RunBall 案例讲解 Unity 3D 场景的创建、刚体及力场的应用、UGUI 游戏界面的创建和在 PC 等平台发布游戏。最后，本书利用 UGUI 综合案例介绍搭建游戏环境的过程，包括制作游戏的开始面板、主面板、"角色"面板、"背包"面板、"关卡选择"面板、"设置"面板和"登录"面板。

本书特点

- 讲解细致，易学易用：本书从初学者的角度出发，对常用的命令和工具进行详细介绍，方便读者循序渐进地学习。
- 编排科学，结构合理：本书重点讲解核心技术，篇幅设置合理，使读者可以在有限的时间内学到实用的技术。
- 内容实用，案例丰富：本书对 Unity 常用的命令和工具进行了详细介绍，并给出了具体的应用案例，帮助读者在实战中更好地掌握该软件的使用方法。

- 视频教学，学习高效：本书针对重点案例提供了教学视频，可以帮助读者解决学习过程中遇到的问题，并提升自身的技术水平。

本书附赠配套案例源代码、素材文件和教学视频，以及教学 PPT，方便高校教师教学使用。本书所有案例的源代码均在 Unity 2018.4.34 下调试通过。

本书由薛庆文拟定编写架构和知识体系、审核配套的教学资源，并负责最后的统稿工作。关永征协助完成本书架构设计和出版的相关事宜，夏文彬设计开发 RunBall 案例，按知识点将内容拆解，并放到 4 个章节内进行讲解。本书具体编写分工如下：第 1、2 章由薛庆文编写，第 3、9 章由王平编写，第 4、8、10 章由姜涛编写，第 5、12 章由周华编写，第 6、7、13 章由夏文彬编写，第 11 章由关永征编写。本书建议教学时长为 68 学时，其中理论知识占 34 学时，实验知识占 34 学时。

本书在编写过程中参考了大量专家和学者的研究资料与网络资源，在此对这些资料的作者表示感谢。山东骏文科技有限公司的李青、刘晶等在本书编写过程中给了大力支持，电子工业出版社在本书的出版过程中也给予了大力支持与帮助，在此一并表示衷心的感谢。

由于笔者的学识与经验有限，书中难免存在不足之处，敬请广大读者不吝指正，为我们提供意见和建议，以便本书再版时进行修改。另外，由于本书采用黑白印刷，书中部分图片细节较难区分，请读者在软件中结合本书的配套资源进行识别。

读者服务

微信扫码回复：42206

- 获取本书配套案例源代码、素材文件和教学视频，以及教学 PPT
- 加入"游戏行业"读者交流群，与更多同道中人互动
- 获取【百场业界大咖直播合集】（持续更新），仅需 1 元

目　录

第1章　游戏引擎概述 1

1.1　游戏引擎简介 1

1.2　常见商用游戏引擎简介 4

1.3　3D 仿真程序简介 8

1.4　Unity 引擎简介 10

本章小结 16

思考与练习 17

第2章　3D 数学基础知识 18

2.1　坐标系 18

2.2　向量 24

2.3　欧拉角与四元数 27

本章小结 32

思考与练习 32

第3章　Unity 基本内容 33

3.1　Unity 的下载与安装 33

3.2　创建第一个工程 40

3.3　Unity 操作界面 44

3.4　常用工作视图 47

3.5　Unity 资源商店简介 53

本章小结 58

思考与练习 58

第4章　Unity 脚本开发技术 59

4.1　Unity 脚本简介 59

4.2　脚本的相关操作 61

4.3　Unity 脚本编辑器 66

4.4　Unity 常用命名空间 68

4.5　MonoBehaviour 类 69

4.6　游戏对象和组件 72

4.7　常用脚本 API 77

4.8　协程 83

本章小结 85

思考与练习 86

第 5 章　创建基本的 3D 场景 87

5.1　创建 3D 场景 87

5.2　创建游戏对象与添加组件 89

5.3　预制体 92

5.4　RunBall 案例（一） 99

5.5　地形 105

本章小结 116

思考与练习 117

第 6 章　物理系统 118

6.1　物理系统的概念 118

6.2　Rigidbody 组件 118

6.3　Collider 组件 120

6.4　Constant Force 组件 125

6.5　RunBall 案例（二） 127

6.6　Joint 组件 129

6.7　Cloth 组件 132

6.8　Character Controller 组件 134

本章小结 137

思考与练习 138

第 7 章　图形用户界面 UGUI 139

7.1　UGUI 系统简介 139

7.2　UGUI 常用组件 140

7.3　Rect Transform 组件 159

7.4　UGUI 布局组件 162

7.5　RunBall 案例（三） 165

本章小结 182

思考与练习 182

第 8 章　Mecanim 动画系统 185

8.1　Mecanim 动画系统概述 185

8.2　人形角色动画 189

8.3　Animator Controller 193

8.4　动画混合树 202

8.5　Sprite 动画剪辑 207

本章小结 210

思考与练习 210

第 9 章　导航网格寻路 211

9.1　常见寻路技术概述 211

9.2　实现导航网格寻路的方式 211

9.3　导航常用属性概述 226

本章小结 231

思考与练习 232

第 10 章　音效系统 233

10.1　音效系统概述 233

10.2　音频文件格式 237

10.3　Audio Source 组件 238

10.4　Audio Listener 组件 241

10.5　空间音效环绕效果案例分析 242

本章小结 245

思考与练习 246

第 11 章　全局光照与粒子系统 247

11.1　全局光照 247

11.2　Light 光照介绍 248

11.3　粒子系统 255

本章小结 266

思考与练习 267

第 12 章　游戏资源打包与跨平台发布 268

12.1　AssetBundle 概述 268

12.2　平台发布设置 272

12.3　发布到 PC 平台 273

12.4　发布到 Android 平台 277

12.5　发布到 WebGL 平台 282

本章小结 285

思考与练习 286

第 13 章　UGUI 综合案例 287

13.1　案例介绍与环境搭建 287

13.2　制作游戏的开始面板 287

13.3　制作游戏的主面板 289

13.4 制作游戏的"角色"面板 294

13.5 制作游戏的"背包"面板 297

13.6 制作游戏的"关卡选择"面板 300

13.7 制作游戏的"设置"面板 304

13.8 制作游戏的"登录"面板 307

本章小结 308

思考与练习 309

第 1 章 游戏引擎概述

电子游戏起源于 1952 年，当时游戏运行在真空管计算机平台上。世界上第一款电子游戏是《井字棋》。到了 20 世纪 80 年代，计算机显卡开始崛起，但此时游戏引擎尚未出现。直到 20 世纪 90 年代，Pentium 芯片面世，3D Realms 公司与 Apoges 公司开发的《德军司令部》和 ID Software 公司开发的 *DOOM*，成为游戏引擎诞生初期的两部代表作，而 *DOOM* 也成为第一个用于授权的游戏引擎。

 ## 1.1 游戏引擎简介

1.1.1 游戏引擎的概念

游戏引擎是指一些已编写好的可编辑计算机游戏系统或一些交互式实时图像应用程序的核心组件。这些系统为游戏开发者提供编写游戏所需的各种工具，其目的在于使游戏开发者方便、快捷地设计游戏程序而不用从零开始。大部分游戏引擎支持多种操作平台，如 Linux、macOS、Windows 等。

游戏引擎实际上是一个为运行某一类游戏的机器设计的能够被机器识别的代码（指令）集合。它类似于一台发动机，控制游戏的运行过程。可以说，游戏引擎是遵循游戏设计的要求，按顺序调用各类游戏资源，即游戏引擎就是用于控制所有游戏功能的主程序，从计算碰撞、物理系统和物体的相对位置，到接受玩家的输入及按照正确的音量输出声音等。

1.1.2 游戏引擎的组成

一个游戏作品可以分为游戏引擎和游戏资源两大部分。游戏引擎是用于控制所有游戏功能的主程序，游戏资源主要包括图像、声音、动画等，即游戏=引擎（程序代码）+资源（图像、声音、动画等）。

游戏引擎经过不断的发展与进化，已经成为一个由多个子系统共同构成的复杂系统。游戏引擎一般包含渲染系统、物理系统、音效系统、动画系统、人工智能系统、网络系统及场景管理系统等。

请根据以下游戏画面，想象一下当时的游戏场景，游戏画面如图 1-1 所示。

地点：某城市的一片废墟。

人物：士兵（玩家）及敌人。

战况：隐藏在废墟中的敌人发现前来执行任务的士兵，然后双方发生冲突，激烈交火。士兵寻找掩体躲避敌人的攻击。

结果：士兵向敌人所在位置投掷了一枚手雷，手雷爆炸，战斗结束。

下面对上述游戏过程进行分解，以帮助读者了解游戏引擎是怎样发挥作用的。

在游戏过程中，首先映入眼帘的是一个虚拟的游戏场景：某城市的一片废墟，其中包括地面、建筑、士兵角色、敌人角色、武器装备等。这些物体都是模型，我们能够在屏幕上看到这些逼真的模型场景，完全依靠游戏引擎的渲染能力，渲染系统是游戏引擎最重要的功能系统之一。

图 1-1

士兵在与敌人交火的过程中，寻找掩体并躲避到掩体的后面，掩体为士兵阻挡来自敌人的攻击。这个过程涉及游戏引擎的碰撞检测处理，属于物理系统的功能。

士兵投掷出去的手雷，在爆炸时会发出轰鸣的响声；士兵和敌人在射击时，冲锋枪会发出"突突"的声音；角色在移动过程中也会发出脚步声等各种声音，这是游戏引擎的音效系统在发挥作用。

角色的跑动、跳跃、投掷、射击等各种动作处理涉及游戏引擎的动画系统。

游戏过程中的士兵联机对战离不开网络通信的处理，这属于引擎的网络系统。

1.1.3 游戏引擎的发展

十几年前的游戏都很简单，开发每款游戏都需要从头编写代码，一款游戏的开发周期通常为8～10 个月，其中存在大量的重复劳动，耗时耗力。有些相同的代码可以在相同题材的游戏中应用，这些通用的代码就构成了游戏引擎的雏形。随着技术的发展，其最终演变成今天的游戏引擎。同样，游戏引擎出现之后，也反过来促进了游戏开发。

1990 年，John Carmack 和 John Romero 制作了一款小游戏——《指挥官基恩》，首次在计算机上实现了卷轴类游戏背景的流畅效果，之后他们又把当时的街机游戏《超级马里奥兄弟》移植到计算机上，实现了流畅的横板效果。

1991 年，John Carmack 和 John Romero 成立了 ID Software 公司，开始自主创业，并推出了 *Wolfenstein 3D*。作为最早的 3D 游戏引擎之一，这款游戏使用了一种射线追踪技术来渲染游戏内的物体，开创了 3D 射击游戏时代。该游戏的某个画面如图 1-2 所示。

1993 年，ID Software 公司推出了引擎技术的代表作 *DOOM*。在 *DOOM* 中，角色与游戏中物体的互动性进一步增强，游戏中的光照效果也更丰富。*DOOM* 还支持立体音效，环境的定位感更真实。*DOOM* 一代的某个画面如图 1-3 所示。随后，ID Software 公司又推出了 *Quake* 系列游戏，其游戏引擎是真正的 3D 游戏引擎。

图 1-2

图 1-3

　　1998 年，由 Epic Games 公司开发、GT Interactive 公司发行了一款 FPS（第一人称视角射击游戏）游戏——*Unreal*，游戏中除了精致的建筑物，还拥有许多游戏特效，如荡漾的水波、美丽的天空、逼真的火焰、烟雾和力场。单纯从画面效果来看，*Unreal* 是当之无愧的佼佼者。最早的 *Unreal* 的某个画面如图 1-4 所示，*Unreal 2* 的某个画面如图 1-5 所示。

图 1-4

图 1-5

　　到了 DX9 时代，Ubisoft Entertainment 公司利用德国一家公司开发的 CryENGINE 游戏引擎制作了另一款画面绝伦的游戏——*FarCry*，其 CryENGINE 游戏引擎使用了 PolyBump 特效，赢得了用户青睐。该游戏的某个画面如图 1-6 所示。

2006 年年底，随着 Vista 系统的发布，游戏进入 DX10 时代，NVIDIA 和 AMD 先后发布了各自的 DX10 显卡，新一代游戏引擎大战也正式开始。在 DX10 时代，CryTek 的 CryENGINE2 游戏引擎创造了另一个画质新高度，即 *Crysis*，它拥有最强的 DX10 画质。该游戏的某个画面如图 1-7 所示。

图 1-6

图 1-7

经过近 20 年的发展，游戏引擎的功能越来越强大。除了最初的图形渲染功能，游戏引擎已经是一个包含 3D 建模、动画设计、光影特效、AI 运算、碰撞检测、声效处理等多个子系统的全功能引擎。同时，也涌现出一批知名的游戏引擎，如 Id Tech、Unreal、CryENGINE 等。除了这些游戏引擎，其他游戏公司推出的游戏引擎也十分出色，如 Unity 引擎。

游戏引擎一般分为通用的和专一的，前面介绍的这些游戏引擎几乎都是通用的，涵盖了游戏设计中的 3D 图像、音效处理、AI 运算、碰撞检测等多种功能。而专一的游戏引擎则是一些功能单一但是专业高效的引擎，如物理引擎、声效引擎、植被引擎等。

物理引擎首推 Havok，其次则是 NVIDIA 力推的 PhysX，前者基于 CPU 运算（现在也支持GPU 运算），后者基于 GPU 运算，Havok 支持者众多，在 PC、XBOX360、PS2/3 等多个平台有广泛应用。

1.2　常见商用游戏引擎简介

随着游戏技术和显卡性能的提升，游戏的画质越来越好，游戏引擎的研发时间也在延长，成本也在不断增长，游戏开发周期也越来越长，通常会达到 3～5 年，如果是自行开发游戏引擎，那么时间还会更长。出于节约成本、缩短周期和降低风险这几个方面的考虑，越来越多的开发者倾向于使用第三方的游戏引擎制作游戏。

为了适应市场需求，市面上涌现出一批非常成熟的商用游戏引擎。比较知名的游戏引擎包括 Creation、Unreal Engine、Frostbite Engine 等。下面对常见的商用游戏引擎和使用其开发的经典游戏案例进行简单介绍。

（1）Creation。使用 Creation 开发的游戏的代表作有《上古卷轴 5：天际》和《辐射 4》等。Creation 的前身正是 Gamebryo，而 Creation 是 Id Tech 5 的改良版，这种改良主要体现在贴图的优化和压缩上，并且能够保留游戏的逼真细节和景深效果，解决了游戏容量过大的问题。《上古卷轴 5：天际》的某个画面如图 1-8 所示。

图 1-8

（2）Unreal Engine。使用 Unreal Engine 开发的游戏的代表作有《战争机器》系列、《质量效应》系列和《绝地求生》等。自 1998 年年初诞生至今，Unreal Engine 已经成为整个游戏业界运用范围最广、整体运用程度最高、"次世代"画面标准最高的一款游戏引擎。《绝地求生》的某个画面如图 1-9 所示。

图 1-9

（3）Frostbite Engine。使用 Frostbite Engine 开发的游戏的代表作有《荣誉勋章》和《战地》等。《荣誉勋章》曾经是最好的 FPS 游戏之一。Frostbite Engine 最大的特点就是游戏设计中的人性化体验。游戏开发者可以在工具中进行简便的图形化操作，不同格式的文件的导出和导入工作也可以在工具中自动完成。《荣誉勋章》的某个画面如图 1-10 所示。

图 1-10

（4）IW Engine。使用 IW Engine 开发的游戏的代表作有《使命召唤》系列。以 IW Engine 为核心引擎的《使命召唤》系列，是历史上平台总销量最高的游戏之一。它具有非凡的动态效果、简单直白的细节处理、复杂的 AI 模式、创造性的动态子弹穿透系统、令人叹为观止的音效和极好的网络模式体验，以及独特的纹理缓冲技术，这些是一款经典 FPS 游戏所需要的全部特质。《使命召唤》系列的某个画面如图 1-11 所示。

图 1-11

（5）Source Engine。使用 Source Engine 开发的游戏的代表作有《起源》系列、《反恐精英》系列、*DOTA 2*、《APEX 英雄》和《半条命》系列。Source Engine 是一款 3D 游戏引擎，是 Valve 软件公司针对第一人称射击游戏《半条命 2》开发的，并且对其他的游戏开发者开放授权。作为一款整合引擎，Source Engine 可以为游戏开发者提供从物理模拟、画面渲染到服务器管理、用户界面设计等方面的所有服务。《半条命 2》的某个画面如图 1-12 所示。

图 1-12

（6）Anvil Engine。使用 Anvil Engine 开发的游戏的代表作有《刺客信条》和《波斯王子 4》。Anvil Engine 独特的动态效果和与环境的互动性非常出色，并且它很善于在游戏世界中填充 AI。"铁砧二代"的整体构架中应用了更多优化，如光照、反射、动态画布、增强型 AI、与环境的互动、更远距离的图像绘制、昼夜循环机制等一系列要素。《刺客信条》的某个画面如图 1-13 所示。

图 1-13

（7）Avalanche Engine。使用 Avalanche Engine 开发的游戏的代表作有《正当防卫》系列。在 Avalanche Engine 一代的基础上，Avalanche Engine 二代从各方面对 Avalanche Engine 一代进行了深层次的剥离、优化和改良，如多种游戏模式的完美融合，大量的屏间爆炸与战斗，新物理特效下的抓钩特性，更强的游戏 AI，以及强大的画面效果。这一系列的性能提升使《正当防卫》系列从诞生以来，就具备了许多同类游戏不具备的优秀特质。《正当防卫》系列游戏的某个画面如图 1-14 所示。

图 1-14

（8）Cry Engine。使用 Cry Engine 开发的游戏的代表作有《孤岛危机》系列。与其他引擎不同，Cry Engine 不需要第三方插件，自身不仅可以支持物理、声音和动画，还可以制作出业界顶级的画面。《孤岛危机》系列的某个画面如图 1-15 所示。

图 1-15

（9）The Dead Engine。使用 The Dead Engine 开发的游戏的代表作有《死亡空间》。The Dead Engine 最特殊、最出色的特性在于其本身超强的游戏操控性、逼真的音效特色，以及非常人性化的光照执行效果。这几个重要特点恰好完美地契合了一款优秀的恐怖游戏所需要的特质。《死亡空间》被媒体誉为史上最恐怖的游戏之一。《死亡空间》的某个画面如图 1-16 所示。

图 1-16

（10）Naughty Dog Game Engine。使用 Naughty Dog Game Engine 开发的游戏的代表作有《神秘海域》系列。Naughty Dog Game Engine 被称为"次世代全能引擎"，与其他游戏引擎只在某个具体环节上表现出色不同，Naughty Dog Game Engine 具有全方位的出色表现，如惊人的动态画面效果、流畅细腻的人物建模、堪称壮丽的音效和光照模式、好莱坞大片般的过场动画，以及绚丽丰富的画面色彩。《神秘海域》系列的某个画面如图 1-17 所示。

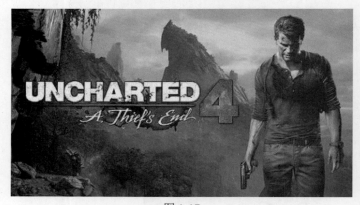

图 1-17

 ## 1.3 3D 仿真程序简介

1.3.1 3D 仿真的概念

3D 仿真（或称作虚拟仿真）是指利用计算机技术生成的一个逼真的，并且具有视、听、触、味等多种感知的虚拟环境，用户可以通过其自然技能使用各种传感设备与虚拟环境中的实体相互作用的一种技术。3D 仿真应用了多种技术，如 3D 建模、立体合成显示、触摸反馈、交互、系统集成等。某个 3D 虚拟仿真场景如图 1-18 所示。

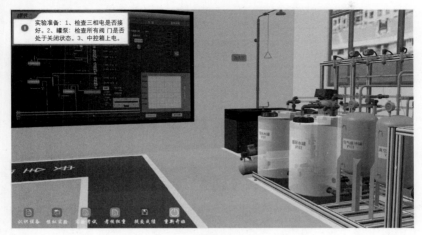

图 1-18

具体来讲，3D 仿真利用沉浸式的三维显示系统和装有传感器的手套（或衣服、头盔），在伴有虚拟的声音和感触下，使受训人员沉浸在一种非常逼真的专门为训练而设置的环境中，可以满足多种科目训练的需要。头盔显示器是将演练者的大脑与计算机创造的虚拟世界连通的输入/输出装置，主要由双目显示器和跟踪系统组成。数据手套是将演练者的双手和大脑与计算机创造的虚拟世界连通的输入/输出装置，具有 6 个维度的位置传感器。这种环境是一种可以交互的计算机模拟的虚拟环境，与其他模拟系统相比，它使演练者具有"身临其境"之感，并能"引导"操作。这种虚拟的交互式特性正是 3D 仿真的本质。

随着互联网行业的发展，3D 仿真系统因为逼真的交互体验，主要应用于教育、医疗、飞行培训、城市规划、设计制造等方面，不仅可以节省大量开支，还可以提高效率。在行业中，3D 仿真可能被称作虚拟仿真、工程仿真、立体仿真等，根据技术应用方向不同名称有所区别。

1.3.2 3D 仿真软件与游戏引擎的关系

目前，3D 图形技术大量应用于游戏和仿真领域，从技术实现方面可分为基础层、中间层和应用层，如图 1-19 所示。显卡是物理基础，所有游戏（仿真）效果都需要一款性能足够强大的显卡才能实现，显卡上集成了各种图形 API。目前，主流的图形 API 是 Direct X 和 OpenGL，如 DX9、DX10 就应用了这种规范。

基础层主要是 3D 加速硬件和厂商提供的基本的 API 函数接口，中间层则是根据游戏和仿真各自不同的需求编写的公共引擎或软件（在游戏领域被称为××游戏引擎，在仿真方面一般被称为××仿真软件或××仿真环境），应用层则是具体的游戏产品或仿真应用。

由图 1-19 可以看出，游戏引擎和仿真软件同处于中间层，虽然它们的侧重点不同，但是都需要强大的 3D 图形引擎作为表现输出的基础。游戏引擎（仿真软件）建立在这种 API 基础之上，是一款游戏产品（仿真应用）的基础，控制游戏（仿真）中的各个组件以实现不同的效果。在一个相对成熟的游戏引擎（仿真软件）基础上，游戏开发商能根据需要快速开发出相应的游戏产品，仿真软件商也能快速为客户建立各种仿真应用。

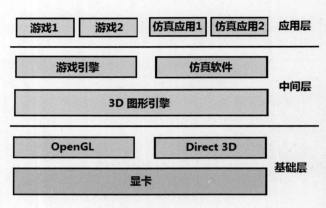

图 1-19

针对不同的应用需求，游戏引擎与仿真软件有各自的侧重点，从目前的发展趋势来看，二者有融合趋势。游戏引擎更注重画面的表现效果和游戏框架的搭建，从而使游戏开发者能更高效地开发出出色的游戏产品。而仿真软件更注重仿真内容和各种仿真分析工具，对画面的要求没有游戏引擎高。目前，市场上有不少成熟的商业仿真软件开发包，如 Vega 系列、VR Tools、Delta3D 等。

1.4 Unity 引擎简介

随着移动互联网的发展，移动端游戏日益盛行，Unity 引擎成为近几年最受游戏开发者欢迎的游戏开发引擎之一。据了解，截至本书出版时，Unity 引擎占据全功能游戏引擎市场份额的 45%，居全球首位。Unity 开发人员占游戏开发人员总数的 47%，Unity 全球用户已经超过 330 万人，其中 1/4 在中国，超过 5000 家游戏公司和工作室在使用 Unity 引擎开发游戏。

1.4.1 Unity 引擎的诞生

2004 年，由于来自丹麦的 Joachion 与德国的 Nicholas Francis 非常喜欢制作游戏，因此他们邀请来自冰岛的 David 成立了 Over the Edge Entertainment，开发了第一代 Unity 引擎，而 Unity 公司也于 2004 年在丹麦的哥本哈根诞生，并于 2005 年将公司总部设在美国旧金山，同时发布了 Unity 1.0 版本。

起初 Unity 引擎只能应用于 macOS 平台，主要针对 Web 项目和 VR（虚拟现实）的开发。直到 2008 年推出 Windows 版本，并开始支持 iOS 和 WII，Unity 引擎才逐步从众多的游戏引擎中脱颖而出，并荣登 2009 年游戏引擎的前五名。直到 2010 年，Unity 引擎开始支持 Android 平台，2011 年开始支持 PS3 和 XBOX360。此时，Unity 引擎完成了全平台的构建。

Unity 引擎支持 Windows、macOS、Linux 系统平台和 iOS、Android 等移动平台，与其他多媒体制作工具及 plug-in 搭配，支持网络多人联机功能与 Direct X、OpenGL 的图形优化技术。另外，Unity 引擎操作简单，开发成本低，拥有华丽的 3D 效果，可以给予玩家视觉享受，因此非常受业界欢迎。同时，Unity 提供了 Union 平台和 Asset Store 平台，任何游戏开发者都可以把自己的作品放到 Union 平台上销售，如此一站式的开发、销售平台，受到广大游戏开发者的称赞。

1.4.2　Unity 引擎的发展史

目前，Unity 引擎已经从 2D 游戏开发发展到了 3D 游戏开发，因此 Unity 又被称为 Unity 3D。在经历了十几年的技术更新迭代后，截至本书完稿时，Unity 已经发布了 2021 版本。随着 Unity 引擎的功能越来越强大、支持的平台越来越多、第三方插件库越来越丰富，凭借方便的可视化操作和可扩展的编程开发组件，除了深耕于游戏开发领域，它正在全面渗透工业、影视、动画、新媒体等诸多领域。

Unity 3D 里程碑式的发展历程如下。

2004 年，Unity 公司诞生在丹麦的哥本哈根。

2005 年，Unity 公司将总部设在了美国旧金山，并发布了 Unity 1.0 版本。起初，Unity 引擎只能应用于 macOS 平台，主要针对 Web 项目和 VR 的开发。

2008 年，Unity 引擎推出了 Windows 版本，并且支持 iOS 和 WII，从众多游戏引擎中脱颖而出。

2010 年，Unity 引擎可以应用于 Android 平台，影响力继续扩大。

2011 年，Unity 引擎可以支持 PS3 和 XBOX360，可看作全平台的构建完成。

2012 年，Unity 公司在上海成立分公司，同年发布 Unity 4.0 版本。

2014 年，Unity 公司在全球 30 多个国家和地区拥有超过 300 名雇员。

2015 年，Unity 公司发布了 Unity 5.0 版本。Unity 5.0 版本包含大量的更新，如 Enlighten 实时照明系统和基于物理特性的着色器，启动速度和渲染效率大大提升。同时，其开发了全面改进的音频系统及新的混音器，用于创造动态音景和音效等。

2017 年，Unity 公司发布了 Unity 2017 版本。Unity 2017 版本强化了 2D 游戏，对过场动画进行了加强，增加了 Timeline 等特性，支持扩展现实（Extended Reality，XR）平台，提升了 VR 开发优化与性能，可以直接访问 FBX SDK 源代码，从而加快了工具间平滑无损的往返工作流程的开发等。

2018 年，Unity 公司发布了 Unity 2018 版本。它的重要功能包括以下几点：预制体嵌套和相关工作流程的改进，编辑器用户偏好设置的改进，影视相关 Timeline 和 Cinemachine 的改进，世界构建功能和工具的改进，地形系统的改进，资源包管理器和 Unity Hub 的改进，等等。

2020 年，Unity 公司正式发布技术更迭版 Unity 2020 版本，通过优化资源导入流 V2、Burst 编译器 1.3，运行速度大幅提升，通过集成 Visual Studio 2019 套件、Prefab 编辑器实现直接在场景中编辑 Prefab 等，为现有的粒子系统加入了大量新功能，使开发工具更加便捷。

2021 年，Unity 公司发布了 Unity 2021.1 版本。Unity 2021 系列直接建立在 Unity 2020 LTS 的基础上，关键的改进方向为核心产品的互操作性与稳定性。Unity 2021.1 有 3 个重点优化的方向，即可视化脚本、网络代码和渲染通道。

1.4.3　使用 Unity 引擎开发的经典游戏

Unity 引擎以其优秀的兼容性、高质量的画面水平及简单的操作获得众多游戏开发者的青睐。越来越多的游戏开发者选择使用 Unity 引擎来开发各种类型的游戏，这是因为使用 Unity 引擎不仅能为企业节省大量的游戏开发成本、缩减游戏研发周期，还可以帮助游戏开发者有效降低开发的复杂性，甚至可以满足一次编写、多平台发布的跨平台架构需求。

下面对使用 Unity 引擎开发的经典游戏案例进行简单的介绍。

（1）《王者荣耀》是一款由腾讯天美工作室开发并运营在 Android 和 iOS 平台上的 MOBA 多

人对战竞技类手游，于 2015 年 11 月正式公测，并且曾在手游排行榜上长期占据榜首。2016 年 11 月，《王者荣耀》入选 2016 年中国泛娱乐指数盛典"中国 IP 价值榜-游戏榜 Top10"。截至 2017 年 4 月，腾讯官方宣布《王者荣耀》的累计注册用户已经超过 2 亿个，最高日活跃用户达 8000 万个，成为全球用户数量最多的 MOBA 手游。《王者荣耀：破晓》宣传画如图 1-20 所示。

图 1-20

　　（2）《炉石传说：魔兽英雄传》是一款由暴雪公司推出的集换式卡牌游戏，在中国大陆由网易公司独家运营。它是一款跨平台的联机游戏，可以在 Windows、macOS、iOS 和 Android 等多个平台运行，而且不同设备之间可以实现无缝联机对战。根据暴雪公司官方数据统计，其全球用户数量超过 5000 万个。该游戏的某个画面如图 1-21 所示。

图 1-21

　　（3）《愤怒的小鸟 2》是由 Rovio 公司开发的休闲益智类游戏，它曾经是较为成功的手游之一。根据该游戏改编的电影在上映后也曾获得众多好评。该游戏的某个画面如图 1-22 所示。

图 1-22

（4）《超级马里奥》手游版是由任天堂开发的。在 2016 年 9 月 8 日的苹果发布会上，任天堂宣布将于 2016 年 12 月发布 iOS 版本的《超级马里奥》，这一消息甚至使同台发布的 iPhone 7 新系列手机黯然失色。在该产品发布的 4 天后，任天堂官方宣布《超级马里奥》的 iOS 版本全球下载量破 4000 万次，创造了一个时代的神话。该游戏的某个画面如图 1-23 所示。

图 1-23

（5）《精灵宝可梦》手游版是由任天堂、口袋妖怪公司和谷歌 Niantic Labs 联合开发的 AR（增强现实）游戏，它是一款使用 AR 技术的宠物养成对战类 RPG 手游。该游戏的某个画面如图 1-24 所示。

图 1-24

在国产游戏中，《新仙剑奇侠传》和《轩辕剑 6》都是使用 Unity 引擎开发的。当然，使用 Unity 引擎开发的经典游戏远远不止这些，感兴趣的读者可以自行了解。

1.4.4　Unity 引擎在 VR/AR 中的应用

经历了 2016 年 VR/AR 大爆发，VR/AR 技术迎来了一个发展元年。VR/AR 在 2019 年迅速壮大，并且必将成为今后几年值得关注的重点领域。在如今的 AR/VR 应用开发中，Unity 引擎占据了主导地位。除了在游戏领域大放异彩，Unity 引擎在教育培训、建筑漫游、工业仿真、航空航天、医学模拟等领域也得到了广泛应用。

（1）VR/AR 教育培训。VR/AR 教育培训越来越普遍，利用 VR/AR 技术学习的人也越来越多。教师可以在 VR 教室中为远程学习者授课，学生可以通过 VR 沉浸方式参与学习，AR 也为在职培训带来了新的灵活性。某学习场景如图 1-25 所示。

图 1-25

（2）VR/AR 医疗。目前，VR/AR 技术主要应用于临床手术、医疗教育、远程医疗、心理康复、生理修复训练、痛感控制和个性化健身等。未来的 VR 医学不仅仅是简单的虚拟医学培训，同时还可以实现在线医院，为用户病例库统计数据，组建虚拟医院数据库系统，通过对虚拟医院的真实病例进行分析，学生可以从真实病人数据模拟操作中进行更直观的学习，从而打造未来以虚拟培训为基础、实践为目的的虚拟医疗体系。某虚拟医疗场景如图 1-26 所示。

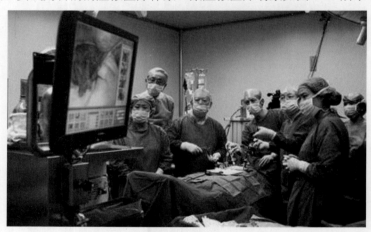

图 1-26

（3）VR/AR 博物馆。利用 VR/AR 技术，结合三维实时场景、文字、录音解说、虚拟漫游等多种方式，可以 360°展示博物馆、科技馆、美术馆、规划馆、纪念馆、主题馆、企业馆的建筑特点、藏品细节、文化精髓和内涵等，极大地丰富用户的感官体验，提高知识传播效率，从而使更多的人有获取知识的机会。某虚拟博物馆展示场景如图 1-27 所示。

（4）VR/AR 工业工程。基于多通道视景同步技术和立体显示技术的房间式投影可视协同环境，可以提供一个房间大小的四面（或六面）立方体投影显示空间，供多人协同参与。所有参与者完全沉浸在一个被立体投影画面包围的虚拟仿真环境中，借助相应的 VR 交互设备，如数据手套、力反馈装置、位置跟踪器等，获得一种身临其境的高分辨率的三维立体视听影像和六自由度交互感受。也可以通过定制的交互功能，实现员工上岗前的精准培训，帮助其了解设备的内部结构、运作状态、事故状态、检修方式等。某虚拟培训场景如图 1-28 所示。

图 1-27

图 1-28

（5）VR/AR 军事。利用 VR/AR 技术，可以针对装备训练、战场环境、作战演练、战后重建等项目，在虚拟环境中对士兵进行训练，有效提高其军事学习效率和临场心理素质，解决真实训练中费用高、危险大等问题。某虚拟军事训练展示场景如图 1-29 所示。

图 1-29

另外，借助逼真的 VR 技术，可以在房地产、旅游、娱乐等行业中再现逼真的虚拟现实场景，使体验者不仅可以感受到身临其境的可视化效果，还能享受到全景摄像机或视频无法比拟的交互体验。某虚拟场景如图 1-30 所示。

图 1-30

5G 技术的发展为 VR/AR 技术开辟了新的可能性，移动网络将进一步提升 XR 技术的潜力。XR 是指通过计算机技术和可穿戴设备产生的一种真实与虚拟组合的、可人机交互的环境。XR 包括 AR、VR、MR 等多个层次，即从通过有限传感器输入的虚拟世界到完全沉浸式的虚拟世界。

将云与 5G 技术相结合，可以从云中流式传输 VR/AR 数据，查看设备无须将其连接到功能强大的计算机，而是将跟踪数据上传到数据中心，借助 5G 技术，可以将渲染的图像实时传递给用户。根据 VRIntelligence 发表的 2020 XR 行业洞察报告可知，在接受调查的 AR 公司中有 65% 表示正在开展工业应用，消费类产品和软件仅占 37%，未来 XR 工业用途将超越游戏和娱乐。同时，VR 可以用于模拟在危险环境中或使用昂贵、容易损坏的工具和设备进行的工作，并且没有任何风险，所以越来越多的公司开始关注 XR 技术。

本章小结

（1）游戏引擎是指一些已编写好的可编辑计算机游戏系统或一些交互式实时图像应用程序的核心组件。它类似于一台发动机，控制游戏的运行过程。游戏引擎经过不断的发展与进化，已经成为一个由多个子系统共同构成的复杂系统，一般包含渲染系统、物理系统、音效系统、动画系统、人工智能系统、网络系统及场景管理系统等。为了适应市场需求，涌现出一批非常成熟的商用游戏引擎，一般分为通用的和专一的游戏引擎。

（2）3D 仿真（或称作虚拟仿真）是指利用计算机技术生成的一个逼真的，并且具有视、听、触、味等多种感知的虚拟环境，用户可以通过其自然技能使用各种传感设备与虚拟环境中的实体相互作用的一种技术。3D 仿真系统因为逼真的交互体验，主要应用于教育、医疗、飞行培训、城市规划、设计制造等方面，不仅可以节省大量开支，还可以提高效率。

（3）针对不同的应用需求，游戏引擎与仿真软件有各自的侧重点，游戏引擎更注重画面的表现效果和游戏框架的搭建，从而使游戏开发者能更高效地开发出出色的游戏产品。而仿真软件更注重仿真内容和各种仿真分析工具，对画面的要求没有游戏引擎高。

（4）Unity 引擎诞生于 2004 年，经历了十几年的技术更新迭代后，截至本书完稿时，已经发布了 2021 版本。Unity 引擎支持 Windows、macOS、Linux 系统平台，以及 iOS、Android 等移动平台，是近几年十分受游戏开发者欢迎的游戏开发引擎之一。随着 Unity 引擎的功能越来越强大、支持的平台越来越多、第三方插件库越来越丰富，凭借方便的可视化操作和可扩展的编程开发组件，除了深耕于游戏开发领域，Unity 引擎正在全面渗透工业、影视、动画、新媒体等诸多领域。

思考与练习

1. 简述游戏引擎的概念和组成。
2. 介绍常见的商用游戏引擎及开发的经典案例。
3. 简述 3D 仿真的概念及其与游戏引擎的关系。
4. 简述使用 Unity 引擎开发的经典游戏。
5. 了解 Unity 引擎在 VR/AR 中的应用。

第 2 章　3D 数学基础知识

3D 数学主要研究在 3D 几何世界中的数学问题，广泛应用于借助计算机来模拟 3D 世界的领域，如图形学、游戏、虚拟现实和动画等。掌握 3D 数学基础知识对读者学习图形学、制作游戏等有很大的帮助。Unity 引擎的 3D 数学知识涉及坐标系及向量运算等。

 2.1　坐标系

2.1.1　坐标系简介

1. 笛卡儿坐标系

相交的两条直线可以确定一个唯一的平面。相交于原点的两条轴构成了平面放射坐标系。如果两条轴上的度量单位相等，则称此放射坐标系为笛卡儿坐标系。轴互相垂直的笛卡儿坐标系被称为笛卡儿直角坐标系。图 2-1 所示为 2D 笛卡儿直角坐标系。

在 2D 笛卡儿坐标系中，可用(x,y)来表示一个点，被称为坐标。坐标的每个分量都表明了该点与原点之间的距离和方位。坐标的每个分量都是到相应轴的有符号距离。

在 2D 笛卡儿坐标系的基础上，增加一条垂直于 2D 平面的轴就构成了 3D 笛卡儿坐标系，如图 2-2 所示。在 3D 笛卡儿坐标系中，任意两个轴可以组成一个平面，一般被称为 XY 平面、XZ 平面、YZ 平面，每个平面又与另一个轴垂直。在 3D 笛卡儿坐标系中，(x,y,z)用来表示一个点。坐标的每个分量分别代表了该点到 YZ 平面、XZ 平面、XY 平面的有符号距离。

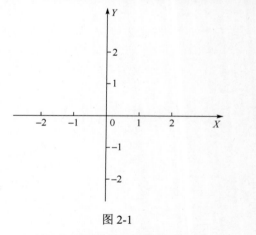

图 2-1

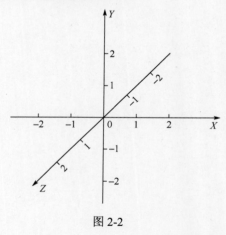

图 2-2

2. 左手坐标系与右手坐标系

在 3D 笛卡儿坐标系中，有两种方式可以确定 Z 轴的方向，即左手坐标系与右手坐标系。左手坐标系：伸开左手，大拇指指向 X 轴正方向，食指指向 Y 轴正方向，其他 3 个手指指向 Z 轴正方向。右手坐标系：伸开右手，大拇指指向 X 轴正方向，食指指向 Y 轴正方向，其他 3 个手指指向 Z 轴正方向。左手坐标系和右手坐标系如图 2-3 所示。

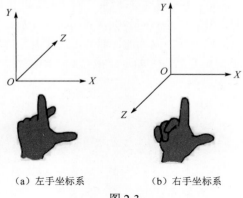

（a）左手坐标系　　　（b）右手坐标系

图 2-3

两种坐标系的旋转正方向不同，左手坐标系是顺时针方向旋转，右手坐标系是逆时针方向旋转。左手坐标系和右手坐标系的旋转方向如图 2-4 所示。

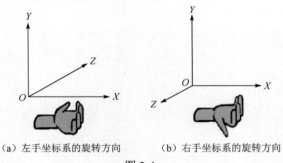

（a）左手坐标系的旋转方向　　　（b）右手坐标系的旋转方向

图 2-4

左手坐标系和右手坐标系没有好坏之分。在不同的研究领域和不同的背景下，人们会选择使用不同的坐标系，但在使用坐标系之前需要先明确它的种类。一般来说，3D 笛卡儿坐标系采用右手坐标系，如 OpenGL 采用右手坐标系，但 Direct 3D 采用左手坐标系，Unity 3D 采用左手坐标系（世界坐标系）。

Unity 中有多种坐标系，为了使用方便，在不同的情况下使用不同的坐标系。Unity 常用的坐标系主要有世界坐标系（又被称为全局坐标系，World Coordinate System）、本地坐标系（又被称为局部坐标系，Local Coordinate System）、屏幕坐标系（Screen Space）、视口坐标系（View Port Space）。

2.1.2　世界坐标系

世界坐标系是一个特殊的坐标系，是唯一且固定不变的。世界坐标系建立了描述其他坐标系所需的参考框架，即可以用世界坐标系描述其他坐标系，但不能用更大的坐标系描述世界坐标系。

世界坐标系是用于描述场景内所有物体的位置和方向的基准。在 Unity 中创建的物体都是以世界坐标系的坐标原点(0,0,0)来确定各自的位置的，可以使用 transform.position 获取游戏对象的世界坐标。

　　Unity 使用左手坐标系，如果把世界坐标系与东、南、西、北进行结合，那么默认的方向对应的情况如图 2-5 所示。也就是说，X 轴对应的默认方向为左（西）负右（东）正，Y 轴对应的默认方向为上正下负，Z 轴对应的默认方向为前（北）正后（南）负，即里正外负。假设一个人站立在地面上，面朝北方，此时就是默认方向，即在 Unity 中的方向就是面向+Z 轴方向，此时+X 轴在东方，+Y 轴对应正上方。

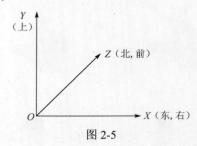

图 2-5

　　在场景根节点下新建一个空游戏对象 GameObject，并重置（Reset）它的 Transform 组件，此时它所在的位置就位于世界坐标系的原点，如图 2-6 所示。

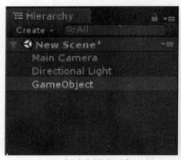  

（a）创建空游戏对象　　　　　　　　（b）Transform 组件　　　　　　　　（c）观察位置

图 2-6

2.1.3　本地坐标系

1. 本地坐标系

　　本地坐标系也被称为模型坐标系或物体坐标系。它是与特定物体相关联的坐标系，每个物体都有自己的本地坐标系。当物体发生平移或旋转时，其本地坐标系也会随之发生平移或旋转。

　　模型 Mesh 保存的顶点坐标均为本地坐标系下的坐标，在移动模型时，顶点坐标是不变的。每个模型的本地坐标系的位置与朝向是由建模师在建模软件中设定的，在引擎中无法修改。模型的本地坐标系如图 2-7 所示。

　　当选中某个游戏物体后，显示的坐标系就是它的本地坐标系。例如，选中 Cube 对象，绕 Y 轴旋转 30°，然后观察本地坐标系，如图 2-8 所示。需要注意的是，引擎工具栏上的位置和朝向开关需要设置成 Pivot 模式和 Local 模式，如图 2-9 所示。

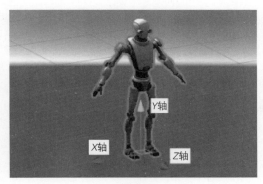

图 2-7

图 2-8

图 2-9

2．父坐标系

父坐标系是用于描述物体间相对位置关系的一种坐标系。某个物体的父坐标系就是该物体父对象的本地坐标系。子物体将父物体的坐标点作为自身的坐标原点，父坐标系通常用于描述子物体的相对运动。父子层级结构，以及其中左子物体的坐标系和相对移动数据如图 2-10 所示。

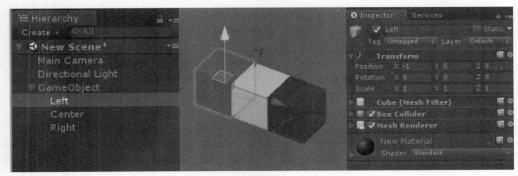

图 2-10

使用 transform.localPosition 可以获得物体在父物体的本地坐标系中的位置。如果该游戏物体没有父物体，那么使用 transform.localPosition 获得的是该物体在世界坐标系中的坐标。如果该物体有父物体，则获得其在父物体的本地坐标系中的坐标。在 Inspector 视图中显示的数值为 localPosition 的值。

3．惯性坐标系

惯性坐标系是为了简化从世界坐标系到本地坐标系的转换而引入的一种新坐标系。惯性坐标系的原点和本地坐标系的原点重合，但惯性坐标系的坐标轴平行于世界坐标系的坐标轴。立方体的 3 种坐标系的关系示意图如图 2-11 所示。

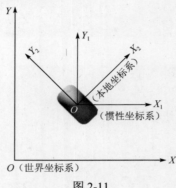

图 2-11

2.1.4　屏幕坐标系

屏幕坐标系是建立在屏幕上的二维坐标系。Unity 的屏幕坐标系以屏幕左下角对应坐标系的原点，屏幕水平方向对应坐标系的 X 轴，屏幕垂直方向对应坐标系的 Y 轴。坐标以像素来定义，屏幕的左下角坐标为(0,0)，右上角坐标为(Screen.width,Screen.height)，Z 轴的坐标是摄像机的世界坐标系中的 Z 轴坐标的负值。屏幕坐标系如图 2-12 所示。

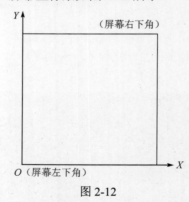

图 2-12

鼠标位置坐标属于屏幕坐标，通过 Input.MousePosition 可以获得该位置的坐标。手指触摸屏幕也属于屏幕坐标，通过 Input.GetTouch(0).position 可以获得单个手指触摸屏幕时手指的坐标。

2.1.5　视口坐标系

摄像机前面的长方形框为视口。视口坐标与屏幕坐标一致，指向为 Z 轴正方向，Z 轴的坐标是摄像机的世界坐标系中的 Z 轴坐标的负值。

视口坐标系是将 Game 视图的屏幕坐标系单位化，即标准化之后的屏幕坐标。视口坐标与屏幕坐标的属性相同。其范围是左下角为起点(0,0)，右上角为终点(1,1)，其余与屏幕坐标同理。

利用比例可以控制点在屏幕内的位置，而不用关注屏幕实际大小的变化，常用于自适应。例如，Camera 的世界坐标是(0,0,-10)，屏幕大小为 800 像素×600 像素，则屏幕的中间点的视口坐标为(0.5,0.5,10)。

视口坐标系对于场景的显示非常重要，当使用多个摄像机在同一个场景中显示多个视口时，需要使用视口坐标系。一个摄像机对应一个视口，视口预览展示了摄像机看到的所有物体，其默认大小是 Width=1、Height=1，位置也是从 0 到 1，即左下角为(0,0)，右上角为(1,1)，视口坐标系主要用在摄像机显示中，可以在摄像机的属性窗口中看到。视口坐标系的设置如图 2-13 所示。

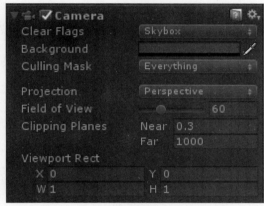

图 2-13

2.1.6　坐标系的转换

世界坐标系和本地坐标系的相互转换函数如下。

- Transform.TransformPoint(Vector3 position)：将一个坐标点从本地坐标系转换到世界坐标系。
- Transform.InverseTransformPoint(Vector3 position)：将一个坐标点从世界坐标系转换到本地坐标系。
- Transform.TransformDirection(Vector3 direction)：将一个方向从本地坐标系转换到世界坐标系。
- Transform.InverseTransformDirection(Vector3 direction)：将一个方向从世界坐标系转换到本地坐标系。
- Transform.TransformVector(Vector3 vector)：将一个向量从本地坐标系转换到世界坐标系。
- Transform.InverseTransformVector(Vector3 vector)：将一个向量从世界坐标系转换到本地坐标系。

其他常用的一些函数，如 Transform.forward()、Transform.right()、Transform.up()，则表示当前物体的本地坐标系的 Z 轴、X 轴、Y 轴在世界坐标系中的指向。

屏幕坐标系与世界坐标系的相互转换函数如下。

- Camera.ScreenToWorldPoint(Vector3 position)：将屏幕坐标系转换为世界坐标系。
- Camera.WorldToScreenPoint(Vector3position)：将世界坐标系转换为屏幕坐标系。

屏幕坐标系与视口坐标系的相互转换函数如下。

- Camera.ScreenToViewportPoint(Vector3 position)：将屏幕坐标系转换为视口坐标系。
- Camera.ViewportToScreenPoint(Vector3 position)：将视口坐标系转换为屏幕坐标系。

世界坐标系与视口坐标系的相互转换函数如下。

- Camera.WorldToViewportPoint(Vector3 position)：将世界坐标系转换为视口坐标系。
- Camera.ViewportToWorldPoint(Vector3 position)：将视口坐标系转换为世界坐标系。

 向量

2.2.1　向量的概念

向量的应用十分广泛，在空间中，向量用一段有方向的线段来表示，可以用于描述具有大小和方向的物理量，如物体运动的速度、加速度、摄像机观察方向、刚体受到的力等。因此，向量是物理、动画、三维图形的基础。

在数学中，向量（Vector3）也被称为矢量，是指具有大小和方向的量。向量的大小就是向量的长度，也被称为"模"，向量的方向描述了空间中向量的指向。在 Unity 中，点和向量都是以(x,y,z)的形式表示的。

在 Unity 中，向量有 Vector2、Vector3 两种类型，Vector2 类型可以用来表示 2D 向量和点。Vector3 类型可以用来表示 3D 向量和点。要使游戏物体处于某个位置，可以使用 Vector3 类型来表示这个点的位置坐标；要使游戏物体沿着某个方向以一定的速度移动，可以使用 Vector3 类型来表示速度的向量值，即速度的大小和方向；要计算两个游戏物体之间的距离，可以计算以这两个游戏物体为起点和终点的向量的长度。

Transform.position 表示一个点，即游戏物体在世界坐标系中的点。Transform.forward 表示一个向量，即当前物体的本地坐标系的 Z 轴在世界坐标系中的指向。

2.2.2　向量运算

向量的基本运算包括加法、减法、数乘、点乘、叉乘及标准化等。

1．向量的加法

向量的加法从几何学的角度可以被理解成平移向量。例如，向量 *a* 和 *b* 相加可以表示为使向量 *a* 的头连接向量 *b* 的尾，接着从向量 *a* 的尾向向量 *b* 的头画一个向量，这个向量就是向量 *a* 和 *b* 的和（*a+b* 向量），即向量加法的"三角形法则"。向量的加法如图 2-14 所示。

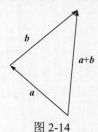

图 2-14

　　在 Unity 中，使用运算符 "+" 来计算向量的加法。两个向量相加，只需要将对应分量相加就可以。向量的加法满足交换律，即 **a**+**b**=**b**+**a**。

　　向量的加法在游戏开发中一般用于计算物体从一个位置移动到另一个位置。在如下代码中：

```
Vector3 v1 =new Vector3(1,2,3);
Vector3 v2 = new Vector3(4,2,1);
Vector3 v3=v1+v2;  //v3 的结果(5.0, 4.0, 4.0)
```

　　如果 v1 和 v2 都表示一个点，那么 v3 就是从原点指向 v3 的一个带有箭头的射线，此时 v3 就是一个向量；如果 v1 和 v2 都表示一个向量，则 v3 是一个从 v1 的尾部指向 v2 的头部的一个向量。

2．向量的减法

　　向量的减法从几何学的角度可以被理解为平移负向量。向量 **a** 和 **b** 相减可以表示为使向量 **a** 的尾连接向量 **b** 的尾，接着从向量 **b** 的头向向量 **a** 的头画一个向量，这个向量就是两个向量的差（**a**−**b** 向量）。

　　在 Unity 中，使用运算符 "−" 来计算向量的减法。两个向量相减，只需要将对应分量相减就可以，也可以解释为加负向量，即 **a**−**b**=**a**+(−**b**)，如图 2-15 所示。向量的减法不满足交换律，即 **a**−**b**≠−(**b**−**a**)。

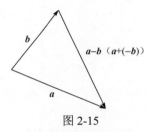

图 2-15

　　向量的减法在游戏开发中主要用于计算物体的移动方向，也可以用于计算两个物体之间的距离。在如下代码中：

```
Vector3 v1 = new Vector3(1, 2, 3);
Vector3 v2 = new Vector3(4, 2, 1);
Vector3 v3 = v2 - v1;  //v3 的结果 (3.0, 0.0,-2.0)
```

　　如果 v1 和 v2 都表示一个点，那么 v3 就是从 v1 开始指向 v2 的一个带有箭头的射线，此时 v3 就是一个向量；如果 v1 和 v2 都表示一个向量，那么 v3 是一个从 v1 头部指向 v2 头部的一个向量。

3．向量的数乘

　　向量的数乘从几何学的角度可以被理解为沿着原始向量的方向或原始向量的反方向放大或缩小。向量的数乘是指实数和向量相乘。数乘可以对向量的长度进行缩放，如果实数大于 0，则数乘后的向量的方向与原始向量的方向一致，如当实数大于 1 时，向量数乘如图 2-16（a）所示；如果实数小于 0，则数乘后的向量的方向和原始向量的方向相反，如当实数小于−1 时，向量数乘如图 2-16（b）所示。

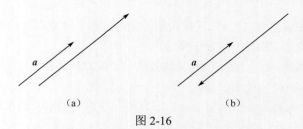

图 2-16

在 Unity 中，使用运算符 "*" 来计算向量的乘法，使用运算符 "/" 来计算向量的除法。

4．向量的点乘

向量的点乘（又被称为点积、数量积、内积）从几何学的角度可以被理解为一条边向另一条边的投影乘以另一条边的长度。向量的点乘的结果描述了两个向量的 "相似" 程度，点乘的结果越大，两个向量越相近。

在 Unity 中，使用运算符 "·" 来计算向量的点乘。两个向量的点乘是对应分量乘积的和，其结果是一个标量，数值等于两个向量长度相乘再乘以两者夹角的余弦值。向量的点乘满足交换律，即 $a \cdot b = b \cdot a$，如图 2-17 所示。

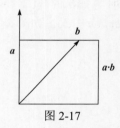

图 2-17

在计算机图形学中，点乘常用来进行方向性判断。如果两个矢量的点乘大于 0，则它们的方向相近；如果两个矢量的点乘小于 0，则它们的方向相反。

在 Unity 中，点乘用来计算物体的前进方向和物体到目标方向的夹角，如利用点乘可以判断一个多边形是面向摄像机还是背向摄像机。在计算聚光灯的效果时，可以根据点乘得到光照效果，点乘越大说明夹角越小，则物体离光照的轴线越近，光照越强，反之，则光照越弱。

5．向量的叉乘

向量的叉乘从几何学的角度可以被理解为两个向量叉乘得到一个新的向量，新向量垂直于原来的两个向量。如果两个向量 a 和 b 在同一个平面中，则向量 $a \times b$ 垂直于 a 和 b，指向符合左手定则，其模是以两个向量为边的平行四边形的面积，如图 2-18 所示。

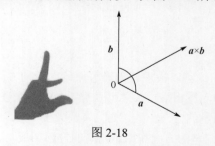

图 2-18

在 Unity 中，使用运算符 "×" 来计算向量的叉乘。向量的叉乘仅可应用于 3D 向量。两个向量叉乘得到的新向量垂直于原来的两个向量，其长度等于原来两个向量的长度相乘后再乘以两者夹角的正弦值。向量叉乘不满足交换律，即 $a×b≠b×a$。

在 Unity 中，叉乘通常用于判断方向，点乘用于判断角度，如可以用叉乘来判断一个角色是顺时针转动还是逆时针转动才能更快地转向敌人。简单地说，可以理解为当一个敌人在你身后时，利用叉乘可以判断是往左转还是往右转才能更快地转向敌人，点乘得到当前面朝向的方向和你到敌人的方向所成角度的大小。

2.2.3　Vector3

Vector3 三维向量表示 3D 向量和点，既包含位置、方向（朝向）、欧拉角等信息，也包含这些普通向量运算的函数。Vector3 三维向量既可以用来表示位置，也可以用来表示方向。3D 向量的长度即向量的大小或向量的模，向量的大小就是向量各分量平方和的平方根。

在三维坐标系中，分别取与 X 轴、Y 轴、Z 轴方向相同的 3 个单位向量 i、j、k 作为一组基底。若 a 为该坐标系内的任意向量，以坐标原点 O 为起点向 P 点作向量 $OP=a$。a=向量 $OP=xi+yj+zk$，把实数对 (x,y,z) 被称为向量 a 的坐标，记作 $a=(x,y,z)$，这就是向量 a 的坐标的表示。其中，(x,y,z) 是点 P 的坐标，向量 OP 被称为点 P 的位置向量。

在 Unity 中，Vector3 的常用属性如下。

- Vector3.zero：表示 3D 零向量，是 Vector3(0,0,0) 的简码。
- forward：表示 3D 向量的前方，是 Vector3(0,0,1) 的简码，即面向 Z 轴。
- right：表示 3D 向量的右方，是 Vector3(1,0,0) 的简码，即面向 X 轴。
- up：表示 3D 向量的上方，是 Vector3(0,1,0) 的简码，即面向 Y 轴。
- one：是 Vector3(1,1,1) 的简码。

Vector3 还有很多常用函数和方法，如 Lerp()（两个向量之间的线性插值）、Slerp()（两个向量之间的球形插值）、MoveTowards()（由当前地点移向目标）、RotateTowards()（将当前的向量转向目标）、SmoothDamp()（随着时间的推移，逐渐改变一个向量朝向预期的目标）、Distance()（返回 a 和 b 之间的距离）等。

另外，在 Unity 中，有时会用到 Vector2 和 Vector4。Vector2 表示二维向量，用于表示 2D 的位置和向量，如网格中的纹理坐标或材质中的纹理偏移等。Vector4 表示四维向量，如网格切线、着色器的参数等。这两种向量的操作与 Vector3 基本类似，这里不再赘述。

2.3　欧拉角与四元数

在特定的坐标系中，描述物体的方位一般需要说明物体的位置和朝向。描述物体的位置实际上就是描述物体相对于给定参考点（通常是坐标系原点）的位移，描述物体的朝向就是描述相对于已知朝向（通常为"单位"朝向）的旋转，旋转的量被称为角位移。

在图形学中，描述物体方位的常见方法有矩阵、欧拉角和四元数，这 3 种方法各有各的优点和不足，可以在不同的场合使用不同的方法。下面重点介绍欧拉角和四元数。

2.3.1　欧拉角简介

欧拉角是因著名数学家欧拉提出而得名的，它是描述方位的常用方法之一。其基本思想是将角位移分解为绕 3 个互相垂直轴的 3 个旋转组成的序列，即按照一定的坐标轴顺序（一般为先 Z 轴，再 X 轴，最后 Y 轴）绕每个轴旋转一定的角度来变换坐标或向量，实际上是一系列绕坐标轴旋转的组合。欧拉角在表现形式上是一个三维向量，每个分量的值分别表示物体绕坐标系对应轴的旋转角度。

在 Unity 中，所有物体都会绑定 Transform 组件。其中，Rotation 属性对应的就是该游戏对象方位的欧拉角表示，即 Rotation 属性中的欧拉角描述了游戏对象相对于父坐标系的方位。图 2-19（a）所示为将立方体绕 Y 轴旋转 90°，图 2-19（b）所示为立方体的 Rotation 属性。

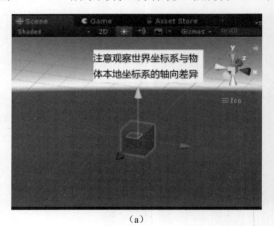

（a）　　　　　　　　　　　　　　　（b）

图 2-19

Unity 中规定了一组欧拉旋转是按照 Z→X→Y 的顺序进行的，在相关的 API 文档中有详细说明，如 transform.Rotate。不同的旋转顺序最终得到的结果是不同的，如有一组欧拉旋转(90,60,30)表示为如下形式：

```
transform.Rotate(90,60,30);
```

这组欧拉旋转按照 Z→X→Y 的顺序旋转与按照 X→Y→Z 的顺序旋转或按照其他顺序旋转所得到的最后结果是不同的。另外，一组旋转和几次分别旋转所得到的最后结果也是不同的。如上面的代码与下面的代码的执行结果是不同的。

```
transform.Rotate(0,0,30);
transform.Rotate(90,0,0);
transform.Rotate(0,60,0);
```

因为第一种情况执行了一组欧拉旋转，在一组欧拉旋转中，相对的轴向不会发生变化。第二种情况执行了三组欧拉旋转，并且每组欧拉旋转在旋转完成后的轴向都已经发生了变化。

2.3.2　四元数简介

四元数也是描述方位的常用方法之一。它通过使用 4 个数字来表示方位，即使用一个三维向量表示转轴和一个角度分量表示绕此转轴的旋转角度，并因此得名为四元数。在 Unity 中，基本的旋转可以通过 Transform.Rotate 来实现，但当需要对旋转角度进行计算时，只使用一个四元数就可以执行绕任意过原点的向量的旋转。

在 Unity 中，Transform 组件有一个名为 rotation 的变量，其类型是四元数。很多初学者会直接取 rotation 的 x、y、z，认为它们分别对应 Transform 面板中 Rotation 的各个分量。实际上，四元数的 x、y、z 与 Rotation 的 3 个值并不直接对应，但可以通过表达式进行转换。

一个四元数 p 既可以表示为 $p=(xi+yj+zk+w)=((x,y,z),w)=(v,w)$，也可以表示为 $p=i(x*\sin(\theta/2))+j(y*\sin(\theta/2))+k(z*\sin(\theta/2))+\cos(\theta/2)=((x,y,z)\sin\theta/2,\cos\theta/2)$。其中，$v$ 是向量，w 是实数，θ 为旋转角度。具体来说，它表示空间点 P 绕着单位向量轴 $u=(x,y,z)$ 表示的旋转轴旋转的角度为 θ。

如使点 $m=Vector3(x,y,z)$ 绕 X 轴 $(1,0,0)$ 按顺时针旋转 $90°$，只要有角度，即可给出四元数的 4 个分量值，则对应的 Quaternion 数值为如下形式：

```
Q: Quaternion;
Q.x=1*sin(90°/2)=sin(45°)=0.7071;
Q.y=0;
Q.z=0;
Q.w=cos(90°/2)=cos(45°)=0.7071;
Q=(0.7071,0,0,0.7071);
m=Q*m;  //（将点 m 绕 X 轴(1,0,0) 按顺时针旋转 90°）
```

欧拉角与四元数在易读性、易运算性、表示的唯一性等方面各有优点和缺点。另外，欧拉角与四元数也可以通过表达式相互转换。

四元数 q 转换为欧拉角 v 的转换方法如下：

```
Vector3 v =q.eulerAngles;
```

欧拉角 v 转换为四元数 q 的转换方法如下：

```
Quaternion q=Quaternion.Euler(v);
```

2.3.3　四元数操作

四元数是基于复数的，不容易直观理解，不过几乎不需要访问或修改单个四元数参数 (x,y,z,w)。在大多数情况下，只需要获取和使用现有的旋转，如来自 "Transform"，或者使用四元数来构造新的旋转，如在两次旋转之间平滑地插值。

1. 构造器

Quaternion() 构造函数通常包含 4 个 float 类型的参数，即参数 x、y、z、w，用于构造一个新的四元数。

Quaternion() 构造函数的格式如下：

```
public Quaternion(float x, float y, float z, float w);
public Quaternion(Vector3, Single); //从指定向量和旋转部分创建四元数
```

四元数的参数 x、y、z、w 的取值范围是 $(-1,1)$，物体并不是旋转一周就可以使所有数值回归初始值，而是需要旋转两周。如果四元数的初始值为 $(0,0,0,1)$，则分别沿着 X 轴和 Y 轴旋转不同的角度后，四元数的变化如下。

沿着 Y 轴旋转：$180°(0,1,0,0)$，$360°(0,0,0,-1)$，$540°(0,-1,0,0)$，$720°(0,0,0,1)$。

沿着 X 轴旋转：$180°(-1,0,0,0)$，$360°(0,0,0,-1)$，$540°(1,0,0,0)$，$720°(0,0,0,1)$。

2．运算符

四元数的运算符主要有 3 个："!="用于判断两个四元数是否不相等，"=="用于判断两个四元数是否相等，"*"用于合并两个旋转。

四元数与方向向量相乘，必须是四元数右乘方向向量，即将四元数置于方向向量的前面。在 Unity 中，Quaternion 的乘法操作"*"有以下两种。

（1）Quaternion*Quaternion，如 q=t*p，表示先将一个点进行 t 操作旋转，然后进行 p 操作旋转。其中，p、q、t 均为四元数。

（2）Quaternion*Vector3，如 q=t*p，表示将点 p 进行 t 操作旋转。其中，q、t 为四元数，p 为方向向量。

如下代码用于计算结果向量的值：

```
Quaternion rotation=Quaternion.Euler(0,90,0);
Vector3 forward=Vector3.forward;
Vector3 resultA=rotation*forward;   //将向量 forward 旋转 rotation 表示的角度
Vector3 resultB=rotation*(rotation*forward);
Vector3 resultC=(rotation* rotation)*forward;
```

在上面的代码中，向量 forward 包含的初始值为(0,0,1)，如绕 Y 轴旋转 90°，即向量按照顺时针方向旋转 90°。因此，resultA 的值为(1,0,0)，resultB 的值为(0,0,-1)，resultC 的值同样为(0,0,-1)。需要注意的是，四元数是可以叠加运算的。

3．静态方法

Quaternion 类中的静态方法主要有 Angle()方法、AngleAxis()方法、Dot()方法、Euler()方法、LookRotation()方法、FromToRotation()方法、Inverse()方法、Lerp()方法、RotateToWards()方法和 Slerp()方法。静态方法可以直接通过类名调用，如 Quaternion.Angle(q1,q2)。下面对常用的静态方法进行分析。

1）Angle()方法

声明形式如下：

```
public static float Angle(Quaternion a, Quaternion b);
```

功能：计算两个旋转之间的夹角，与 Vector3.Angle()的作用相同。

2）AngleAxis()方法

声明形式如下：

```
static Quaternion AngleAxis(float angle, Vector3 axis);
```

功能：构建一个四元数，表示沿着一个轴旋转固定的角度，即绕 axis 轴旋转 angle，创建一个旋转。其参数是旋转的角速度和轴方向（向量）。

3）Euler()方法

声明形式如下：

```
public static Quaternion Euler(float x, float y, float z );
```

或者：

```
public static Quaternion Euler(Vector3 euler )
```

功能：返回一个旋转角度，绕 Z 轴旋转 z°，绕 X 轴旋转 x°，绕 Y 轴旋转 y°（默认顺序为 Z 轴→X 轴→Y 轴），即返回一个四元数，该四元数表示欧拉旋转后的朝向。

4）LookRotation()方法

声明形式如下：

```
public static Quaternion LookRotation(Vector3 forward, Vector3 upwards=Vector3.up);
```

功能：返回一个四元数，使用前方和上方矢量确定朝向，即创建一个有具体的 forward 方向和 upward 方向的旋转。

这个功能很实用，传入的两个参数分别代表前方盯着的方向及自己的上方。如在以下代码中，可以使一个 GameObject 转动时盯着另一个物体，即当前的 object 一直盯着 target，默认 up 朝向是 Vector3.up，也可以自定义 up 朝向：

```
public Transform target;
void Update() {
    Vector3 relativePos = target.position - transform.position;
    Quaternion rotation = Quaternion.LookRotation(relativePos);
    transform.rotation = rotation;
}
```

5）FromToRotation()方法

声明形式如下：

```
public static Quaternion FromToRotation(Vector3 from, Vector3 to);
```

功能：返回从一个方向到另一个方向的旋转，即转一个方向。

6）Lerp()方法

声明形式如下：

```
static Quaternion Lerp(Quaternion a, Quaternion b, float t);
```

功能：返回一个四元数，表示从四元数 a 到 b 的线性插值，即线性地从一个角度旋转到另一个角度。

插值也就是中间旋转量，a 作为起点，此时对应的 t 为 0；b 作为终点，此时对应的 t 为 1。当 t 取 0 和 1 之间的小数时，代表中间的插值结果。

7）Slerp()方法

声明形式如下：

```
public static Quaternion Slerp ( Quaternion from, Quaternion to, float t )
```

功能：通过 t 值在 from 和 to 之间插值，即沿球面线性地从一个角度旋转到另一个角度，其中，旋转匀速增加 t。

Ler()p 方法与 Slerp()方法的功能基本相同，Lerp()方法的计算速度快，但是精度较低，如果相对旋转变化量很小，则效果不理想。Slerp()方法的计算精度高，但是运算速度相对较慢。

本章小结

（1）3D 数学广泛应用于借助计算机来模拟 3D 世界的领域，如图形学、游戏、虚拟现实和动画等。在 3D 数学中，掌握坐标系相关知识是学习的基础，一般基于笛卡儿坐标系来认识其他坐标系。Unity 中有多种坐标系，为了使用方便，在不同的情况下使用不同的坐标系，常用的坐标系有世界坐标系、本地坐标系、屏幕坐标系、视口坐标系等。

（2）在空间中，向量用一段有方向的线段来表示，可以用于描述具有大小和方向的物理量。向量是物理、动画、三维图形的基础。向量的基本运算包括加法、减法、数乘、点乘、叉乘及标准化等。其中，Vector3 用于表示 3D 向量和点，既包含位置、方向（朝向）、欧拉角等信息，也包含向量运算的函数，如 Lerp()、Slerp()、MoveTowards()、RotateTowards()、SmoothDamp()、Distance()等。Unity 中有时会用到 Vector2 和 Vector4。

（3）在图形学中，描述物体的方位常见的方法有矩阵、欧拉角和四元数，这 3 种方法各有各的优点和不足，可以在不同的场合使用不同的方法。欧拉角和四元数是两种常用的方法。欧拉角是将角位移分解为绕 3 个互相垂直轴的 3 个旋转组成的序列，它实际上是一系列坐标轴旋转的组合，不同的旋转顺序最终得到的结果不同。

（4）四元数通过 4 个数字来表示方位，即用一个三维向量表示转轴和一个角度分量表示绕此转轴的旋转角度，使用四元数可以执行绕任意经过原点的向量的旋转。通常使用现有的旋转来构造新的旋转，一般不需要访问或修改单个 Quaternion 参数（x,y,z,w）。四元数的静态方法主要有 9 个，即 Angle()方法、Dot()方法、Euler()方法、FromToRotation()方法、Inverse()方法、Lerp()方法、LookRotation()方法、RotateToWards()方法和 Slerp()方法。

思考与练习

1. 简述笛卡儿坐标系的特点及常用的种类。
2. 简述 Unity 中常用的坐标系及其特点。
3. 简述 Unity 中常用的向量运算及其特点。
4. 简述 Vector3 类型变量的特点及常用的方法。
5. 简述欧拉角的特点。
6. 简述四元数的特点及常用的静态方法。
7. 简述欧拉角与四元数的优点和缺点。

第 3 章　Unity 基本内容

3.1　Unity 的下载与安装

　　Unity 两种类型的安装包分别针对 Windows 和 macOS 两个主流平台。用户可以根据自己的计算机平台使用相应的安装包安装编辑器，Unity 支持在一个平台上安装多个编辑器版本。自 2019 年前后，安装 Unity 2018.x 及其以上版本必须安装 Unity Hub 才能启动 Unity 编辑器，以集成管理不同版本的 Unity 工程资源。

　　Unity Hub 的安装可以在编辑器安装前或安装后进行。在 Unity Hub 下也可以直接安装不同版本的 Unity 编辑器，这也是 Unity 官方推荐使用的方式。

　　下面以 Windows 平台下的安装为例来介绍 Unity 的下载与安装。

3.1.1　Windows 平台下 Unity 的下载与安装

　　在 Windows 平台下搭建 Unity 集成开发环境，主要包括从 Unity 官方网站下载 Unity 安装包，以及安装下载好的 Unity 安装程序，并注册个人账号。本书以 Unity 2018.4.34f1 版本为例来介绍 Windows 平台下 Unity 的下载与安装，具体的操作步骤如下。

　　（1）登录 Unity 中文官方网站，单击最右侧圆形头像图标，注册并登录 Unity 官方账号（详见 3.1.2 节），然后单击"下载 Unity"按钮，如图 3-1 所示，这样就可以打开 Unity 所有版本的下载页面。

图 3-1

　　（2）向下拖动网页，选择"Unity 2018.x"选项，显示 Unity 2018 下的所有版本的下载链接，如图 3-2 所示。找到需要下载的版本，如 Unity 2018.4.34，单击"下载（Win）"按钮，在弹出的下拉菜单中选择 Unity Editor 64-bit 选项即可下载相应的版本。若在此页面中单击"从 Hub 下载"按钮，则可以激活 Unity Hub 安装程序的下载链接，下载后即可安装 Unity Hub，安装过程不涉及具体的配置选项，故本节不再赘述。

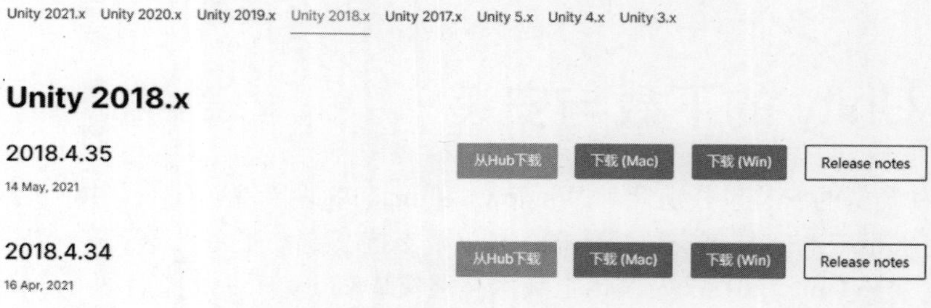

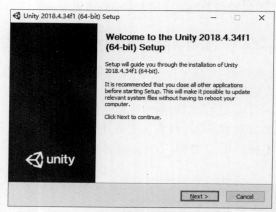

图 3-2

（3）当安装程序下载完成之后，双击 UnitySetup64.exe 应用程序，打开程序安装界面，如图 3-3 所示。

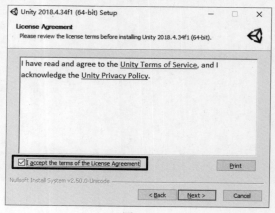

图 3-3

（4）单击 Next 按钮，进入 License Agreement 界面，阅读协议内容，确认无误后，勾选 I accept the terms of the License Agreement 复选框，如图 3-4 所示。

图 3-4

（5）继续单击 Next 按钮，进入 Choose Components 界面，如图 3-5 所示。

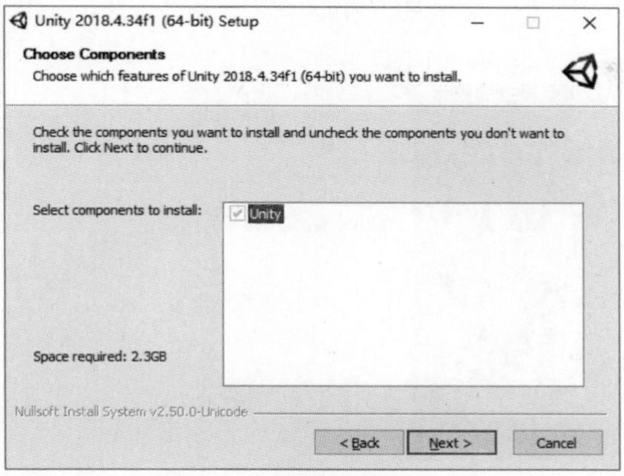

图 3-5

（6）继续单击 Next 按钮，进入 Choose Install Location 界面，如图 3-6 所示，在 Destination Folder 选项组中选择安装路径，单击 Browse...按钮，在弹出的界面中可以指定程序的安装路径。

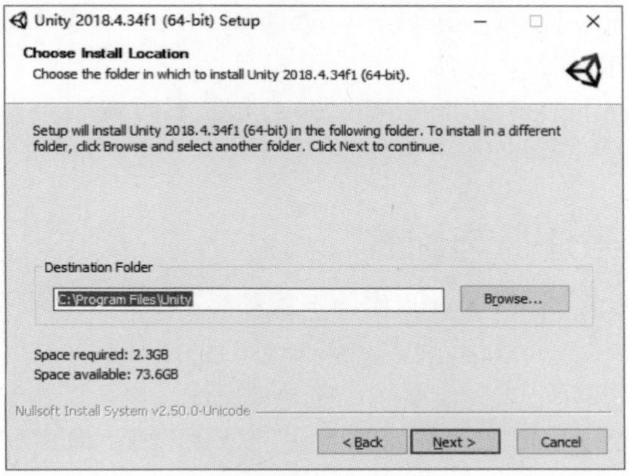

图 3-6

（7）选择好安装路径之后，单击 Next 按钮，开始安装程序，如图 3-7 所示。

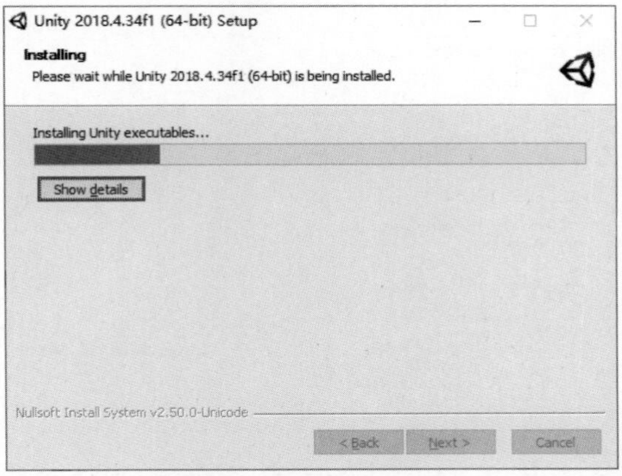

图 3-7

（8）等待一段时间，安装完成后将显示提示窗口，单击 Finish 按钮完成 Unity 的安装，如图 3-8 所示。

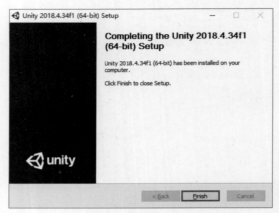

图 3-8

程序安装完成之后，会在桌面出现程序的快捷方式，双击 Unity 2018.4.34f1 (64-bit)的快捷方式，此时会提示先安装 Unity Hub，在安装并启动 Unity Hub 后登录 Unity 官方账号，才可以正常启动 Unity，打开程序设计界面。

Unity 在 macOS 平台下的安装与在 Windows 平台下的安装略有不同，但读者可参考在 Windows 平台下的安装方法，在此不再赘述。

3.1.2 Unity 的账号注册与配置

Unity 编辑器的下载、启动及 Asset 资源的下载都离不开 Unity 账号，如果没有 Unity 官方的登录账号，则需要立即创建一个 Unity 的账号。账号的创建有多种渠道，既可以在 Unity 官方网站上单击右上角圆形头像图标，然后根据注册向导来完成，也可以在安装 Unity Hub 之后，在其程序界面下进行。在此以 Unity Hub 2.4.13 版本为例引导并完成注册，双击启动桌面上的 Unity Hub 快捷方式，打开其程序启动界面，可以查看当前平台下已打开过的项目列表，如图 3-9 所示。

图 3-9

　　单击右上角的图形头像图标，在弹出的菜单中选择"登录"选项就可以弹出 Unity Hub Sign In 对话框，如图 3-10 所示[①]。

图 3-10

　　用户既可以通过手机上安装的 Connect App 扫描二维码登录，也可以单击"账户登录"选项卡完成登录。在此，单击"账号登录"选项卡，切换到如图 3-11 所示的界面。

图 3-11

　　此时既可以选择用手机注册并登录 Unity，也可以选择用电子邮件注册并登录的方式。单击"电子邮件登录"选项卡，然后单击"注册"按钮，打开 Unity 账号的注册界面，填写完相关信息之后，并勾选下面的 3 个复选框，单击"创建 Unity ID"按钮，即可完成 Unity 账号的注册，如图 3-12 所示。

---

① 图中"帐户登录"的正确写法应为"账户登录"。

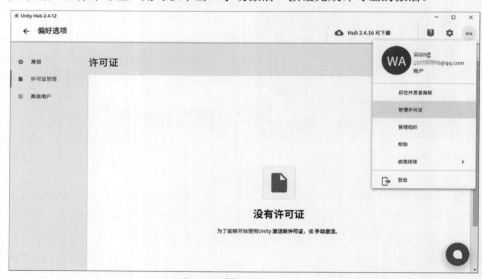

图 3-12

注册完成之后需要进入个人邮箱激活邮件，以人机身份验证方式通过验证，激活完成后再单击"继续"按钮，绑定手机号码才能完成整个注册过程。

除了上面的注册方式，还可以通过 Unity 官方网站进行 Unity 账号注册，注册内容基本一致，这里不再赘述。在 Unity 官方网站注册账号时有两种验证方法：图片选择验证和听力语音验证（英语），选择其中一种进行验证即可。验证通过之后，会收到一封需要进行确认的电子邮件，确认后即可完成账号的注册。

Unity 账号注册完成之后，再次打开 Unity Hub 的应用程序界面即可利用注册的账号进行登录，也可以在 Unity 官方网站以 Web 形式登录。完成在线登录账号之后，首次进入 Unity 编辑器界面之前需要单击"用户管理"按钮，选择"管理许可证"选项，进入许可证管理界面，如图 3-13 所示。如果用户已有许可证，则可以单击"手动激活"按钮完成许可证的激活。

图 3-13

如果没有许可证，则需要单击"激活新许可证"按钮，弹出"新许可证激活"对话框，如图 3-14 所示。对于个人学习者而言，可以直接选择"Unity 个人版"下的任一选项，然后单击"完成"按钮即可。

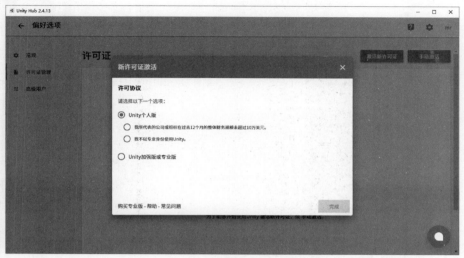

图 3-14

年收入在 10 万美元以上的公司或机构应该选择第 2 个选项，这个选项要求必须购买"Unity 加强版或专业版"。个人版许可证激活之后的"许可证"界面如图 3-15 所示。

图 3-15

此时，Unity 许可证配置基本完成。单击左上角"偏好选项"链接，返回 Unity Hub 的"项目"视图，如图 3-16 所示。切换至"项目"选项卡下，单击任一项目后面的"Unity 版本"下拉按钮，选择最适合该项目的版本号，随后单击对应的项目名称，即可使用对应版本的编辑器启动该项目。若当前"项目"选项卡下没有项目，则可以单击"添加"按钮添加已存在的项目，单击"新建"按钮即可创建一个新项目。

图 3-16

(3.2) 创建第一个工程

在前面 Unity Hub 的启动界面，单击"新建"按钮或其右侧的下拉按钮，在下拉列表中选择"Unity2018.4.34f1"选项即可进入项目创建界面，如图 3-17 所示。

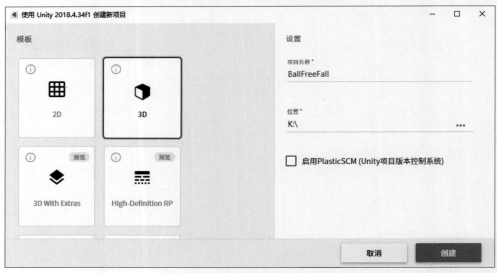

图 3-17

随后，在"模板"选项组中确认 2D 项目或 3D 项目，如果选择 3D 项目，则在"项目名称"下面输入项目名称"BallFreeFall"，在"位置"下面输入保存路径，确定项目存储位置，取消勾选"启用 PlasticSCM（Unity 项目版本控制系统）"复选框，单击"创建"按钮，即可进入 Unity 2018 集成开发环境，如图 3-18 所示。

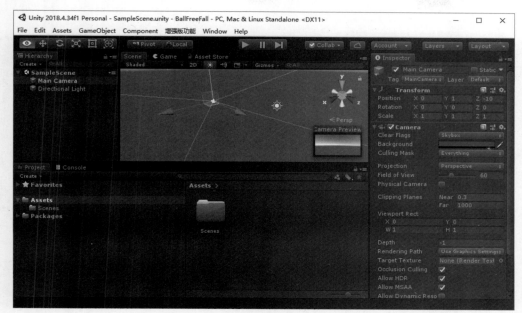

图 3-18

在创建的名为 BallFreeFall 的 Unity 工程（Project）中，制作一个自由坠落的球体，使其能落在平面上，具体的操作步骤如下。

（1）进入 Unity 集成开发环境之后，Unity 会自动创建一个默认名为 SampleScene 的空场景。其中，场景自带两个游戏对象，分别是名为 Main Camera 的摄像机和名为 Directional Light 的平行光。在菜单栏中选择 GameObject→3D Object→Sphere 命令，即可在场景中创建一个名为 Sphere 的 3D 球体，如图 3-19 和图 3-20 所示。

图 3-19

图 3-20

（2）在 Hierarchy 视图中双击 Sphere 对象，Scene 视图的中心会出现 Sphere 对象，单击 Inspector 视图中 Transform 右侧的 Reset 按钮完成 Transform 的重置。使用同样的方法，在场景中创建名为 Plane 的平面作为地面。随后利用辅助工具栏中的 Move Tool 工具调整 Sphere 对象的位置，使球体悬空在 Plane 平面的上方，如图 3-21 所示。

图 3-21

（3）为 Sphere 对象添加 Rigidbody 组件。在 Hierarchy 视图中选中 Sphere 对象，在菜单栏中

选择 Component→Physical→Rigidbody 命令，即可为 Sphere 对象添加 Rigidbody 组件。在 Inspector 视图中，默认勾选 Use Gravity 复选框，使用重力，如图 3-22 所示。

图 3-22

（4）单击"播放"按钮运行程序，在 Game 视图中可以看到 Sphere 对象会自由下落，最后掉落在地面上，如图 3-23 所示。

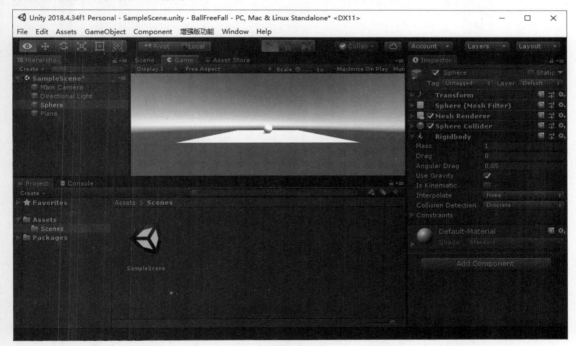

图 3-23

（5）保存 Scenes 场景。在菜单栏中选择 File→Save As…命令，打开 Save Scene 对话框，在"文件名"输入框中输入文件名 main，单击"保存"按钮，即可保存场景为 main.unity 的文件，如图 3-24 所示。

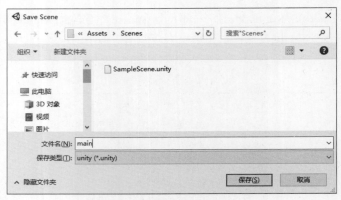

图 3-24

3.3　Unity 操作界面

Unity 既是游戏引擎又是游戏开发的编辑器，它不但允许开发人员高效地创建对象、导入外部资源，还允许开发人员通过代码把对象有机地连接在一起。

Unity 编辑器是可视化的，其集成开发环境被分割成功能不同的区域，被称为视图或面板，每个视图中都有一个功能的详细数据及功能按钮的展示，开发人员可以使用不同视图中的功能设计开发游戏。

3.3.1　界面布局

Unity 编辑器功能强大，界面布局直观简洁。打开 Unity 程序，默认的界面布局如图 3-25 所示。

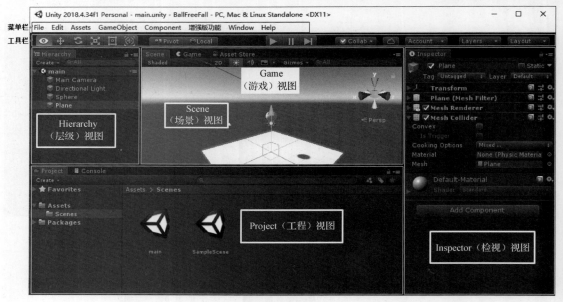

图 3-25

Unity 编辑器由若干面板窗口组成，这些面板窗口统称为视图。常用的视图主要包括 Scene

（场景）视图、Game（游戏）视图、Hierarchy（层级）视图、Project（工程）视图、Inspector（检视）视图等，每个视图都有其特定的作用。Unity 编辑器常用的视图的功能如表 3-1 所示，其他视图后续将结合实例再进行介绍。

表 3-1

名　　称	功　　能
Scene（场景）视图	用于设置场景及放置游戏对象，是构造游戏场景的地方
Game（游戏）视图	由场景中摄像机所渲染的游戏画面，是游戏发布后玩家能看到的内容
Hierarchy（层级）视图	用于显示当前场景中所有游戏对象的层级关系
Project（工程）视图	整个工程中所有可用的资源，如模型、脚本等
Inspector（检视）视图	用于显示当前所选择游戏对象的相关属性与信息

3.3.2　菜单栏

Unity 编辑器的菜单栏位于所有视图的顶端，并且集成了开发环境中所有的功能。在默认情况下，Unity 编辑器有 8 个菜单项，分别是 File（文件）菜单、Edit（编辑）菜单、Assets（对象资源）菜单、GameObject（对象）菜单、Component（组件）菜单、增强版功能、Window（窗口）菜单、Help（帮助）菜单等，如图 3-26 所示。

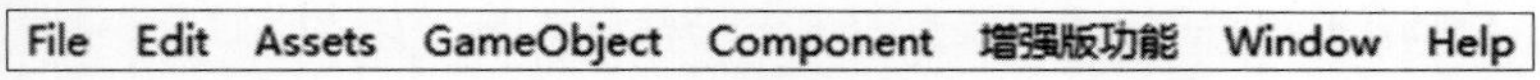

File　Edit　Assets　GameObject　Component　增强版功能　Window　Help

图 3-26

菜单栏包含的内容如表 3-2 所示。

表 3-2

名　　称	功　　能
File（文件）	Scene 和 Project 的创建、保存及输出等
Edit（编辑）	编辑功能，设置关联环境，控制输入的设置等
Assets（对象资源）	创建资源，导入/导出资源，提取预制体，导入 C#项目等
GameObject（对象）	创建场景对象和 UI，以及调整摄像机视野等
Component（组件）	为对象添加系统提供的组件
增强版功能	单击可以打开增强功能的列表
Window（窗口）	打开各个视图窗口和面板
Help（帮助）	查看证书，获得帮助（Unity Manual）

3.3.3　工具栏

Unity 编辑器的工具栏位于菜单栏的下方，主要有 5 个控制区域，提供了常用功能的快捷访问方式，使操作快捷、方便。Unity 编辑器的工具栏包括 Transform Tools（变换工具）、Transform Gizmos Tools（变换辅助工具）、Play（播放控制工具）、Layers（分层下拉列表）和 Layout（布局下拉列表），如图 3-27 所示。

| Transform Tools | Transform Gizmos Tools | Play | | Layers | Layout |

图 3-27

（1）Transform Tools 主要用于 Scene 视图，控制和操作场景及游戏对象，调节游戏对象的位置，或者旋转、变形等，各个工具的快捷键和主要功能等如表 3-3 所示。

表 3-3

工　具	名　　称	快捷键	主　要　功　能
	Hand（手形）工具	Q	平移 Scene 视图
	Move（移动）工具	W	移动所选择的游戏对象
	Rotate（旋转）工具	E	按任意角度旋转游戏对象
	Scale（缩放）工具	R	缩放选中的游戏对象
	Rect（矩形）工具	T	控制游戏对象的矩形手柄
	综合工具	Y	具有移动、旋转、缩放功能

（2）Transform Gizmos Tools 用于转换中心点模式及世界坐标和局部坐标的切换，如图 3-28 所示。

图 3-28

Transform Gizmos Tools 的按钮形式有四种，每种形式的主要功能如表 3-4 所示。

表 3-4

工　具	名　称	主　要　功　能
	Pivot	以选择的最后一个游戏对象作为轴心参考点
	Global	在选择游戏对象时，显示为世界坐标轴
	Center	当选择多个游戏对象时，全部选择对象组成的轴心作为参考点
	Local	在选择游戏对象时，显示为局部坐标轴

（3）Play 用于实现游戏开始运行、暂停、逐帧播放等功能，各个工具的快捷键和主要功能等如表 3-5 所示。

表 3-5

工　具	名　　称	快　捷　键	主　要　功　能
	"播放"按钮	Ctrl+P	播放/运行，对游戏场景进行预览
	"暂停"按钮	Ctrl+Shift+P	暂停/中断，停止预览
	"逐帧播放"按钮	Ctrl+Alt+P	单帧进行预览

（4）Layers 用于编辑层中的对象，当场景中的对象非常多时，可以分层编辑，这样在编辑时不会受到其他对象的干扰。只渲染被选层中的对象，这样做的优点是编辑速度快、节约资源。当后边的眼睛图标关闭时，对象在 Scene 视图中不显示，如图 3-29 所示。

（5）Layout 用于选择不同的布局，既可以打开界面风格不同的布局，也可以自定义布局，然后保存，以便于以后使用，如图 3-30 所示。

图 3-29

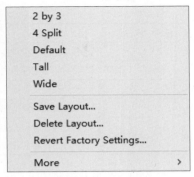

图 3-30

3.4　常用工作视图

　　熟悉 Unity 编辑器中的各种视图是学习 Unity 的基础。下面主要介绍 Unity 编辑器常用工作视图的界面布局及相关操作。

3.4.1　Scene 视图

　　Scene 视图是 Unity 编辑器最常用的视图之一，该视图用来构造游戏场景，场景中所用到的模型、光源、摄像机等都显示在此界面中，在这个视图中可以对游戏对象进行操作。以项目 BallFreeFall 为例，打开项目中的 main 场景。场景中游戏对象的名称如图 3-31 所示。

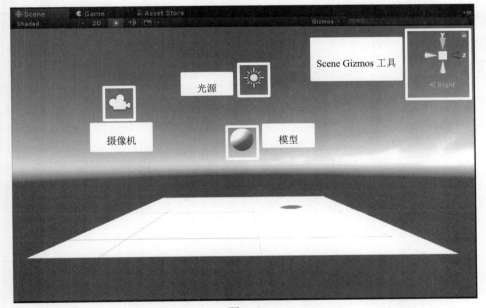

图 3-31

　　选中 Scene 视图中的游戏对象，可以对该游戏对象进行操作，常用的操作方法如表 3-6 所示。

表 3-6

操 作 方 法	作 用
旋转操作	按 Alt+鼠标左键并拖动鼠标，可以在场景中沿所注视的位置旋转视角
移动操作	按住鼠标的滚轮键，或者按键盘上的 Q 键，可以移动 Scene 视图中的观看位置
缩放操作	使用滚轮键，按 Alt+鼠标右键可以放大和缩小视图的视角
居中显示所选择的物体	按 F 键可以将选择的游戏对象居中显示
Flythrough（飞行浏览）模式	按鼠标右键+W/A/S/D 键可以切换 Flythrough 模式，使用户以第一视角在 Scene 视图中进行场景漫游。在 Flythrough 模式下加按 Shift 键会使移动加速

Scene 视图的上方是 SceneViewControlBar（场景视图控制栏），它可以改变摄像机查看场景的方式，如绘图模式、2D/3D 场景视图切换、场景光照、场景特效等，如图 3-32 所示。

图 3-32

SceneViewControlBar 中各个工具的主要功能如表 3-7 所示。

表 3-7

工 具	主 要 功 能
Shaded	为用户提供多种场景渲染模式，默认选项是 Shaded
2D	切换 2D/3D 场景视图
☀	切换场景中灯光的打开与关闭
◀)	切换声音的开关
🖼 ▾	切换天空盒、雾效、光晕的显示与隐藏
Gizmos ▾	显示或隐藏场景中用到的光源、声音、摄像机等对象的图标
Q All	输入需要查找的物体的名称，找到的物体会以带颜色的方式显示，而其他物体都以灰色显示

Scene 视图的右上角是 Scene Gizmos 工具，使用它可以快速将摄像机切换到预设的视角。单击 Scene Gizmos 工具的每个箭头都可以改变场景的视角，如 Top（顶视图）、Bottom（底视图）、Front（前视图）、Back（后视图）等；单击中间的方块或下方的文字，可以在 Isometric Mode（等角投影模式）和 Perspective Mode（透视模式）之间切换，在 Isometric Mode 下无透视效果，物体的大小不会随着距离的调整而发生变化，主要用于等距场景效果、GUI 和 2D 游戏中；Perspective Mode 会模拟一个真实的三维空间，随着距离的调整物体会有近大远小的视觉效果。Scene Gizmos 工具的各种图示如表 3-8 所示。

表 3-8

项 目	工 具 图 示			
场景观察视角	←Top	←Bottom	←Front	←Back

续表

项 目	工 具 图 示			
场景观察视角	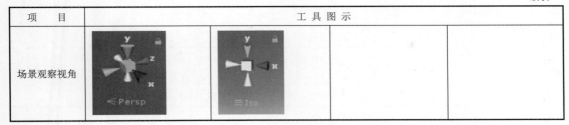			

3.4.2 Game 视图

Game 视图是预览模式，在预览模式下可以实时看到游戏设计或调整好的效果，如图 3-33 所示。在预览模式下可以继续编辑游戏，如在 Inspector 视图中调节游戏对象的参数，这时在 Game 视图中可以实时看到调节后的效果，但对游戏场景的所有修改都是临时的，在退出游戏预览模式后所有的修改都不会保存，将被自动还原。

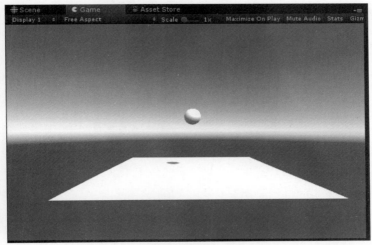

图 3-33

Game 视图的顶部是 Game View Control Bar（游戏视图控制条），用于控制 Game 视图中显示的属性，如屏幕显示比例、当前游戏运行的参数显示等，如图 3-34 所示。Game View Control Bar 中各个项目按钮的主要功能如表 3-9 所示。

图 3-34

表 3-9

工 具	名 称	主 要 功 能
Display 1	显示	若场景中有多个摄像机，单击此按钮从摄像机列表中进行选择，默认显示 1
Free Aspect	视图显示比例	用于调整屏幕显示比例
Scale 1x	缩放滑块	通过缩放检查游戏屏幕的各个区域
Maximize On Play	运行时最大化	最大化显示场景的切换按钮，可以在游戏运行时将 Game 视图扩大到整个编辑器

续表

工　具	名　称	主　要　功　能
Mute Audio	静音开关	开启或关闭场景中的音频
Stats	显示游戏运行状态	单击该按钮，在弹出的 Statistics 面板中会显示当前运行场景的渲染速度/Draw Call 的数量/帧率/贴图占用的内存等参数
Gizmos	小工具	显示或隐藏场景中的灯光/声音/摄像机等游戏对象

　　　　Gizmos 下拉列表：包含许多用于显示对象图标和小工具的选项，此菜单在 Scene 视图和 Game 视图中都可用。

　　　　Free Aspect：用于调整屏幕显示的比例，通过单击三角形按钮弹出屏幕显示比例的下拉列表，既可以选择常用的屏幕显示比例，也可以自行设定显示比例。使用此功能可以非常方便地模拟游戏在不同显示比例下的显示效果，如图 3-35 所示。

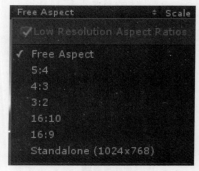

图 3-35

3.4.3　Hierarchy 视图

　　　　一个场景中的游戏对象是以树形结构存储的，在 Hierarchy 视图中显示为树形结构图，包含当前场景中的所有游戏对象。

　　　　在 Hierarchy 视图中，可以选择游戏对象并将它拖到另一个游戏对象内成为子对象。子对象会继承父对象的移动和旋转路径。用户可以根据需要单击父对象的三角形按钮，显示或隐藏子对象。Hierarchy 视图中父对象和子对象的层级如图 3-36 所示。

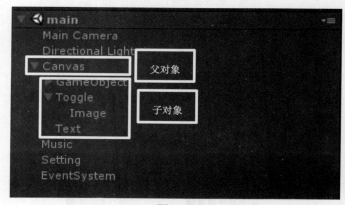

图 3-36

场景中的这些游戏对象按照生成的顺序排列，最后生成的游戏对象在最前面，将遮挡住前面建立的游戏对象，即先创建的游戏对象会被后创建的游戏对象遮挡住，从场景中看到的是最后创建的游戏对象。Scene 视图中的游戏对象会随着 Hierarchy 视图中游戏对象的添加或删除而不断更新。

Hierarchy 视图中的操作主要有添加或删除游戏对象、在游戏对象之间建立父子关系，下面简单介绍具体的操作方法。

（1）添加游戏对象：在 Hierarchy 视图的空白处右击，在弹出的快捷菜单中选择要创建的游戏对象即可。

（2）删除游戏对象：在 Hierarchy 视图中先选中要被删除的对象，然后按 Delete 键（或者右击，在弹出的快捷菜单中选择 Delete 命令），即可从当前场景中删除该游戏对象。

（3）建立父子关系：在 Hierarchy 视图列表中，可以建立游戏对象的父子关系，只需要把游戏对象拖到另一个游戏对象上面就可以建立父子关系。

一个子对象只能有一个父对象，一个父对象可以有多个子对象。对父对象的操作会影响子对象，对子对象的操作不会影响父对象。多个相关联的子对象可以通过建立父子关系形成一个整体进行同样的操作，如对父对象进行移动或变换操作时，其下所有的子对象也会一起进行同样的操作。

3.4.4　Project 视图

Project 视图列出了项目中所有的文件、脚本、贴图、场景、预制体、材质、动画等内容，这些内容都放在资源文件夹 Assets 中，从外部导入的资源文件也会自动放在文件夹 Assets 中。Project 视图如图 3-37 所示。

图 3-37

Project 视图组织管理文件的模式与资源管理器的管理模式相同，一般也是对各种资源采用分类管理，即把同一类文件放到一个文件夹中进行管理。如果需要移动或重新组织项目资源，则在 Project 视图的项目资源内进行，否则会损坏或删除与该资源相关的原数据和链接，严重的可能会因为这些操作破坏项目。

在 Project 视图中，直接双击项目中的文件，会启动相应的编辑器直接进行编辑，对文件编辑完毕并保存后，文件的更新会被 Unity 自动更新到项目中，后续操作即可应用该更新。在 Project 视图中的空白处右击弹出快捷菜单，可以用快捷菜单中的命令创建和管理项目资源。

Project 视图中还有搜索功能，可以帮助开发者在项目众多的文件中快速找到目标文件。只要在搜索框中输入文件名称的全部或一部分，就可以搜索到文件名称中包含这部分字符串的文件，搜索出的文件列在 Project 视图的内容显示窗口，大小写不限。Project 视图的搜索功能如图 3-38 所示。

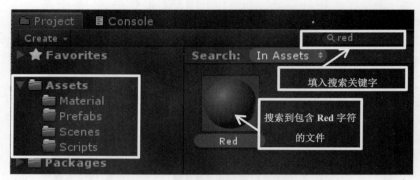

图 3-38

3.4.5 Inspector 视图

Inspector 视图主要用于显示和设置游戏对象的属性、添加代码或组件等。在 Scene 视图中选中某个游戏对象，即可在 Inspector 视图中详细查看和设置该游戏对象的所有属性。勾选游戏对象名称前的复选框，可以暂时关闭或隐藏游戏对象，也可以使用同样的方法将游戏对象的某个组件暂时关闭，如图 3-39 所示。

图 3-39

对 Inspector 视图的详细操作在后续章节中会结合案例讲解，这里仅对其相关组件及部分属性做简要介绍。

- Transform 组件：显示游戏对象的 Position（位置）、Rotation（旋转）和 Scale（缩放）这 3 个属性。Transform 组件是一个基础组件，每个游戏对象都包含这个组件，用户可以通过这个组件对游戏对象进行精确修改。
- Mesh Filter 组件：网格过滤器，从资源中获取 Mesh（网格）并将其传递给网格渲染器（Mesh Renderer），以便在屏幕上渲染。

- Mesh Collider 组件：Mesh 碰撞体，为了防止物体被穿透，需要为对象添加碰撞体。
- Mesh Renderer 组件：网格渲染器，从网格过滤器获得几何形状，并且根据游戏对象的 Transform 组件定义的位置进行渲染。
- Materials 属性：设置游戏对象的颜色、贴图等信息。

3.4.6　Console 视图

Console 视图是调试工具，显示程序运行时产生的调试信息。用户既可以通过在菜单栏中选择 Windows→Console 命令打开 Console 视图，也可以按"Ctrl+Shift+C"组合键打开 Console 视图，单击编辑器底部状态栏的信息同样可以打开 Console 视图，如图 3-40 所示。

图 3-40

在 Console 视图的信息栏上面有一排按钮，如图 3-41 所示。

图 3-41

Console 视图的信息栏上面的按钮的主要功能如表 3-10 所示。

表 3-10

工　　具	主　要　功　能
Clear	清除，单击此按钮可以清除所有日志显示的内容
Collapse	收缩，折叠，将所有重复的日志内容折叠起来
Clear on Play	运行时清除，即每次项目重新运行时，将会重置显示的内容
Error Pause	暂停，当脚本中出现错误的时候游戏暂停

在 Console 视图中，使用不同颜色的图标用于区分输出的内容，白色正常、黄色警告、红色错误，与后面的 3 个小图标对应。

每条信息前面的图标可以显示信息的种类：白色叹号是正常信息；黄色三角形是警告信息，不影响运行；红色叹号是错误报警信息，出现此类信息后，程序无法运行，调试后不再出现此类信息程序才可以运行。所以，根据出现的信息种类可以判断信息的处理方式，双击错误信息会直接跳转到脚本代码中出现问题的位置，可以快捷地调试程序。

3.5　Unity 资源商店简介

unity Asset Store（Unity 资源商店）汇集了丰富的插件资源和游戏素材资源，在创建游戏时，通过 unity Asset Store 可以获取资源，如人物模型、动画、粒子特效、纹理、音频特效和各类扩展插件等，可以节省时间，提高效率。unity Asset Store 还能为用户提供技术支持，发布者可以在 unity Asset Store 中出售或免费提供自己的资源。另外，unity Asset Store 推出了包括英文、日文、韩文、简体中文这 4 种语言界面模式，方便全球用户开发与使用。

用户既可以通过浏览器访问 Unity 中文官方网站中的资源商店，也可以在 Unity 应用程序的菜单栏中选择 Windows→Asset Store 命令直接访问，或者按"Ctrl+9"组合键访问。通过网页访问 unity Asset Store 的效果如图 3-42 所示。

图 3-42

在 Unity 应用程序中访问 unity Asset Store 的效果如图 3-43 所示。

图 3-43

　　下面以在浏览器中打开 unity Asset Store 为例，简单介绍在 unity Asset Store 中下载游戏资源的方法。

　　（1）利用浏览器打开 unity Asset Store 的主页，在资源分类中查找需要下载的资源类型，并查找所需的资源。例如，要下载 Free 类型的资源 Nature Starter Kit 2，可以先切换到"免费热门资源"选项卡，然后找到免费资源 Nature Starter Kit 2，如图 3-44 所示。

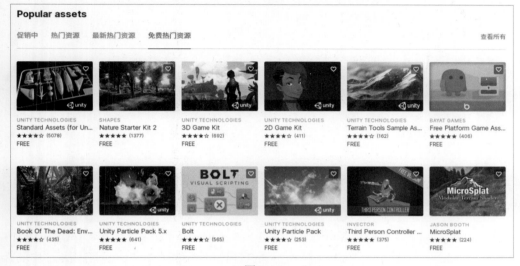

图 3-44

　　（2）单击所需的免费资源 Nature Starter Kit 2 的图标，打开资源的详细介绍，可以查看资源对应的分类、资源包内容、文件大小、最新发布日期、支持 Unity 版本和评论等内容，还可以预览该资源的相关图片，如图 3-45 所示。

图 3-45

　　（3）登录 Unity 的账号，单击"添加至我的资源"按钮，进入 Asset Store Terms of Service and EULA

对话条款，单击"接受"按钮，即可将所选资源放入"我的资源"界面中，如图 3-46 所示。

图 3-46

（4）在"我的资源"界面中，单击免费资源 Nature Starter Kit 2 后面的"在 Unity 中打开"
按钮，即可在 Unity 应用程序中的 Asset Store 界面打开该资源，也可以在 Unity 应用程序中的 Asset
Store 选项卡直接单击"我的资源"按钮打开该资源，如图 3-47 所示。

图 3-47

（5）单击该资源的"下载"按钮，即可下载对应的资源。下载完成之后，在该资源的页面中
会出现"导入"按钮，如图 3-48 所示。

图 3-48

（6）单击"导入"按钮，Unity 会自动弹出 Import Unity Package 对话框，该对话框的左侧是需要导入的资源列表，根据需要选择相应的资源，选择完成之后，单击 Import 按钮即可将下载的资源导入当前的 Unity 项目中，如图 3-49 所示。

图 3-49

（7）在 Project 视图中查看导入的下载资源，如图 3-50 所示。这时可以将所需的资源拖到 Scene 场景中使用。

图 3-50

本章小结

（1）Unity 是集功能与操作于一体的编辑器，为开发人员创造了方便、快捷的游戏开发引擎。它既可以开发 3D 游戏也可以开发 2D 游戏，自带各种不同的功能，可以在不同的视图中实现，每个界面简洁明了，可操作性强，初学者容易上手，资深开发人员运用更得心应手。

（2）Unity 支持 Windows、macOS、Linux 系统平台，以及 iOS、Android 等移动平台，读者可以在 Unity 官方网站下载所需的 Unity 版本并安装，注册个人 Unity 用户账号。登录 Unity 账号之后，用户可以根据个人需求配置 Unity 开发环境。

（3）Windows 平台下的 Unity 编辑器是可视化的，其集成开发环境被分割成功能不同的区域，被称为视图或面板，每个视图中都有一个功能的详细数据及功能按钮的展示，开发人员可以使用不同视图中的功能设计开发游戏。

（4）Unity 编辑器有很多工作视图，常用的有 Scene 视图、Game 视图、Hierarchy 视图、Project 视图、Inspector 视图、Console 视图等，每个视图提供一些相关的操作工具，便于开发人员使用。

（5）unity Asset Store 汇集了丰富的插件资源和游戏素材资源，如人物模型、动画、粒子特效、纹理、音频特效和各类扩展插件等，利用这些资源可以节省时间，提高效率。另外，unity Asset Store 还能为用户提供技术支持，发布者可以在 unity Asset Store 中出售或免费提供自己的资源。用户既可以通过浏览器访问 Unity 中文官方网站中的资源商店，也可以在 Unity 应用程序的菜单栏中选择"Windows→Asset Store"命令直接访问，或者按"Ctrl+9"组合键访问。

思考与练习

1. 练习在 Unity 官方网站下载所需的 Unity 版本并安装，然后注册个人 Unity 用户账号。

2. 熟悉 Unity 编辑器的操作界面、常用工作视图。

3. 创建一个 3D 的 Unity 工程文件，并创建一些 3D 模型。简单调整游戏对象的位置及视角，观察程序运行效果。

4. 了解在 unity Asset Store 中下载各类资源的方法，并将下载的免费资源导入 Unity 项目中。

第 4 章 Unity 脚本开发技术

4.1 Unity 脚本简介

4.1.1 脚本概述

脚本可以被理解为附加在游戏对象上的用于定义游戏对象的行为的指令代码，必须绑定在游戏对象上才能开始它的生命周期。

游戏吸引人的地方在于它的可交互性。在 Unity 中，游戏交互通过脚本编程来实现。通过脚本，游戏开发者可以控制每个游戏对象的创建、销毁，以及游戏对象在各种情况下的行为，进而实现预期的交互效果。

Unity 集成了开源的脚本编辑器 MonoDevelop，它具有使用简便、跨平台等特性，是 Unity 默认的脚本开发工具。图 4-1 中的代码片段 Hello 为 Unity 生命周期调试代码，此脚本被挂载到游戏对象上之后能在控制台上显示调试信息，以此了解事件执行的先后顺序。

```
文件(F) 编辑(E) 选择(S) 查看(V) 转到(G) 运行(R) 终端(T) 帮助(H)          ● Hello.cs - chapter04 - Visual Studio Code    —  □  ×
Hello.cs ●
Assets > Scripts > Hello.cs
1    using System.Collections;
2    using System.Collections.Generic;
3    using UnityEngine;
4
5    public class Hello : MonoBehaviour
6    {
7        public int count = 0;
8        //3.仅在enable后执行一次，即使随后多次enable，start也不再执行
9        void Start()
10       {
11           Debug.Log("在awake、enable之后启动，而且只执行一次，即使enable或disable被执行多次");
12       }
13       //1.Awake最先加载
14       void Awake()
15       {
16           //GetComponent<Hello>().enabled=false;//在Awake阶段禁用自身
17           Debug.Log("首先执行，且只执行一次！");
18       }
19       //2.OnEnable可以根据程序的逻辑需要多次调用，第一次enable后执行start，随后就不再执行start
20       void OnEnable()
21       {
22           Debug.Log("在awake之后，我有执行的可能了！可以和disable一样根据需要多次切换");
23       }
24       //6.OnDisable方法在脚本被禁用时调用，当前脚本被禁用后，脚本不再执行任何更新操作
25       void OnDisable()
26       {
27           Debug.Log("和enable作用相反，我被禁用了！");
28       }
29       //4.Update is called once per frame
30       void Update()
31       {
32           Debug.Log("只要start完成且当前enable，我就在不断更新中！！！");
33           count++;
34           if (count > 400)
35               Destroy(GameObject.Find("Cube"), 1);//摧毁游戏物体Cube
36       }
```

图 4-1

4.1.2 脚本语言

Unity 的脚本语言运行于 Mono 之上。Mono 是一个致力于.NET 开源的软件平台，严格来讲是.NET 的第三方跨平台实现。Mono 旨在使开发人员能够轻松地创建.NET 基础的跨平台应用程序。运行于 Mono 之上的应用可以使用.NET 库。

Unity 支持 3 种脚本语言，分别是 UnityScript（菜单上显示为 JavaScript）、C#和 Boo，在一个游戏中开发人员可以使用一种或两种语言来实现脚本的控制。

UnityScript 和 JavaScript 是两种不同的语言，开发人员在使用过程中可以体会到它们的区别。前者基于类式继承，后者基于原型继承；在数据类型上二者也有很大的区别。Boo 作为.NET 平台的第三方语言，使用群体较小。

Unity 5.x 及以上版本，Unity 推荐使用 C#作为开发语言，并一直延续至今。后续章节中将以 C#作为默认脚本语言来介绍脚本的开发。

4.1.3 C#简介

C#是一种面向对象的计算机语言，吸收了 C++、Visual Basic、Delphi、Java 等语言的优点，体现了当今最新的程序设计技术的功能和精华。有 C/C++基础的读者学习 C#比较容易。

C#本身有很强大的语言特性，语法简单，易学易用，高度面向对象，类型体系完善且安全，能胜任从桌面应用到 Web 开发等诸多场景。大多数 Unity 第三方插件都是使用 C#编写的，许多商业游戏项目也是使用 C#开发的。

4.1.4 脚本与类、组件、游戏对象之间的关系

通常，一个 Unity 脚本对应一个.cs 文件扩展名的脚本文件，该文件对应一个 C#类。在不考虑创建组件的前提下，C#支持在一个.cs 文件中定义多个类或声明一个命名空间。

一般来讲，一个脚本文件对应一个 C#类，但不是所有的 C#类都能作为组件挂载到游戏对象上。只有直接或间接继承 MonoBehaviour 类的脚本，才能被称为组件。所以，Unity 组件一定是脚本，但脚本不一定是 Unity 组件。在一般情况下，组件可以自由调用普通的 C#类提供的静态方法。

Unity 组件可以分为系统组件和用户自定义组件。系统组件集成于 Unity 开发环境中，一些常用的组件被整合至 Unity 标准 Asset 资源包中；自定义组件则是用户在开发环境下自行编写的 C#脚本。系统组件和自定义组件均可以直接挂载到游戏对象上。

Unity 组件依附于游戏对象，用于模拟游戏对象的行为。从本质上来说，游戏对象是 GameObject 类在场景内的实例化，用于充当组件的载体。将一些具有特定功能的代码封装成一个类（组件），当这个类挂载到某个游戏对象上时，就相当于对此类进行了实例化，挂载了此实例的游戏对象将获得该实例提供的所有功能。挂载组件相当于创建功能实体，添加游戏对象行为。

继承自 MonoBehaviour 的组件只能挂载（Add Component）到游戏对象上，其实例化由 Unity 引擎自动完成。开发人员不能通过 new 关键字来创建一个组件的实例，虽然这样做可以编译成功，但是执行时会有错误提示。

在场景运行状态下，组件的生命周期受限于加载它的游戏对象的生命周期。游戏对象被销毁之后，其挂载的组件的生命周期也随之结束。

4.2　脚本的相关操作

4.2.1　创建脚本

创建脚本通常有两种方法，即菜单命令法和快捷菜单法，具体的操作方法如下。

（1）菜单命令法：在菜单栏中选择 Assets→Create→C# Script 命令，这样就可以创建一个新的脚本，如图 4-2 所示。

（2）快捷菜单法：在 Project 视图上方单击 Create 按钮，或者在视图区右击，在弹出的快捷菜单中选择 Create→C# Script 命令，也可以创建一个新的脚本。

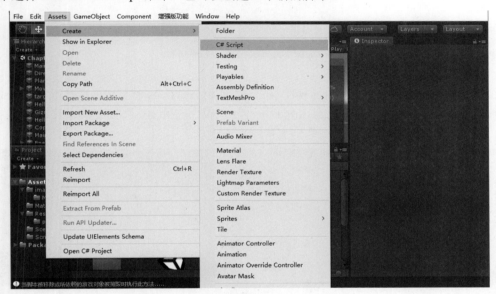

图 4-2

新建的脚本会出现在 Project 视图中，并自动命名为 NewBehaviourScript。单击脚本名或右击脚本，在弹出的快捷菜单中选择"重命名"命令，可以为脚本输入新的名称，例如，使用 C#创建 HelloWorld 脚本，这时在名称处输入 HelloWorld，脚本就重命名为 HelloWorld。在 Project 视图中，用户可以通过脚本的图标来辨别脚本语言的种类，如图 4-3 所示。

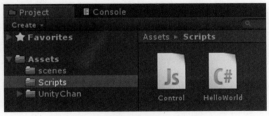

图 4-3

4.2.2 挂载脚本

挂载脚本（此处仅指继承了 MonoBehaviour 类的脚本，即组件）常用的方法有添加组件法、文件拖动法和添加脚本代码法。

（1）添加组件法。创建脚本后，先在 Hierarchy 视图中单击游戏对象，然后在该游戏对象的 Inspector 视图中单击 Add Component 按钮，在"查找"输入框中输入脚本名称或名称的一部分，如 Reset Me，从下拉列表框内选择该脚本，即可把脚本挂载在该游戏对象上，如图 4-4 所示。

图 4-4

（2）文件拖动法。直接将 Project 视图中的脚本拖到 Hierarchy 视图中的游戏对象上，或者单击游戏对象之后，选择所需脚本拖到 Inspector 视图下方的空白处，即可把脚本挂载在该游戏对象上，如图 4-5 所示。

图 4-5

（3）添加脚本代码法。在脚本代码中，通过 AddComponent<T>()方法动态添加组件。如下代码可以为当前脚本所依附的游戏对象添加 Player 组件：

```
void Start () {
    AddComponent<Player>(); //为当前脚本所依附的游戏对象添加 Player 组件
}
```

注意：

- 一般将所有的 C#脚本存放在一个单独的文件夹中，如 Scripts。
- 直接将脚本拖到游戏对象上，运行时脚本就会自动关联该游戏对象。
- 脚本在 Project 视图中显示的名称不包括.cs 文件扩展名。类名需要与.cs 脚本的名称一致，否则会出现编译错误。所有类继承自 MonoBehaviour 类。
- 挂载的脚本可以通过脚本编辑器随时进行修改、保存，并在 Unity 编辑器中每隔几秒自动检测更新。如果脚本中存在严重的语法错误，在未更正前错误提示会一直出现在控制台区，并导致该脚本无法挂载到游戏对象上，程序也无法正常启动。
- 在 Unity 场景编辑状态下以拖动方式挂载的脚本会一直保留在 Inspector 视图中，在调试状态下挂载的脚本会在调试结束后自动卸载。

4.2.3　卸载脚本

当脚本的作用已经完成或不再需要该脚本时，可以卸载该脚本。卸载脚本有快捷菜单法和添加代码法。

（1）快捷菜单法。先选中游戏对象，然后在右侧的 Inspector 视图中找到需要卸载的脚本，在脚本名称上右击后会弹出快捷菜单，选择 Remove Component 命令，即可卸载该脚本。

（2）添加代码法。在脚本代码中，通过 Destroy()方法销毁脚本。例如，添加以下代码用于销毁 player1 组件：

```
Player player1;                                    //自定义组件变量
void Onclick ()
{
    player1=gameObject.GetComponent<Player>();    //获取游戏对象绑定的组件
    if(player1!=null) Destroy(player1);            //找到后销毁该组件
}
```

4.2.4　脚本的编译顺序和执行顺序

Unity 脚本的编译顺序和执行顺序并无直接关联，也不会互相影响。脚本的编译阶段在前，执行阶段在后。

1．脚本的编译顺序

Unity 脚本的编译顺序遵循特定的规则，与脚本所在的文件夹位置有关。

C#以 Assembly（汇编集）为基本单位来组织脚本代码，脚本被编译成的库文件（dll）将在运行时被实时编译执行。库文件之间有加载顺序。后编译的脚本能够引用先编译的脚本，先编译的脚本无法引用后编译的脚本。

C#脚本的编译顺序如下。

（1）所有在 Standard Assets、Pro Standard Assets 或 Plugins 中的脚本最先编译。

（2）所有在 Standard Assets/Editor、Pro Standard Assets/Editor、Plugins/Editor 中的脚本相继被编译。

（3）所有在 Assets/Editor 外面的，并且不在（1）、（2）中的脚本相继被编译。

（4）Assets/Editor 中的脚本最后被编译。

2．脚本的执行顺序

Unity 脚本的执行顺序有一套默认的规则，在特殊情况下也可以根据需要手动定制脚本的执行顺序。

注意：这里所说的脚本的执行顺序是指多个脚本之间执行的先后顺序，不单指脚本内部代码的执行顺序（脚本内方法的执行顺序遵循 MonoBehaviour 类的生命周期规则，方法间的调用顺序并没有改变）。

1）默认规则

（1）单个游戏对象脚本方法的执行顺序按照挂载到该游戏对象的时间先后顺序倒序执行（后挂载的先执行），而不是按照 Inspector 视图上显示的上下顺序。当脚本方法执行时，所有脚本初始化阶段的 Awake()执行完毕后再执行所有脚本的 OnEnable()，然后依次执行 Start()、Update()、LateUpdate()，程序运行期间任何脚本被禁用，该脚本的更新将停止。

（2）当场景中有多个游戏对象时，按照脚本创建在游戏对象上的时间先后顺序（不是上下顺序）倒序初始化（后创建的先初始化），脚本执行顺序遵循规则（1），与脚本挂载到哪个游戏对象上无关。未被激活的游戏对象在场景中将不可见，挂载在其上的脚本也不会运行。

（3）如果游戏对象有子对象，则同样遵循规则（2）。

（4）单个脚本内部方法的执行顺序如图 4-6 所示。

脚本主要内部方法的执行顺序如下：唤醒（Awake()，仅执行一次）→激活（OnEnable()）→重置（Reset()）→开始（Start()，仅执行一次）→固定更新（FixedUpdate()）→模拟物理（Physics）→触发器（Trigger）的进入、离开等→碰撞器（Collision）的进入、离开等→刚体（Rigidbody）的位置和旋转的处理→鼠标按下、抬起等事件（OnMouse()）→更新（Update()）→最后更新（LateUpdate()）→渲染（Rendering()）→禁用（OnDisable()）→销毁（OnDestroy()）。

2）手动设置

Unity 也提供了用来设置脚本的执行顺序的方法，在菜单栏中选择"Edit→Project Settings→Script Execution Order"命令，即可在 Inspector 视图中看到 Script Execution Order 面板。单击右下角的"+"按钮将弹出下拉列表，包括游戏中的所有脚本。单击所需脚本即可把脚本添加至 Script Execution Order 面板中，如图 4-7 所示。

脚本添加完毕之后，可以使用鼠标拖动脚本为脚本排序，脚本的位置越靠上，脚本名称后面的数字越小，执行越靠前（这种调整方式仅仅影响不同脚本名称之间的优先级，同名脚本的执行顺序遵循后挂载先执行的堆栈原则）。其中，Default Time 表示没有设置执行顺序的那些脚本的执行顺序。

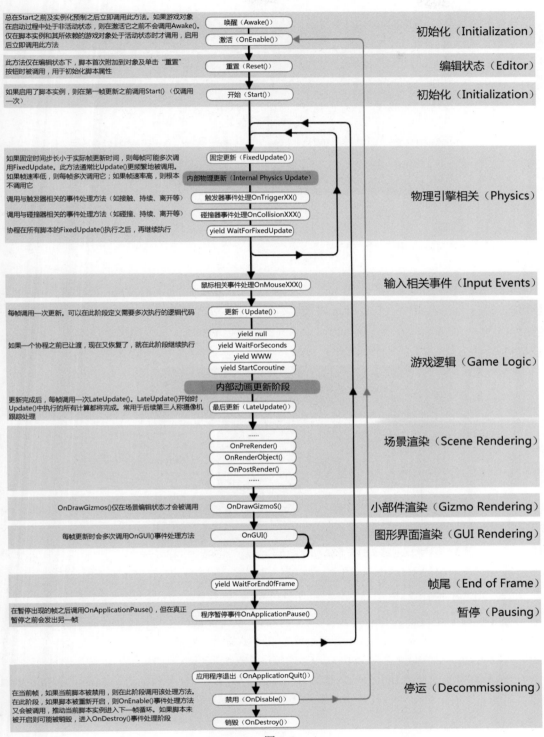

总在Start之前及实例化预制之后立即调用此方法。如果游戏对象在启动过程中处于非活动状态，则在激活它之前不会调用Awake()。仅在脚本实例和其所依赖的游戏对象处于活动状态时才调用，启用后立即调用此方法

唤醒（Awake()）　　　　　初始化（Initialization）

激活（OnEnable()）

此方法仅在编辑状态下，脚本首次附加到对象及单击"重置"按钮时被调用，用于初始化脚本属性

重置（Reset()）　　　　　编辑状态（Editor）

如果启用脚本实例，则在第一帧更新之前调用Start()（仅调用一次）

开始（Start()）　　　　　初始化（Initialization）

如果固定时间步长小于实际帧更新时间，则每帧可能多次调用FixedUpdate。此方法通常比Update()更频繁地被调用。如果帧速率低，则每帧多次调用它；如果帧速率高，则根本不调用它

固定更新（FixedUpdate()）

内部物理更新（Internal Physics Update）

调用与触发器相关的事件处理方法（如接触、持续、离开等）

触发器事件处理OnTriggerXX()

调用与碰撞器相关的事件处理方法（如碰撞、持续、离开等）

碰撞器事件处理OnCollisionXXX()

协程在所有脚本的FixedUpdate()执行之后，再继续执行

yield WaitForFixedUpdate

物理引擎相关（Physics）

鼠标相关事件处理OnMouseXXX()　　　输入相关事件（Input Events）

每帧调用一次更新。可以在此阶段定义需要多次执行的逻辑代码

更新（Update()）

yield null

如果一个协程之前已让渡，现在又恢复了，就在此阶段继续执行

yield WaitForSeconds
yield WWW
yield StartCoroutine

游戏逻辑（Game Logic）

内部动画更新阶段

更新完成后，每帧调用一次LateUpdate()。LateUpdate()开始时，Update()中执行的所有计算都将完成。常用于后续第三人称摄像机跟踪处理

最后更新（LateUpdate()）

......

OnPreRender()
OnRenderObject()
OnPostRender()

......

场景渲染（Scene Rendering）

OnDrawGizmos()仅在场景编辑状态才会被调用

OnDrawGizmoS()　　　小部件渲染（Gizmo Rendering）

每帧更新时会多次调用OnGUI()事件处理方法

OnGUI()　　　图形界面渲染（GUI Rendering）

yield WaitForEndOfFrame　　　帧尾（End of Frame）

在暂停出现的帧之后调用OnApplicationPause()，但在真正暂停之前会发出另一帧

程序暂停事件OnApplicationPause()　　　暂停（Pausing）

应用程序退出（OnApplicationQuit()）

停运（Decommissioning）

在当前帧，如果当前脚本被禁用，则在此阶段调用该处理方法。在此阶段，如果脚本被重新开启，则OnEnable()事件处理方法又会被调用，推动当前脚本实例进入下一帧循环。如果脚本未被开启则可能被销毁，进入OnDestroy()事件处理阶段

禁用（OnDisable()）

销毁（OnDestroy()）

图 4-6

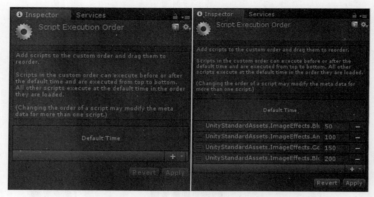

图 4-7

4.3　Unity 脚本编辑器

　　Unity 支持用户使用多种外部脚本编辑器编写脚本，默认为 MonoDevelop 编辑器。用户也可以选择已经预装在系统中的其他脚本编辑器编写脚本。在菜单栏中选择"Edit→Preferences→External Tools→External Script Editor"命令，可以从编辑器列表中选择编辑器作为默认编辑器，如图 4-8 所示。

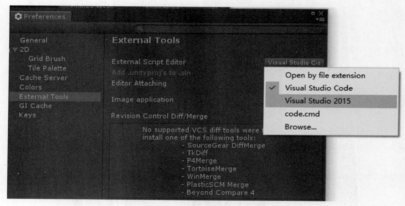

图 4-8

1. MonoDevelop

　　MonoDevelop 是适用于 Linux、macOS X 和 Microsoft Windows 的开放源代码集成开发环境，它不仅集成了很多 Eclipse 与 Microsoft Visual Studio 的特性，还集成了 GTK#GUI 设计工具。目前，MonoDevelop 支持的语言有 Python、C#、Java、Boo、C 与 C++等。

　　在 Project 视图中双击 HelloWorld 脚本，在默认情况下 Unity 会自动启动 MonoDevelop 脚本编辑器来编辑脚本。MonoDevelop 脚本编辑器的程序界面如图 4-9 所示。

2. Visual Studio

　　Visual Studio 是由 Microsoft 公司开发的集成开发环境（Integrated Development Environment，IDE），可以使用多种编程语言创建、运行和调试程序。Unity 借助 Visual Studio Tools for Unity 插件包提高 C#脚本的效率，并使用调试器查找和修复错误。该集成开发环境还提供 Unity 项目文件管理、控制台消息及在 Visual Studio 中启动游戏的功能，从而可以在编写代码时花费更少的时间与 Unity 编辑器进行切换。

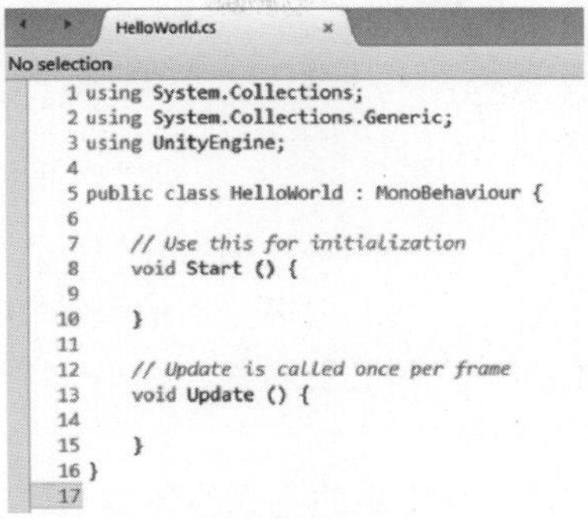

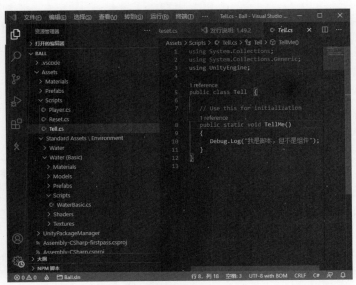

图 4-9

Visual Studio 是 Mono 的一个替代方案，它具有语法高亮显示、智能提示（代码帮助工具）和许多定制选项，如在输入 GUI 时，Visual Studio 将自动显示所有包含 GUI 函数和变量的小窗口。

注意：从 Unity 5.2 开始，不需要将 Visual Studio Tools for Unity 导入项目中，因为 Unity 5.2 增加了对 Visual Studio Tools for Unity 2.1 的内置支持，从而简化了项目设置。

3．Visual Studio Code

Visual Studio Code 是 Microsoft 公司开发的轻量级代码编辑器。该编辑器不仅启动速度快、内存占用率低，还具备强大的代码提示、代码补齐、调试功能，插件丰富，支持的计算机语言众多，是当前主流编辑器的典型代表。

Visual Studio Code 开源免费，具有语法高亮显示和自动完成功能，提供了基于变量类型、函数定义和导入模块的自动补全功能，其侧边栏集成了在编码和重构时会用到的核心功能，其他功能都可以通过安装扩展插件来满足，对开发人员提供了很大的帮助。Visual Studio Code 的界面如图 4-10 所示。

图 4-10

 **4.4** **Unity 常用命名空间**

4.4.1 命名空间概述

命名空间（Namespace）是 VS.NET 中的各种语言使用的一种代码组织形式，开发人员通过命名空间来分类，从而区分不同代码的功能。命名空间的设计初衷是提供一种使一组名称与其他名称分隔开的方式，在一个命名空间中声明类的名称与在另一个命名空间中声明相同类的名称不冲突，但是应该尽量回避类重名的情况。

C#提供了命名空间的功能，以一种可靠的方式检测类名、变量名、方法名冲突的问题。命名空间就是类及其实例的集合，在引用集合中的类时，需要在类名前添加命名空间的前缀。例如，某个项目用到了两个重名的类，但这两个类被归到不同的命名空间 A 和 B 下，这样就保证了重名的类在引用时，因为命名空间的不同而互不冲突。

在 C#中，可以使用 using 关键字声明一个要引用的命名空间，引用类时要在前面带上它所属的命名空间和"."，如程序中使用 System 命名空间，其中定义了 Console 类。引用命名空间可以采用以下形式。

（1）完全限定名称为如下形式：

```
System.Console.WriteLine("Hello World");
```

（2）部分简写限定名称为如下形式：

```
using System; Console.WriteLine("Hello there");
```

因为在脚本的开头添加了 using System，所以编译器会自动检查命名空间下的类名，在保证不冲突的前提下引用类名，代码就可以部分简写。

4.4.2 常用命名空间

Unity 命名空间有很多，如 System、UnityEngine、UnityEditor 等，每个命名空间包含多个子命名空间，除了系统命名空间，还可以根据需要自定义命名空间。

（1）System。System 是主命名空间，包含用于定义常用值和引用数据类型、事件和事件处理程序、接口、属性和处理异常的基础类与基类。

① System.Collections 包含定义各种对象集合的接口和类，如列表、队列、位数组、哈希表和字典。

② System.Collections.Generic 包含定义泛型集合的接口和类。泛型集合允许用户创建强类型的集合，这种集合在类型安全和性能方面均优于非泛型强类型集合。

（2）UnityEngine。UnityEngine 是 Unity 独有的命名空间，该命名空间下又包含数十个子命名空间，如 AI、Audio、Video、AR、UI、Animations、SceneManagerment、Event、Networking 等，这些子命名空间囊括了 Unity 几乎所有的核心应用类库。

4.5 MonoBehaviour 类

MonoBehaviour 是 Unity 中一个非常重要的类，它定义了基本的脚本行为，所有的脚本类均需要从它直接或间接地继承。脚本必然事件就是从 MonoBehaviour 类继承的，其事件处理方法可以根据具体需求进行编写。本书篇幅有限，具体技术细节读者可以参阅 Unity 官方文档。

4.5.1 必然事件

在 Unity 的脚本中，可以定义一些特定的方法，这些方法在满足某些条件时由 Unity 自动调用，它们被称为必然事件。常见的必然事件如表 4-1 所示。

表 4-1

名　　称	触　发　条　件	用　　　途
Awake()	在脚本实例被创建时调用	用于游戏对象的初始化，Awake()方法的执行早于所有脚本的 Start()方法
Start()	在 Update()方法第一次运行之前调用	用于游戏对象的初始化
Update()	每帧调用一次	用于更新游戏场景和状态（与物理状态有关的更新应该在 FixedUpdate 中）
FixedUpdate()	每个固定物理时间间隔（Physics Time Step）调用一次	用于物理状态的更新
LateUpdate()	每帧调用一次（在调用 Update 之后调用）	用于更新游戏场景和状态，与摄像机有关的更新一般放在这里

必然事件是从 MonoBehaviour 类继承的，贯穿任意一个 MonoBehaviour 实例的生命周期。Unity 必然事件处理方法执行的优先顺序如图 4-11 所示。

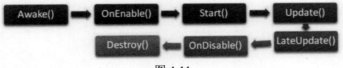

图 4-11

1. 事件执行顺序

当脚本执行时，最先执行 Awake()方法，用于运行激活时的初始化代码，若当前脚本处于禁用状态，即 this.enabled=false，则直接跳转到 OnDisable()方法执行一次。在脚本实例的整个生命周期中，Awake()方法仅执行一次。如果游戏对象的初始状态为关闭状态，那么在运行程序时，Awake()方法不会执行；如果游戏对象的初始状态为开启状态，那么会执行 Awake()方法。Awake()方法的执行仅受限于脚本实例所绑定的游戏对象的激活状态，与脚本实例是否被激活无关。

如果当前脚本处于启用状态，即 this.enabled=true，则继续向下执行 OnEnable()方法，再向下执行 Start()方法，该方法在运行时仅会被执行一次。

继续向后执行就是 Update()方法，接着是 FixedUpdate()方法，然后是 LateUpdate()方法，接下来又回到 Update()方法，在这几个事件之间循环执行。

再向后执行就是 OnGUI()方法，用于绘制图形界面。然后是卸载模块，主要有两个方法，即

OnDisable()与 OnDestroy()。当脚本被禁用（即 enabled=false）时，会执行 OnDisable ()方法，但是脚本并不会被销毁，在这个状态下，其他脚本仍可以调用它，并设置它重新回到激活状态（即 enabled=true）。当手动销毁脚本或附属的游戏对象被销毁时，执行 OnDestroy()方法，当前脚本的生命周期才会结束。

注意：前后两次 Update()方法的时间间隔取决于当前场景运行时的帧频，因为帧频不固定，所以 Update()方法的时间间隔也不固定。LateUpdate()方法与 Update()方法的更新频率一致，主要用于摄像机的设置。FixedUpdate()方法的时间间隔是固定的，在菜单栏中选择 Edit→Project Settings→Time 命令，可以在 Inspector 视图中的 FixedTimestep 处进行设定。

2．事件执行的示例

示例 1：将 Hello World 信息输出到控制台

在 HelloWorld 脚本的 Start()方法中添加以下代码，将信息输出到 Console 视图（控制台）：

```
void Start () {
    Debug.Log("Hello World!"); //将 Hello World 信息输出到控制台
}
```

在场景中新建一个空游戏对象，选中新建的游戏对象 GameObject，将 HelloWorld 脚本绑定到该游戏对象上。单击"运行"按钮，在 Console 视图中查看打印结果，如图 4-12 所示。

图 4-12

示例 2：将每帧的 Update Event 信息输出到控制台

在 HelloWorld 脚本的 Update()方法中添加以下代码，将每帧的信息输出到 Console 视图：

```
void Update() {
    Debug.Log (" Update Event!"); //将每帧的 Update Event 信息输出到控制台
}
```

单击"运行"按钮，在 Console 视图中查看打印结果，可以看到 Console 视图中的信息不停地滚动，示例 2 的打印结果如图 4-13 所示。

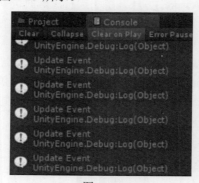

图 4-13

示例 3：将每帧的 FixedUpdate Event、LateUpdate Event 调试信息输出到控制台

在 HelloWorld 脚本中添加 FixedUpdate()方法和 LateUpdate()方法，并添加以下代码，在固定的时间间隔将信息输出到 Console 视图：

```
void FixedUpdate() {
    //将每帧的 FixedUpdate Event 信息输出到控制台
    Debug.Log("FixedUpdate Event!");
}
void LateUpdate() {
    //将每帧的 LateUpdate Event 信息输出到控制台
    Debug.Log(" LateUpdate Event!");
}
```

单击"运行"按钮，在 Console 视图中查看打印结果，示例 3 的打印结果如图 4-14 所示。单击 Console 视图中的 Collapse 按钮，注意观察 Update()和 FixedUpdate()的输出次数是否相同，Update()和 LateUpdate()的输出次数是否相同。

图 4-14

4.5.2　常用事件的响应方法

除了必然事件，MonoBehaviour 类还定义了对各种特定事件的响应方法，如在模型上单击、模型碰撞等，这些方法名均以 On 作为开头。常用事件的响应方法如表 4-2 所示。

表 4-2

常用事件的响应方法	说　　明
OnEnable()	当对象启用或激活时调用
OnDisable()	当对象禁用或取消激活时调用
OnMouseEnter()	当鼠标指针移入 GUI 组件或碰撞体时调用
OnMouseOver()	当鼠标指针停留在 GUI 组件或碰撞体时调用
OnMouseExit()	当鼠标指针移出 GUI 组件或碰撞体时调用
OnMouseDown()	在 GUI 组件或碰撞体上按下鼠标时调用
OnMouseUp()	当释放鼠标按键时调用
OnTriggerEnter()	当其他碰撞体进入触发器时调用
OnTriggerExit()	当其他碰撞体离开触发器时调用
OnTriggerStay()	当其他碰撞体停留在触发器上时调用
OnCollisionEnter()	当碰撞体或刚体与其他碰撞体或刚体接触时调用
OnCollisionExit()	当碰撞体或刚体与其他碰撞体或刚体停止接触时调用

续表

常用事件的响应方法	说　　明
OnCollisionStay()	当碰撞体或刚体与其他碰撞体或刚体保持接触时调用
OnControllerColliderHit()	当控制器移动与碰撞体发生碰撞时调用
OnBecameVisible()	对于任意一个摄像机可见时调用
OnBecameInvisible()	对于任意一个摄像机不可见时调用
OnDestroy()	当脚本销毁时调用
OnGUI()	当渲染 GUI 和处理 GUI 消息时调用

4.5.3　可继承的成员变量

当创建脚本时，该脚本会默认继承 MonoBehaviour 类及其成员变量。本书篇幅有限，如果读者想了解变量列表的相关内容请参阅 Unity 官方文档。

 ## 4.6　游戏对象和组件

4.6.1　创建游戏对象

创建游戏对象有两种方法，即菜单法和对象实例化。

（1）菜单法。在 Hierarchy 视图对应的位置，右击弹出快捷菜单，然后选择对应的游戏对象创建实例，或者选中 Hierarchy 视图对应的位置后，直接执行 GameObject 命令完成相应的操作。

说明：选中 Hierarchy 视图中某个已经存在的游戏对象，然后按"Ctrl+D"组合键，就可以复制该游戏对象。如果 Assets 资源文件夹中有预制体（Prefab），则可以将预制体拖到 Hierarchy 视图中预定的位置，得到一个游戏对象，多次拖动预制体即可复制一批游戏对象（简单来说，预制体就是场景中的游戏对象和资源文件的映射，一个预制体文件可以对应多个游戏对象以减少硬盘资源的占用，同时复制的游戏对象拥有预制体所有的脚本属性和子对象层级关系，并随着预制体的更新而更新）。

（2）对象实例化。在 Unity 中，如果要创建很多相同的物体，如飞舞的蒲公英、散落的子弹、随机出现的敌人等，则可以通过 Instantiate（实例化）快速实现。

首先在场景中创建实例化的目标对象，或者在 Resources 文件夹下存放一个预制体并通过 Resources.Load() 方法加载到场景中成为一个游戏对象，然后在脚本中利用继承自 Object 类的 Instantiate() 方法进行复制。示例如下：

```
using System.Collections;
using UnityEngine;
public class CopyPrefab : MonoBehaviour{
    public Transform target; //被复制对象；需要以拖动的方式为 target 赋值
    void Awake(){
      //在世界坐标系的原点实例化 target
      Instantiate(target,Vector3.zero,Quaternion.identity);
    }
}
```

4.6.2　访问游戏对象

所谓访问游戏对象，就是在脚本中获取一个游戏对象的引用，进而通过代码影响它的行为。如果脚本要访问的是自身所依附的游戏对象，则可以在代码中直接使用 Component 类（MonoBehaviour 的父类）提供的 gameObject 成员属性，该属性代表附加该脚本的游戏对象。如果要访问的是其他游戏对象及其组件，则可以通过以下方法来实现。

1．通过名称来查找

使用 GameObject.Find()方法来查找游戏对象。若场景中存在指定名称的游戏对象，则返回该游戏对象的引用，否则返回 null。如果存在多个重名的游戏对象，则返回第一个游戏对象的引用。

示例代码如下：

```
GameObject player;
Void Start(){
    player=GameObject.Find("MainHeroCharacter");
}
```

注意：使用 GameObject.Find()方法无法找到场景内未激活的游戏对象。

2．通过标签来查找

使用 GameObject.FindWithTag()方法查找场景中给定标签名（字符串）的第一个游戏对象，返回该游戏对象的引用，如果不存在这样的游戏对象则返回 null。

示例代码如下：

```
GameObject player;
Void Start(){
    player=GameObject.FindWithTag ("MainHeroCharacter");
}
```

若多个游戏对象使用同一个标签，则可以通过 FindGameObjectsWithTag()方法获取所有的游戏对象并保存在数组中。

示例代码如下：

```
GameObject player;
GameObject[] enemies;
Void Start(){
    player=GameObject.FindWithTag("Player");
    enemies=GameObject. FindGameObjectsWithTag("Enemy");
}
```

注意：调用 GameObject.Find()和 GameObject.FindWithTag()方法是比较耗时的，因此不建议在 Update()方法中调用它们，而应该在初始化时（Start()或 Awake()等阶段）查找并获取后保存到变量中。

 　　　　　　　　　　添加标签和删除标签

　　在 Inspector 视图的 Tag 下拉列表框中选择"Add Tag…"选项，单击"+"按钮进行设置，重新命名并单击 Save 按钮保存后即可使用。在 Tags 列表框中选中要删除的标签，单击"–"按钮即可删除指定标签。标签设置面板如图 4-15 所示。

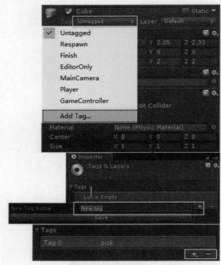

图 4-15

3. 激活/禁用游戏对象

　　利用变量获取游戏对象的引用之后，可以通过 GameObject.SetActive(bool value)方法设置游戏对象的激活状态。被禁用意味着游戏对象将不可见，并且不会收到任何正常的回调或事件。示例代码如下：

```
GameObject player;
Void Start(){
    player=GameObject.FindWithTag("MainHeroCharacter");
    //禁用 player 游戏对象，停止该游戏对象附加的脚本行为
    player.SetActive(false);
}
```

4.6.3　访问组件

1. 访问内置组件

　　一个游戏对象通常包含若干组件。例如，在场景中新建一个 Cube 对象，其默认包含 4 个组件，即 Transform 组件、Mesh Filter 组件、Box Collider 组件和 Mesh Renderer 组件，如图 4-16 所示。
　　对于系统内置的常用组件，早期的 Unity 3D 编辑器提供了非常便利的访问方式，在脚本中直接访问组件对应的属性即可，这些属性定义在 Component 类（MonoBehaviour 的父类）中并被脚本继承下来（GameObject 类里面也定义了同样的属性，以便于在不同游戏对象间访问组件，此处不再赘述）。

图 4-16

常用脚本属性如表 4-3 所示。

表 4-3

名　　　称	属 性 名	作　　　用
Transform	transform	设置对象的位置、旋转、缩放
GameObject	gameObject	代表挂载了当前脚本的游戏对象,可设置当前游戏对象和其他游戏对象间的父子关系，是使用频率最高的属性之一 （注意：GameObject 不是组件，详见 4.7.1 节）
------------	tag	常用的可读/写属性，代表当前对象的标签名，类型为字符串
Rigidbody	rigidbody	设置物理引擎的刚体属性（若不附加则为空，不推荐使用）
Renderer	renderer	渲染物理模型（若不附加则为空，不推荐使用）
Light	light	设置灯光属性（若不附加则为空，不推荐使用）
Camera	camera	设置摄像机属性（若不附加则为空，不推荐使用）
Collider	collider	设置碰撞体属性（若不附加则为空，不推荐使用）
Animation	animation	设置动画属性（若不附加则为空，不推荐使用）
Audio	audio	设置声音属性（若不附加则为空，不推荐使用）

　　注意：如果游戏对象上不存在某个组件，则该组件对应属性的值将为空（null）。Unity 5.x 及以上版本的 Unity 3D 编辑器已经不推荐使用成员属性来直接访问内置组件（Transform 组件除外），而是推荐通过 GetComponent<T>()方法作为入口统一访问组件。初学者应避免在自写脚本中再使用上述属性（transform、gameObject、tag 除外）来访问常用组件。

2．访问自定义组件

　　如果要访问的是自定义组件（由用户编写的组件），则可以通过相应的方法来访问。访问组件常用的方法如表 4-4 所示。

表 4-4

方 法 名	作　　　用
GetComponent<T>()	得到组件
GetComponents<T>()	得到组件列表（用于有多个同类型组件）
GetComponentInChildren<T>()	得到对象或其子对象上的组件
GetComponentsInChildren<T>()	得到对象或其子对象上的组件列表

（1）如果当前脚本与要访问的自定义组件绑定在同一个游戏对象上，则可以通过 GetComponent<T>()方法访问。

示例代码如下：

```
Player player1;      //自定义组件变量
void Start () {      //从当前游戏对象上获取该组件实例的引用
    player1=GetComponent<Player>();
}
```

（2）如果当前脚本和要访问的自定义组件不在同一个游戏对象上，则需要先获取该游戏对象的引用，再通过 GetComponent<T>()方法访问。

示例代码如下：

```
Player player1;      //自定义组件变量
void Start () {      //从其他游戏对象上获取该组件实例的引用
    player1=GameObject.Find("Player").GetComponent<Player>();
}
```

（3）通过组件或游戏对象访问 public 变量，即为 public 变量赋值。例如，在 Player 脚本中声明 GameObject 类型的 public 变量 cube，以及声明 Transform 类型的 public 变量 cubeTransform，然后把 Player 脚本挂载到玩家游戏对象 Player 上，将相关游戏对象拖到对应变量的 None 位置即可为 public 类型的变量赋值，如图 4-17 所示。

图 4-17

3. 启用/禁用组件

在 Inspector 视图中，组件的启用/禁用既可以通过勾选/取消勾选对应脚本名称前面的复选框来完成，也可以通过设置从 MonoBehaviour 类继承的 enabled 属性来完成。

示例代码如下：

```
GetComponent<Player>().enabled=false;//禁用 Player 组件
GetComponent<Player>().enabled=true; //启用 Player 组件
```

注意： 初学者很容易混淆组件名和同名的组件变量（引用）、属性。在通常情况下，变量在命名时要求以小写的半角英文字母开头，而组件在命名时要求以大写的半角英文字母开头。抛开字符的大小写区别，在给变量命名时尽量不要和组件用同名字符，以避免误用。transform 是每个组件继承自 Component 类的只读属性，虽然首字母小写，但它不是成员变量，也不能直接赋值。

示例代码如下：

```
//通过 transform 属性直接访问对象的 Transform 组件并调用其 Translate()方法
transform.Translate(1,0,0);     //先访问对象的 Transform 组件，再调用 Translate()方法进行位移
GetComponent<Transform>().Translate(1,0,0);
//通过声明一个 Transform 类型的组件变量 tm 来引用当前对象的 Transform 组件
Transform tm=GetComponent<Transform>();
```

4.6.4　销毁游戏对象

销毁游戏对象可以使用 GameObject 类提供的 Destroy()方法。

示例代码如下：

```
Destroy(player);       //销毁 player 游戏对象
Destroy(player,3);     //3 秒后销毁 player 游戏对象
```

4.7　常用脚本 API

4.7.1　GameObject 类

场景中的每个游戏对象都是 GameObject 类的实例，而游戏对象又是诸多组件实例的容器。每个自定义组件或系统组件挂载到游戏对象上之后，都自动实例化为该游戏对象的一部分，在 Inspector 视图中体现为该游戏对象的一个可视化的面板属性，可以直接通过鼠标或键盘操作，或者在脚本中通过 GetComponent<T>()方法访问。

GameObject 类直接继承自 Object 类，该类与 MonoBehaviour 类并无直接关联。从继承关系来看，脚本→MonoBehaviour→Behaviour→Component→Object，脚本间接继承自 Object 类。在脚本编写过程中，该类通过直接提供 Find()、FindWithTag()等静态方法来查找场景中的其他游戏对象，建立连接和发送消息，添加或删除游戏对象的组件，以及设置它们在场景中的状态。

4.7.2　Transform 类

场景中的每个游戏对象都有一个 transform 属性，用于存储并操控该游戏对象的位置、旋转和缩放，它就是 Transform 组件的实例，可以在该游戏对象挂载的脚本中直接使用 transform 属性访问。

每个游戏对象的 transform 属性可以有一个父级，允许分层次应用位置、旋转和缩放。在 Hierarchy 视图中可以查看层次关系。Transform 组件有很多属性，如表 4-5 所示。

表 4-5

属　　性	说　　明
position	在世界坐标系中的位置
localPosition	在父对象局部坐标系中的位置
eulerAngles	在局部坐标系中以欧拉角表示的旋转
localEulerAngles	在父对象局部坐标系中的欧拉角
right	对象在世界坐标系中的右方

续表

属　性	说　明
up	对象在世界坐标系中的上方
foward	对象在世界坐标系中的前方
rotation	在世界坐标系中以四元素表示的旋转
parent	父对象变换层级

　　Transform 组件也提供了很多成员方法用来控制游戏对象的行为。Transform 组件提供的成员方法如表 4-6 所示。

表 4-6

成　员　方　法	说　明
Rotate()	绕旋转轴旋转
RotateAround()	绕轴点旋转
Translate()	相对坐标系移动
LookAt()	使物体朝向目标位置
IsChildOf()	该变换是否是其他变换的子对象

　　下面通过几个示例来演示成员方法的使用。

示例 1：物体向前移动

　　在场景中新建一个 Cube 游戏对象，新建 C#脚本 ObjTrans1，并将其挂载到 Cube 游戏对象上，主要代码如下：

```
void Update () {
    float speed = 2.0f;
    transform.Translate(Vector3.forward * Time.deltaTime * speed);
}
```

　　运行程序，Cube 游戏对象开始逐帧向前方移动，如图 4-18 所示。

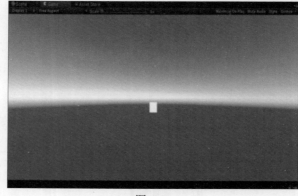

图 4-18

示例 2：物体绕自身坐标轴 Y 轴旋转

　　在场景中新建一个 Cube 游戏对象，新建 C#脚本 ObjTrans2，并将其挂载到 Cube 游戏对象上，主要代码如下：

```
void Update () {
    float speed=30.0f;  //Time.deltaTime 表示距上一次调用所用的时间
    transform.Rotate(Vector3.up * Time.deltaTime*speed);
}
```

运行程序，Cube 游戏对象绕自身坐标轴 *Y* 轴旋转，如图 4-19 所示。

图 4-19

示例 3：物体绕世界坐标系的 *Y* 轴旋转

在场景中新建一个 Cube 游戏对象，在 Inspector 视图中设置 Cube 游戏对象的 Position(0,0,2)（在默认情况下 Cube 游戏对象的 *Y* 轴和世界坐标系的 *Y* 轴是重合的，为了便于观看，设置 Cube 游戏对象在 *Z* 轴上移动两个单位），新建 C#脚本 ObjTrans3，并将其挂载到 Cube 游戏对象上，主要代码如下：

```
void Update (){
    float speed=30.0f;
    //Time.deltaTime 表示距上一次调用所用的时间
    transform.RotateAround(Vector3.zero,Vector3.up,speed*Time.deltaTime);
}
```

运行程序，Cube 游戏对象绕世界坐标系的 *Y* 轴旋转，如图 4-20 所示。

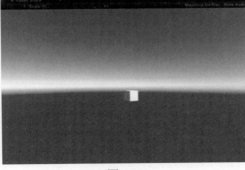

图 4-20

4.7.3　Time 类

在 Unity 中，可以通过 Time 类获取与时间有关的信息，如用来计算帧率、调整时间流逝速度等。deltaTime 指的是从最近一次调用 Update()方法或 FixedUpdate()方法到现在的时间。常用的 Time 类的属性如表 4-7 所示。

表 4-7

属　　性	说　　明
time	游戏从开始到现在经历的时间（秒，只读）
timeSinceLevelLoad	此帧的开始时间（秒，只读），从关卡加载完成开始计算
deltaTime	上一帧耗费的时间（秒，只读）
fixedTime	最近 FixedUpdate()的时间，该时间从游戏开始计算
fixedDeltaTime	物理引擎和 FixedUpdate()的更新时间间隔
maximumDeltaTime	一帧的最大耗费时间
smoothDeltaTime	Time.deltaTime 的平滑淡出
timeScale	时间流逝速度的比例，可以用来制作慢动作特效
frameCount	已渲染的帧的总数（只读）
realtimeSinceStartup	游戏从开始到现在经历的真实时间（秒），该时间不受 timeScale 的影响
captureFramerate	设置固定帧率

帧频（帧率）

　　帧频（帧率）是指每秒放映或显示的帧或图像的数量。Unity 的帧频是实时变化的，它受当前系统的软/硬件性能和应用程序资源占用率等内外因素的制约，表现为前后两次调用 Update()方法的时间间隔不同，即 deltaTime 的实时不同。deltaTime 和帧频是互为倒数的关系，即 deltaTime=1 秒/帧频。除了 deltaTime，还有 fixedDeltaTime，它与物理更新 fixedUpdate()相呼应，其时间间隔是固定的。

4.7.4　Random 类

　　Random 类可以用来生成随机数、随机点或旋转。Random 类的成员方法和属性如表 4-8 所示。

表 4-8

成员方法和属性	说　　明
Range	方法。返回 min 和 max 之间的一个随机浮点数，包含 min 和 max
seed	属性。随机数生成器种子，整型（可读/写）
value	属性。返回一个 0~1 的随机浮点数，包含 0 和 1（只读）
insideUnitSphere	属性。返回位于半径为 1 的球体内的一个随机点（只读，三维向量）
insideUnitCircle	属性。返回位于半径为 1 的圆内的一个随机点（只读，三维向量）
onUnitSphere	属性。返回半径为 1 的球面上的一个随机点（只读，三维向量）
rotation	属性。返回一个随机旋转（只读，四元数）

4.7.5　Mathf 结构体

　　Mathf 结构体提供了常用的数学运算，可以非常方便地解决复杂的数学公式。Mathf 结构体的成员变量和常量如表 4-9 所示。

表 4-9

成员变量和常量	说　明
PI	圆周率 π，即 3.14159265358979…（只读，单精度浮点数，常量）
Infinity	正无穷大，∞（只读，单精度浮点数，常量，1F/0F）
NegativeInfinity	负无穷大，-∞（只读，单精度浮点数，常量，-1F/0F）
Deg2Rad	度到弧度的转换系数（只读，浮点数，常量，0.0174532924F）
Rad2Deg	弧度到度的转换系数（只读，浮点数，常量，57.29578F）
Epsilon	一个很小的浮点数（只读，静态变量）

Mathf 结构体的成员方法如表 4-10 所示。

表 4-10

成　员　方　法	说　明
Sin()	计算角度（单位为弧度）的正弦值
Cos()	计算角度（单位为弧度）的余弦值
Tan()	计算角度（单位为弧度）的正切值
Asin()	计算反正弦值（返回的角度值单位为弧度）
Acos()	计算反余弦值（返回的角度值单位为弧度）
Atan()	计算反正切值（返回的角度值单位为弧度）
Sqrt()	计算平方根
Abs()	计算绝对值
Min()	返回若干数值中的最小值
Max()	返回若干数值中的最大值
Pow()	Pow(f,p)返回 f 的 p 次方
Exp()	Exp(p)返回 e 的 p 次方
Log()	计算对数
Log10()	计算底为 10 的对数
Ceil()	Ceil(f)返回大于或等于 f 的最小整数
Floor()	Floor(f)返回小于或等于 f 的最大整数
Round()	Round(f)返回浮点数 f 四舍五入之后得到的整数
Clamp()	将数值限制在 min 和 max 之间
Clamp01()	将数值限制在 0~1 之间

4.7.6　Input 类

Unity 借助 Touch 类和 Input 类接收用户输入。Touch 类主要用于响应移动端的触屏操作，Input 类既可以用于移动端，也可以用于响应 PC 端的鼠标和键盘输入。下面主要对 Input 类进行简要介绍。

1．Input 类的静态属性和静态方法

Input 类有很多静态属性和静态方法，常用的静态属性如表 4-11 所示，常用的静态方法的名称如表 4-12 所示。

表 4-11

静态属性	作用
AnyKey	检测当前是否按下鼠标或按钮（只读）
AnyKeyDown	当前是否按下鼠标或按钮（是一个动作，而不是一个按下的状态）
InputString	返回当前用户在这一帧输入的字符串，是一个字符串，而不是一个字符

表 4-12

静态方法的名称	作用
GetAxis()	根据 InputManager 设定的控制轴的名称来获取该控制轴的输入值，返回浮点值而不是布尔值，从-1～1 之间
GetButton()	获取按钮是否被按住（如控制轴 Fire1，按钮名称其实是 InputManager 界面中 Axies 虚拟轴的名称）
GetButtonDown()	获取按钮是否被按下（如控制轴 Fire1）
GetButtonUp()	获取按钮是否被松开（如控制轴 Fire1）
GetKey()	获取键盘的某个键是否被按住
GetKeyDown()	获取键盘的某个键是否被按下
GetKeyUp()	获取键盘的某个键是否被松开
GetMouseButton()	获取鼠标按键是否被按住（鼠标按键名只有 0、1 和 2）
GetMouseButtonDown()	获取鼠标按键是否被按下
GetMouseButtonUp()	获取鼠标按键是否被松开

2．InputManager

在菜单栏中选择 Edit→Project Settings→Input 命令，打开输入管理器（Input 面板）。Input 面板如图 4-21 所示。

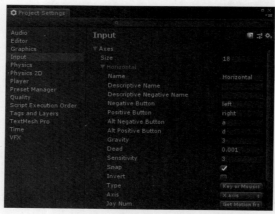

图 4-21

输入管理器专门为 Axis 设置了参数，其中常用的参数及其功能如下。

- Dead：表示最小作用区域，当触摸或摇杆小于这个值时认为没有输入。
- Gravity：表示松开按键时，从端点（1 或-1）返回默认值（0）的速度。
- Sensitivity：表示按下按键时，从默认值（0）到端点（1 或-1）的速度。

3．常用快捷键

在菜单栏中选择 Edit→Preferences 命令，调出 Preferences 窗口，其中的 Keys 面板提供了部分快捷键供开发人员使用，以提高开发效率，如图 4-22 所示。

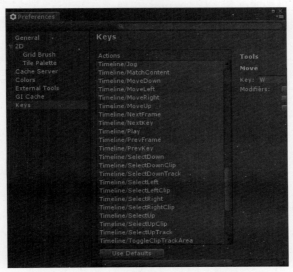

图 4-22

Edit 菜单和 Window 菜单中也有许多快捷键可以使用。常用的快捷键如表 4-13 所示。

表 4-13

快　捷　键	功　　能
F2	重命名
Ctrl+D	复制游戏对象、资源文件
Ctrl+P	调试运行/结束调试
Ctrl+Shift+P	暂停调试
Ctrl+Alt+P	单步调试
Shift+Delete	删除游戏对象
Ctrl+数字 0～9	依次调出常用面板
Ctrl+Shift+N	新建空游戏对象
Ctrl+Shift+A	添加组件
Ctrl+Shift+F	对齐到场景（一般是指摄像机）

 **4.8　协程**

4.8.1　协程介绍

Coroutine 也被称为协同程序，协同程序可以和主程序并行运行，与多线程有些类似，但是在任意指定时刻只能运行一个协同程序，其他协同程序则会被挂起。

协同程序可以用来实现使一段程序等待一段时间后继续运行的效果。例如，执行步骤 1，等待 3 秒；执行步骤 2，等待某个条件为 true；执行步骤 3……

协程的另外一个用途是，当希望获取一个 IEnumerable<T>类型的集合，但是不想把数据一次性加载到内存时，可以考虑使用 yield return 实现"按需供给"。协同方法的返回类型必须是 IEnumerable，yield 要用 yield return 来代替。与协同程序有关的方法如表 4-14 所示。

表 4-14

方　法	说　明
StartCoroutine()	启动一个协同程序
StopCoroutine()	终止一个协同程序
StopAllCoroutines()	终止所有的协同程序
WaitForSeconds()	等待若干秒
WaitForFixedUpdate()	等待直到下一次调用 FixedUpdate()方法

4.8.2　协程案例

在程序运行过程中等待 5 秒后继续执行。程序执行过程如图 4-23 所示。

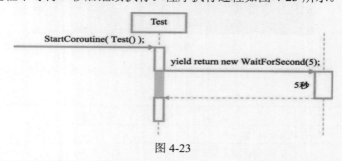

图 4-23

在场景中先新建一个空游戏对象 GameObject，再新建 C#脚本 CoroutineExample，在脚本中添加如下代码：

```csharp
using UnityEngine;
using System.Collections;
public class CoroutineExample : MonoBehaviour {
    IEnumerator Start (){
        //start()方法被重写为 IEnumerator 返回类型
        print ("Starting " + Time.time);
        yield return StartCoroutine(Test());
        //启动协程指定的方法并等待其执行完后返回此处，然后继续向下执行
        print ("Done " + Time.time);
    }
    IEnumerator Test(){
        //执行完返回被调用处
        yield return new WaitForSeconds (5f);
        //在方法内嵌套一个等待协程，必须等待 5 秒后才能从此处继续向下执行
        print ("WaitAndPrint "+ Time.time);
    }
    void Update(){
```

```
          Debug.Log("Update 和协程并行..."); //与协程互不干扰
      }
  }
```

运行程序，实现了运行过程中等待 5 秒后继续执行的效果。执行结果如图 4-24 和图 4-25 所示。

图 4-24

图 4-25

本章小结

（1）脚本可以被理解为附加在游戏对象上的用于定义游戏对象的行为的指令代码，必须绑定在游戏对象上才能开始它的生命周期。在 Unity 中，游戏交互通过脚本编程来实现。通过脚本，游戏开发者可以控制每个游戏对象的创建、销毁，以及游戏对象在各种情况下的行为，进而实现预期的交互效果。

（2）Unity 支持用户使用多种外部脚本编辑器编写脚本，默认为 MonoDevelop 编辑器。用户也可以选择已经预装在系统中的其他脚本编辑器编写脚本，常用的有 Microsoft 公司的 Visual Studio、Visual Studio Code（轻量级）代码编辑器。

（3）从 Unity 5.x 版本开始推荐使用 C#作为开发语言，一个 Unity 脚本对应一个扩展名为.cs 的脚本，该脚本对应一个 C#类。不是所有的 C#类都能作为组件挂载到游戏对象上，只有直接或间接继承 MonoBehaviour 类的脚本，才能被称为组件。Unity 组件一定是脚本，但脚本不一定是 Unity 组件。

（4）Unity 组件依附于游戏对象，能够控制游戏对象的行为。从本质上来说，游戏对象是 GameObject 类的实例化。将一些具有特定功能的代码封装成一个类（组件），当这个类挂载到游戏对象上时，就相当于对此类进行实例化，这个游戏对象也就具有了这个实体所具有的功能。

（5）Unity 脚本的编译阶段在前，执行阶段在后。脚本主要内部方法的执行顺序如下：唤醒（Awake()，仅执行一次）→激活（OnEnable()）→重置（Reset()）→开始（Start()，仅执行一次）→固定更新（FixedUpdate()）→模拟物理（Physics）→触发器（Trigger）的进入、离开等→碰撞器（Collision）的进入、离开等→刚体（Rigidbody）的位置和旋转的处理→鼠标按下、抬起等事件（OnMouse()）→更新（Update()）→最后更新（LateUpdate()）→渲染（Rendering()）→禁用（OnDisable()）→销毁（OnDestroy()）。

（6）命名空间是 VS.NET 中的各种语言使用的一种代码组织形式，开发人员通过命名空间来分类，从而区分不同代码的功能。Unity 命名空间有很多，如 System、UnityEngine、UnityEditor 等，每个命名空间包含多个子命名空间，除了系统命名空间，用户还可以根据需要自定义命名空间。

（7）访问游戏对象就是在脚本中获取一个游戏对象的引用，进而通过代码影响它的行为。如果脚本要访问的是自身所依附的游戏对象，则可以在代码中直接使用 gameObject 成员属性；如果要访问的是其他游戏对象及其组件，则通过 GetComponent<T>()方法作为入口统一访问组件，使用方法 GameObject.Find()通过名称、使用方法 GameObject.FindWithTag()通过标签来查找游戏对象。

思考与练习

1．GameObject 类提供的 find 命令无法获取场景中未激活游戏对象的引用，当需要引用这样的游戏对象时，应该怎样获取它？需要通过哪些方法或操作来实现？

2．借助 Reset 事件处理方法可以实现组件挂载时的自动初始化（例如，检测并获取当前场景中名为 ground 的游戏对象，如果存在该游戏对象就赋值给自带的公共变量 myground，否则会在控制台显示一条消息："无法获取地面信息，请添加地面后重置本组件。"）。

3．Time.deltaTime 与帧频有何关联？帧频是固定的吗？如何实现物体的匀速移动？（在不借助刚体的前提下）

4．如何设置 FixedUpdate()的时间间隔？在什么情况下需要调用该事件处理方法？

5．尝试制作一个程序，实现太阳自转、地球自转和公转（绕着太阳转动）、月亮绕着地球公转。

6．通过 3ds Max 建模制作飞机和炸弹的模型，导入 Unity 3D 后实现飞机飞行过程中的随机投弹或按键投弹动作。

7．GameObject 类实例化之后成为游戏对象，组件实例化之后变成游戏对象的一部分，所以游戏对象就是组件实例的容器。请尝试通过手动添加空游戏对象和 Mesh Filter 组件、Mesh Renderer 组件、Box Collider 组件等在场景内组合一个立方体。

8．简述 Unity 脚本实例的生命周期和其内部常用方法的运行顺序。

第 5 章　创建基本的 3D 场景

5.1　创建 3D 场景

在 Unity 3D 中，工程（Project）一般可以被理解为一个完整的仿真项目或一款完整的游戏，游戏中的每个关卡通常就是一个场景，用于展现当前关卡中的所有对象。

启动 Unity 2018，新建一个名为 FirstProject 的工程。默认自动创建一个 SampleScene 场景，在此场景中有一个 Main Camera（主摄像机）和一个 Directional Light（平行光），如图 5-1 所示。

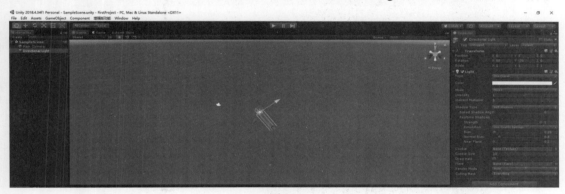

图 5-1

一个工程中通常会有多个不同的场景，按照分类管理资源的思想，一般把同一类资源统一存放在一个文件夹中。例如，把创建的所有场景均放置在 Project 视图的 Assets/Scenes 文件夹中，如图 5-2 所示。

图 5-2

新建场景的方式有很多种，常用的方式有菜单方式和快捷菜单方式。

（1）菜单方式。在菜单栏中选择 File→New Scene 命令，即可在 Hierarchy 视图中新建一个场景。若有未保存的场景，则会弹出 Scene(s) Have Been Modified 对话框，如图 5-3 所示，根据实际情况单击对应的按钮之后会新建一个 Untitled 场景。

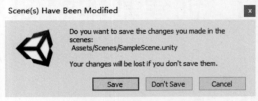

图 5-3

（2）快捷菜单方式。选中 Assets 文件夹中的 Scenes 文件夹，右击该文件夹，在弹出的快捷菜单中选择 Create→Scene 命令，即可在该文件夹中新建一个名为 New Scene 的场景，此时可以对其重新命名，如图 5-4 和图 5-5 所示。单击 Project 视图上方的 Create 按钮，可以使用同样的方法新建一个 New Scene 场景。

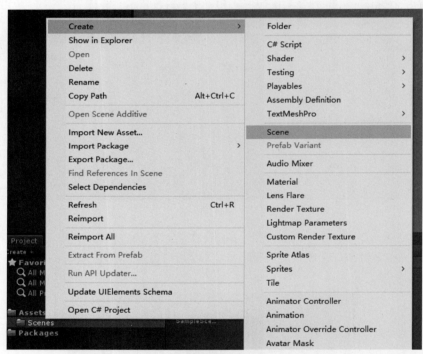

图 5-4

图 5-5

5.2　创建游戏对象与添加组件

5.2.1　创建游戏对象

1．什么是游戏对象

在 Unity 中，场景可以被理解为游戏对象的一个容器，所有的游戏对象都显示在场景中。Unity 自带了多种类型的游戏对象，如 2D Object、3D Object、Effects、Light、Audio、Video、UI 等，每个类型的游戏对象又包含多个游戏对象，如 3D Object 类型的游戏对象主要包含 Cube、Sphere、Capsule、Cylinder、Plane、Terrain、Tree 等。

在 Hierarchy 视图中，可以将一个游戏对象（如人物、地形、树木等）拖到另一个游戏对象中，构成父、子对象关系。子对象将继承父对象的属性，如移动、旋转和缩放等属性，但子对象不影响父对象。

2．创建游戏对象

创建 Unity 游戏对象一般使用菜单方式或快捷菜单方式，也可以使用脚本动态创建。各种类型的游戏对象的创建方式大致相同，下面以创建 3D Object 类型的 Cube 游戏对象为例来说明创建游戏对象的方式。

（1）菜单方式。在菜单栏中选择 GameObject→3D Object→Cube 命令，即可创建一个 Cube 游戏对象，该游戏对象模型直接放到 Hierarchy 视图中，并在场景中显示出来，如图 5-6 所示。

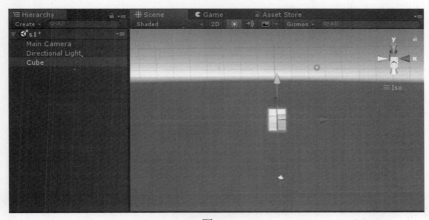

图 5-6

（2）快捷菜单方式。在 Hierarchy 视图中右击，在弹出的快捷菜单中选择 3D Object→Cube 命令，即可创建一个 Cube 游戏对象，如图 5-7 所示。单击 Hierarchy 视图上方的 Create 按钮，也可以使用同样的方式创建一个 Cube 游戏对象。

（3）使用脚本动态创建。创建一个空游戏对象并重命名为 scriptManger，新建 C#脚本并重命名为 CreateObject，把 CreateObject 脚本挂载到 scriptManger 上，如图 5-8 所示。

图 5-7

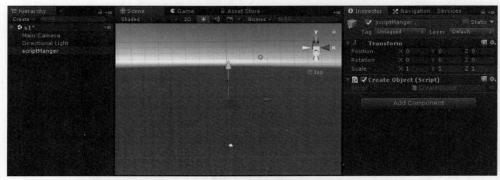

图 5-8

在脚本中添加如下代码：

```
void Start(){
    //使用脚本创建一个空游戏对象（名为 new Game Object）
    GameObject o1 = new GameObject();
    //使用脚本创建一个空游戏对象并命名为 cube
    GameObject o2 = new GameObject("cube");
    //使用脚本通过原始模型创建一个游戏对象（名称为 Plane）
    GameObject.CreatePrimitive(PrimitiveType.Plane);
}
```

运行程序，即可在场景中创建 3 个游戏对象，运行结果如图 5-9 所示。

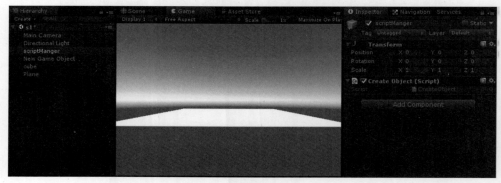

图 5-9

5.2.2　添加组件

1. 什么是组件

一个场景由多个游戏对象组成，每个游戏对象可以包含多个组件（Component），使其拥有各种信息或功能。每个游戏对象至少有一个 Transform 组件，用户也可以自行添加其他组件使游戏对象有相应的功能。用户可以在 Inspector 视图中设置组件的属性。

组件是在游戏对象中实现某些功能的集合，每个组件都是一个类的实例。常见的组件有 Transform、Mesh Filter、Mesh Collider、Renderer、Animation 等。

无论是模型、GUI、灯光还是摄像机，所有游戏对象从本质上来说都是一个空游戏对象挂载了不同类别的组件，从而使该游戏对象拥有不同的功能。对于一个空游戏对象来说，如果为其添加一个摄像机（Camera）组件，那么该游戏对象就是一个摄像机；如果为其添加 Mesh Filter 组件，那么该游戏对象就是一个模型；如果为其添加灯光（Light）组件，那么该游戏对象就是一盏灯。

在 Unity 中，除已经预定义的组件外，脚本也是一种组件。脚本实际上就是一个自定义类，这个类一旦挂载到游戏对象上就实例化为一个组件，它会执行任何功能。自定义的类会自动出现在 Component→Scripts 的子菜单中，默认显示的是文件名。

2. 组件的使用

组件的使用目的是控制游戏对象，通过改变游戏对象的属性，以便其与用户或玩家进行交互。不同的游戏对象可能需要不同的组件，甚至有些需要自定义的组件才能实现，例如，要使一个 Cube 游戏对象移动，就需要操作其 Transform 组件中的 Position 属性。

为游戏对象添加组件通常有菜单和函数两种方法，这两种方法的操作结果完全相同。

（1）菜单方法。首先在 Hierarchy 视图中选择游戏对象，然后通过选择 Component 组件菜单或单击 Inspector 视图中的 Add Component 按钮将其他组件添加到该游戏对象中即可。

（2）函数方法。在脚本中利用 AddComponent<>()方法为游戏对象添加一个组件，如下列代码可以为 player 游戏对象添加 PlayerManager 脚本组件：

```
GameObject player; player.AddComponent<PlayerManager>();
```

下面通过一个案例说明添加组件的具体方法。

（1）新建一个 GameObject 游戏对象，选中新建的 GameObject 游戏对象，Inspector 视图中显示该游戏对象只包含一个默认的 Transform 组件，如图 5-10 所示。Transform 组件包含 Position（位置）、Rotation（旋转）、Scale（缩放）这 3 个属性，这个组件确定 GameObject 游戏对象在 3D 空间中的位置，虽然 GameObject 游戏对象在场景中不显示，但它确实是真实存在的。Transform 组件不能删除，否则该 GameObject 游戏对象不存在。

图 5-10

（2）除了默认的 Transform 组件，用户还可以为游戏对象添加其他组件。单击 Inspector 视图中的 Add Component 按钮即可添加所需组件，如为上面创建的 GameObject 游戏对象添加 Mesh Filter 组件，并指定其 Mesh 属性为 Cube，如图 5-11 所示。此时，GameObject 游戏对象在场景中不显示，只有添加 Mesh Renderer 组件后，该游戏对象才能在场景中显示。

图 5-11

（3）与上述步骤相同，继续为 GameObject 游戏对象添加 Mesh Renderer 组件，并指定 Materials 属性的 Element0 为 Default-Material，如图 5-12 和图 5-13 所示。此时，GameObject 游戏对象在场景中显示为正方体。

图 5-12

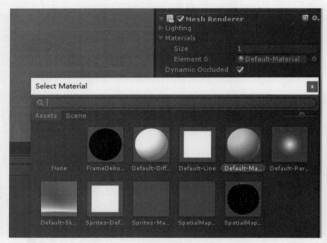

图 5-13

5.3　预制体

5.3.1　什么是预制体

在 Unity 中，Prefab 被称为预制体，它可以实例化为游戏对象。Prefab 可以被理解为是一个游戏对象及其组件的集合，是存储在 Project 视图中的一种可重复使用的游戏对象。它既可以被置入多个场景中，也可以在一个场景中多次置入。

在实际开发中，有些游戏对象只是位置、角度或一些属性不同，但是具有相同结构，如游戏中的敌人、士兵、武器等，这些都可以被制作成预制体。在开发一些功能时，把一些能够复用的对象制作成预制体，如模型、窗口、特效等，将预制体存放到 Resources 文件夹之下，可以通过动态加载的方式加载到场景中并进行实例化。

使用预制体的优点如下：当频繁创建物体时，使用预制体可以节省内存；对相同的物体进行同样的操作，使用预制体直接操作一次即可；使用预制体可以动态地加载已经设置好的物体。

5.3.2 创建预制体

创建预制体的过程实际上就是实例化的过程，当在场景中增加一个预制体时，也就实例化了一个预制体。所有预制体实例都是预制体的克隆，如果是在运行中生成的对象则会有克隆的标记。

创建预制体的常用方法是直接将在 Hierarchy 视图中设置好属性值的物体拖到 Assets 文件夹下即可，一般放在 Prefabs 文件夹下（为了方便，可以将资源分类管理），当物体前的六边形变成蓝色时，预制体创建成功。

下面介绍创建与编辑预制体的过程。

（1）在项目中可能存在很多预制体，为了便于管理，一般会把它们放到 prefabs 文件夹下。首先在 Assets 文件夹下创建一个名称为 prefabs 的文件夹，然后把创建的所有预制体均放置在这个文件夹下，如图 5-14 所示。

图 5-14

（2）在当前场景中，创建一个 Cube 与 Sphere 组合的游戏对象，把 Sphere 作为 Cube 的子对象，并把组合体 Cube 重命名为 DoorSquat，如图 5-15 所示。

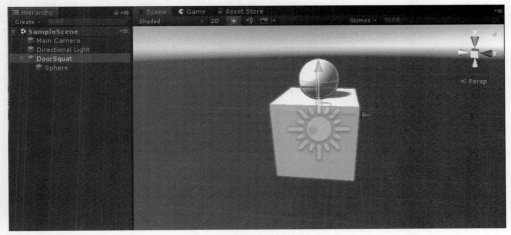

图 5-15

（3）直接把 DoorSquat 拖到 Project 视图的 prefabs 文件夹中，如图 5-16 所示。同时，在 Hierarchy 视图中的 DoorSquat 游戏对象变为蓝色。

图 5-16

（4）在预制体右侧有一个小箭头，单击此箭头，可以对预制体进行编辑，如图 5-17 所示。

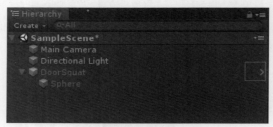

图 5-17

（5）单击此箭头，进入预制体的编辑模式，如图 5-18 所示。默认勾选 Auto Save 复选框，编辑完成后系统会自动保存预制体。

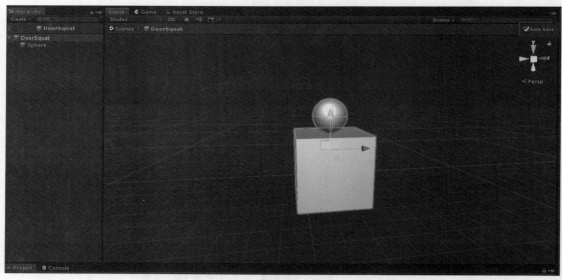

图 5-18

5.3.3 预制体变体

Prefab Variant（预制体变体）就是可以由一个预制体衍生出很多个不一样的子预制体。例如，在游戏中有很多不同种类的机器人，这些机器人都基于一个基本的机器人 Prefab，但不同种类的机器人有各自的不同之处，如一些机器人手里拿着武器，一些机器人移动速度较快，一些机器人会发出特殊的音效，等等，这些都可以通过预制体变体来实现。

下面介绍创建与编辑预制体变体的过程。创建预制体变体常用的方法有两种。

1．创建预制体变体的两种方法

（1）在 Project 视图中，在需要创建变体的预制体上右击，在弹出的快捷菜单中选择 Create→Prefab Variant 命令，这样可以基于选中的预制体创建一个预制体变体，如图 5-19 所示。

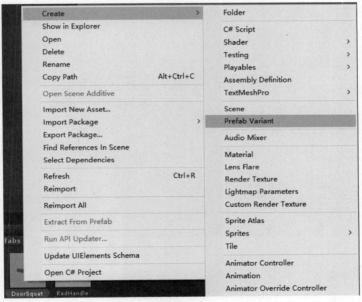

图 5-19

（2）将 Hierarchy 视图中的预制体实例拖到 Project 视图中，如把 DoorSquat 拖到 Project 视图中，这时会弹出一个对话框，如图 5-20 所示，3 个按钮的名称分别是 Original Prefab（创建一个原始的预制体）、Prefab Variant（创建一个预制体变体）和 Cancel（取消）。

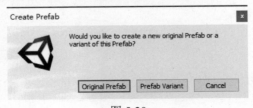

图 5-20

单击图 5-20 中的 Prefab Variant 按钮，就会创建一个预制体变体。创建的 DoorSquat Variant 如图 5-21 所示。把 DoorSquat Variant 拖到场景中，就可以使用这个变体。通过预制体变体创建的预制体实例在 Hierarchy 视图中的图标是有所不同的，如图 5-22 所示。

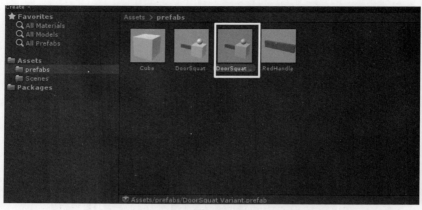

图 5-21

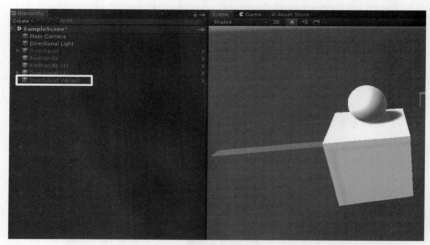

图 5-22

2．编辑预制体变体

当在预制体编辑模式下打开预制体变体时，和预制体实例类似，在预制体变体中可以使用预制体覆写，如修改属性值、添加/移除组件、添加子物体。

（1）在场景中放置一个 DoorSquat Variant（预制体变体实例）和一个 DoorSquat（基本的预制体实例），如图 5-23 所示。

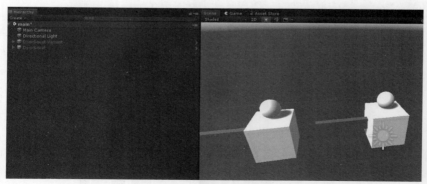

图 5-23

（2）进入 DoorSquat Variant 编辑模式，修改子对象 Sphere 的缩放比例值，如图 5-24 所示。

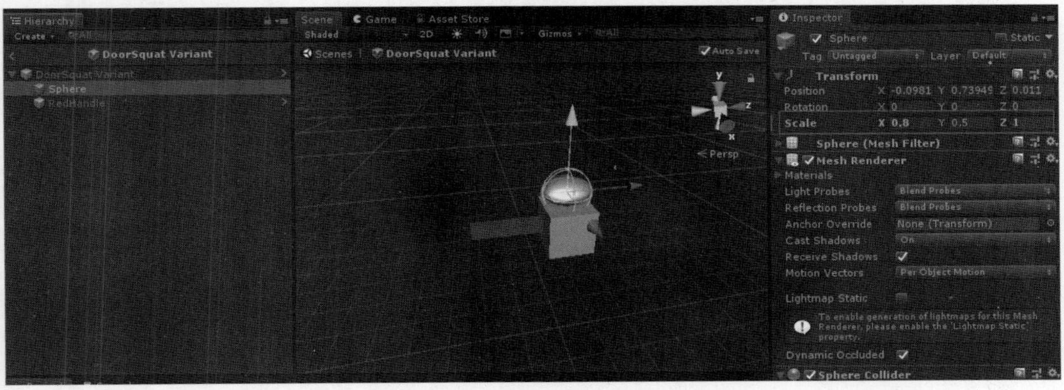

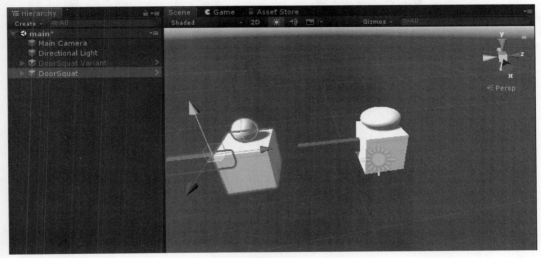

图 5-24

（3）回到场景中，会发现 DoorSquat 没有跟着发生变化，如图 5-25 所示。所以，预制体变体的意义在于提供一个便捷的方法来保存有意义、可复用的预制体覆写，而不是应用到预制体中。

图 5-25

5.3.4 使用预制体

在场景中创建的预制体实例与其原始预制体是有关联的，对预制体进行更改后，实例也会同步修改。当改变任何一个预制体实例的属性时，可以看到变量名称变为粗体，该变量可以被重写，所有重写的属性不会影响预制体源的变化。

在当前场景中，先创建一个空游戏对象并重命名为 scriptManager，然后创建一个 C#脚本并重命名为 PreDoorSquat，把它挂载到这个空游戏对象上，添加代码并把预制体拖到 DoorSquatObj 变量处为该变量赋值，如图 5-26 所示。

图 5-26

添加的代码如下：

```
//定义一个公共变量来存放预制体
public GameObject DoorSquatObj;
void Update () {
    //按 G 键时创建一个新的游戏对象，创建的位置和旋转角度都为 0
    if(Input.GetKey(KeyCode.G))
      Instantiate(DoorSquatObj, Vector3.zero, Quaternion.identity);
}
```

程序运行后，每按一次 G 键就可以创建一个预制体克隆，克隆效果如图 5-27 所示。

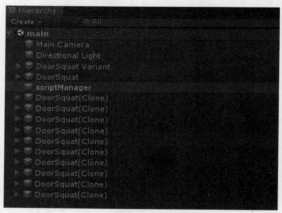

图 5-27

另外，如果通过 Instantiate()方法来创建预制体，那么参数一是预制体，参数二是实例化预制体的坐标，参数三是实例化预制体的旋转角度，具体格式如下：

```
GameObject p=Instantiate(playerPrefab,pos,Quaternion.AngleAxis(angle,Vector3.
up)) as GameObject; /*Instantiate()方法返回一个 Object 类型的对象，用一个 GameObject 类型
接收；后面用 as 关键字将返回的 Object 转换成 GameObject*/
```

将预制体放到 Resource 文件夹中，利用如下代码，通过动态加载资源，实现从资源目录下载入预制体，用一个 GameObject 对象来存放，再利用 Instantiate()方法进行预制体实例化，并载入场景中：

```
GameObject instance = (GameObject) Resource.Load("预制体的名字");
```

或者：

```
GameObject instance =Resources.Load<GameObject>("预制体的名字");
```

下面以加载血条为例，实现从资源目录下载入 HP_Bar.prefab 预制体，其主要代码如下：

```
GameObject hp_bar = (GameObject)Resources.Load("Prefabs/HP_Bar");//加载预制体资源
Instantiate(hp_bar);                                             //实例化预制体
```

5.4　RunBall 案例（一）

5.4.1　案例分析

1．RunBall 案例描述

RunBall 是一款适合新手独立完成的小游戏，包含 4 个场景，分别为 Login（登录）场景、Loading（加载）场景、SelectLevel（关卡选择）场景和 Main（主场景）场景。该游戏共设计为 3 个关卡，依次为 Easy（简单）关卡、Normal（普通）关卡和 Hard（困难）关卡。

2．RunBall 案例玩法

玩家利用小键盘上的方向键或 A 键、W 键、S 键、D 键操作具有物理属性的小球，使其可以前、后、左、右移动，消灭场景内的敌人（即旋转的立方体），依次通关 Easy 关卡、Normal 关卡和 Hard 关卡。在游戏期间，小球逐渐变大会使通过障碍物变得困难、显示分数和时间倒计时，且每关消灭敌人的胜利条件逐渐增加，使胜利的难度逐关增加。在游戏结束时，会出现胜利或失败的提示，以及"重新开始"按钮和"选关"按钮。

3．RunBall 案例内容分解

游戏使用的知识点比较多，涉及基础几何体的三维向量、预制体的复用、物理引擎的使用和 UGUI 的应用等，游戏设计制作完成后再发布。根据游戏涉及的知识点，把游戏分解为 4 部分分别放置在不同的章节进行学习：RunBall 案例（一）主要介绍场景构建部分，在第 5 章讲解；RunBall 案例（二）主要介绍小球加力运动、碰撞（触发）检测功能等，在第 6 章讲解；RunBall 案例（三）主要介绍 UI 的设计、游戏控制处理机制等，在第 7 章讲解；RunBall 案例（四）主要介绍对常用的属性进行简单设置后再对游戏进行发布的内容，在第 12 章讲解。

RunBall 案例知识内容分解如下。

RunBall 案例（一）

（1）利用逐步扩展的思路构建 3 个关卡的场景。隐藏 Normal 关卡和 Hard 关卡两个场景，以 Easy 关卡的场景为主，放置立方体并挂载旋转的脚本 Enemy。

（2）场景中的游戏对象用预制体方式设计，分别添加不同的材质，如旋转的立方体、绿色的立方体、圆柱体、围墙、边墙等。

RunBall 案例（二）

（1）采用 Easy 模式的场景，小球加力运动，摄像机跟踪，添加脚本 Player。

（2）在脚本 Enemy 中添加代码，实现小球与旋转的立方体的碰撞（触发）检测，实现小球自增、立方体隐藏，碰 1 次加 1 分，以及时间倒计时等功能。

RunBall 案例（三）

（1）根据选择的关卡，分别显示 Normal 关卡和 Hard 关卡的场景，根据通关的要求添加旋转

立方体的数目。

（2）UI 设计。登录 UI 设计，添加脚本 Login；加载 UI 设计，添加脚本 Loading；关卡 UI 设计，添加脚本 SelectLevel；音效 UI 设计，添加脚本 AudioSet；游戏主场景 UI 设计，添加游戏控制脚本、难度选择脚本。

（3）添加游戏控制脚本 GameManager，完成失败处理、胜利处理、加分显示处理、倒计时处理、重新开始处理、游戏过程控制处理等功能。

RunBall 案例（四）

简单设置常用的属性，发布游戏。

5.4.2　案例设计步骤

RunBall 案例关卡和游戏机制使用复用模式，分为 Easy 关卡、Normal 关卡和 Hard 关卡。Easy 关卡是 Easy 关卡本身，Normal 关卡是在 Easy 关卡的基础之上再添加 Normal 关卡，以此类推。所以，将 3 个模式的游戏场景重叠摆放，采用逐步向外扩展的模式构建，以便复用。游戏场景的整体效果如图 5-28 所示。

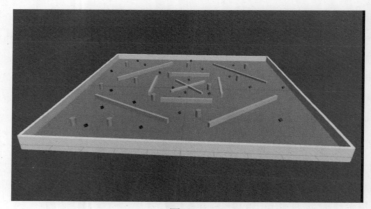

图 5-28

1．构建 Easy 关卡的场景

本场景用到的游戏对象有地板（灰蓝色平面）、障碍物（黄色圆柱体）、围墙（绿色立方体）、玩家（红色球体）、敌人（黑色正方体），Easy 关卡和场景的整体效果如图 5-29 所示。

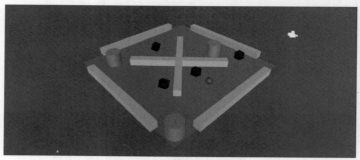

图 5-29

（1）启动 Unity 2018，新建一个名称为 RunBall 的工程，将默认场景名保存为 Main。在 Project

视图的 Assets 文件夹下创建 Prefabs、Materials、Scenes、Scripts、Sprites、audios 这 6 个文件夹，把创建的预制体、单色材质球、场景、脚本、图像、音乐资源分别放置在相应的文件夹中，如图 5-30 所示。

图 5-30

（2）在场景中创建空游戏对象 Easy，单击 Transform 面板中的齿轮图标，再单击 Reset 图标，使游戏对象坐标归零。在 Easy 目录下分别创建两个空游戏对象，即 Env（环境）和 Enemys（敌人），Enemys（敌人）用于存放 Easy 关卡的所有敌人并作为 Enemys 的子对象，Env（环境）用于存放组成场景的其余对象并作为 Env 的子对象，场景中的游戏对象结构如图 5-31 所示。

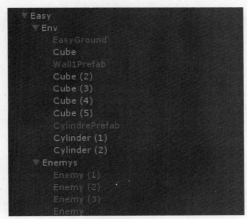

图 5-31

（3）在空游戏对象 Env 下创建立方体作为墙体，并重命名为 Wall1Prefab，在菜单栏中选择 Assets→Create→Material 命令，即可创建一个 Material Cube 单色材质球，并重命名为 WallMat。选中该材质球，在 Inspector 视图中单击 Albedo 后面的"颜色"按钮，打开 Color 对话框，选择绿色，即可完成材质球的颜色设置，如图 5-32 所示。把 WallMat 材质球拖到立方体上，即可给它添加相应的材质，墙体就变为绿色立方体，如图 5-33 所示。

把绿色立方体拖到 Prefabs 文件夹中，即可把它制作成名为 Wall1Prefab 的预制体。再次需要使用该游戏对象时，将其从 Prefabs 文件夹拖入场景窗口中，并调整位置、大小和朝向即可。

（4）利用上面与制作 Wall1Prefab 预制体类似的方法，分别制作地板（灰蓝色平面）、障碍物（黄色圆柱体）、玩家（红色球体）、敌人（黑色正方体）预制体。为了区分游戏对象，将它们命名为不同的名称并添加不同的颜色。将所有的材质球赋予有意义的名称，颜色可以依照自己的喜好进行调节，这里不做明确规定，如图 5-34 所示。

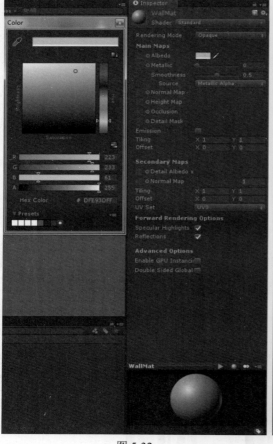

图 5-32

图 5-33

图 5-34

具体创建过程如下：创建一个 Plane 并重命名为 EasyGround，将其作为地板，同时添加灰蓝色的 EasyGroundMat 材质；创建一个 Cylinder 并重命名为 CylinderPrefab，将其作为障碍物，同时添加黄色的 CylindrePrefabMat 材质；创建一个 Cube 并重命名为 Enemy，将其作为敌人，同时添加黑色的 EnemyMat 材质；创建一个 Sphere 并重命名为 Player，将其作为玩家，同时添加红色的 PlayerMat 材质。创建的地板、障碍物、敌人、玩家游戏对象如图 5-35～图 5-38 所示。

（5）敌人的行为主要由 3 个功能组成：自身沿 Y 轴旋转；被玩家碰撞后销毁；销毁时通知系

统增加积分。本章只实现第一个功能，其余的功能在后面的章节中实现。

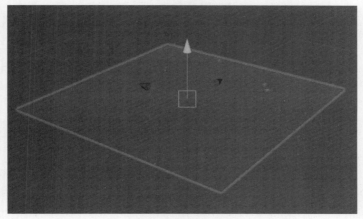

图 5-35

图 5-36

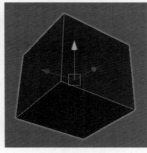

图 5-37

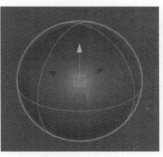

图 5-38

在 Project 视图的 Scripts 文件夹中创建脚本 Enemy，先实现立方体每帧沿 Y 轴顺时针旋转 2°，使用的是世界坐标系，添加的代码如下：

```
public class Enemy : MonoBehaviour{
    void Update(){
        transform.Rotate(new Vector3(0f, 2f, 0f), Space.World);
    }
}
```

（6）将 Enemy 脚本挂载到 Enemy 游戏对象上，选中 Enemy 游戏对象，单击 Inspector 视图中的 Apply 按钮更新预制体，如图 5-39 所示。

图 5-39

（7）分别向 Env 和 Enemys 这两个空游戏对象下拖动制作好的预制体，构建 Easy 场景，场景效果如图 5-40 所示。

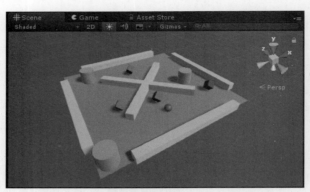

图 5-40

2．构建 Normal 关卡和 Hard 关卡的场景

Normal 关卡的场景和 Hard 关卡的场景中的对象层级关系与 Easy 关卡的相同，如图 5-41 所示。

图 5-41

参考 Easy 关卡的场景的制作过程，完成 Normal 关卡和 Hard 关卡的场景的构建。Normal 关卡的场景的参考效果如图 5-42 所示。Hard 关卡的场景的参考效果如图 5-43 所示。3 个关卡的场景整合的最终效果如图 5-44 所示。在 3 个关卡的场景的地板对象重合时，可以将 Normal 关卡和 Hard 关卡的场景的地板的 Y 轴坐标分别下调 0.0001 和 0.0002。

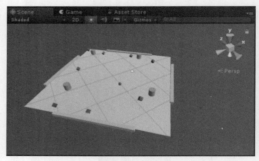

图 5-42

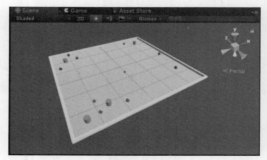

图 5-43

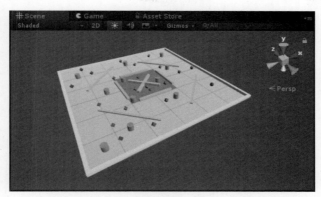

图 5-44

5.5　地形

作为游戏场景中必不可少的元素，地形的作用非常重要。Unity 提供了一套功能强大的地形编辑器，不仅支持以笔刷方式精细地雕刻出山脉、峡谷、平原、盆地等地形，还支持 LOD（Level of Detail）功能，能够根据摄像机与地形的距离及地形的起伏程度调整地形块（Patch）网格的疏密程度，远处或平坦的地形块使用稀疏的网格，近处或陡峭的地形块使用密集的网格。同时，Unity 提供了地表材质纹理实时绘制、树木种植、大面积草地布置等功能，由此开发者实现复杂的游戏地形的制作就比较容易。

5.5.1　创建地形

在当前场景中，在菜单栏中选择 GameObject→3D Object→Terrain 命令，或者在 Hierarchy 视图的菜单栏中选择 Assets→3D Object→Terrain 命令，即可创建一个地形对象，初始的地表只有一个巨大的平面，调整摄像头的角度，使其正对着创建的地形，如图 5-45 所示。

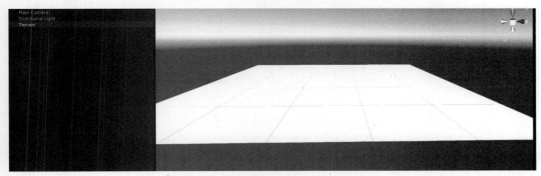

图 5-45

创建好地形之后，Unity 会默认给出地形的大小、宽度、厚度、图像分辨率、纹理分辨率等，但用户也可以手动设置这些值。在 Inspector 视图中单击 Terrain 组件的 Terrain Settings 按钮（图 5-46 中的方框标注处），在弹出的地形属性设置面板中可以设置很多参数，如 Terrain Width（地形宽度）、Terrain Length（地形长度）、Terrain Height（地形高度）等。基础地形属性如表 5-1 所示。

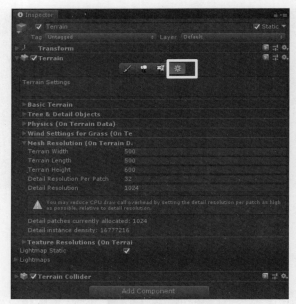

图 5-46

表 5-1

属　　性	含　　义	功　　能
Terrain Width	地形宽度	全局地形总宽度
Terrain Length	地形长度	全局地形总长度
Terrain Height	地形高度	全局地形允许的最大高度
Detail Resolution Per Patch	每个地形块的网格分辨率	全局地形中每个子地形块的网格分辨率
Detail Resolution	细节分辨率	控制草和细节网格地图的分辨率。数值越高效果越好，也越消耗机器性能

5.5.2　地形编辑器工具

Unity 3D 提供了一个地形编辑器工具（见图 5-47），可以用来创建很多地表元素。

图 5-47

地形编辑器工具共有 4 个按钮，从左边开始依次为 Paint Terrain、Paint Trees、Paint Detail 和 Terrain Settings。

- Paint Terrain：绘制地形。
- Paint Trees：绘制树木。
- Paint Details：绘制草和其他细节。
- Terrain Settings：设定地形相关属性。

下面简要介绍 Paint Terrain、Paint Trees、Paint Details。

1. Paint Terrain

在地形编辑器工具中，Paint Terrain 有 6 个功能，分别为 Create Neighbor Terrains（创建相邻

地形）、Raise or Lower Terrain（升高或降低地形）、Paint Texture（绘制地形纹理）、Set Height（设置地形的高度）、Smooth Height（平滑地形）、Stamp Terrain（固定高度），如图 5-48 所示。

图 5-48

（1）Create Neighbor Terrains：在当前地形的十字区域内任意单击一个区域就可以创建一个地形，如图 5-49 所示，如两个灰色区域就是单击生成的。

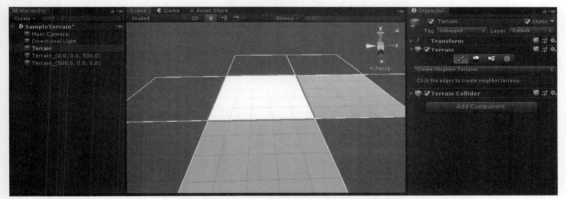

图 5-49

（2）Raise or Lower Terrain：单击鼠标左键可升高地形，按住 Shift 键并单击鼠标左键可降低地形。选项卡的内容如图 5-50 所示，常用属性的含义及功能如表 5-2 所示。

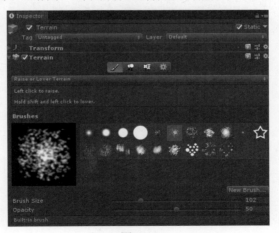

图 5-50

表 5-2

属　　性	含　　义	功　　能
Brushes	笔刷	设置笔刷的样式
Brush Size	笔刷尺寸	设置笔刷的大小
Opacity	不透明度	设置笔刷绘制时的高度

当使用 Raise or Lower Terrain 工具时，高度将随着鼠标指针在地形上扫过而升高。如果在一处固定鼠标指针，那么高度将逐渐增加，这类似于图像编辑器中的喷雾器工具。如果同时按下 Shift 键，那么高度将会降低。

用 Raise or Lower Terrain 工具随意绘制的地形看起来比较粗糙，如图 5-51 所示。

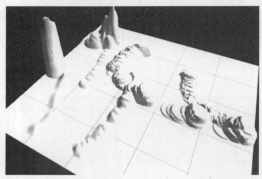

图 5-51

（3）Paint Texture：可以在地形表面绘制纹理，如草地、沙漠、雪地、森林等纹理，用于模拟不同的地表。单击该选项卡中的 Edit Terrain Layers...按钮，如图 5-52 所示。

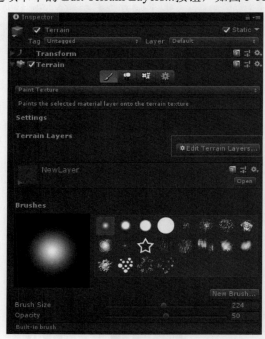

图 5-52

在弹出的下拉列表中选择 Create Layer...选项，如图 5-53 所示。

图 5-53

打开一个窗口，在其中可以设置一个纹理和它的属性，如图 5-54 所示。

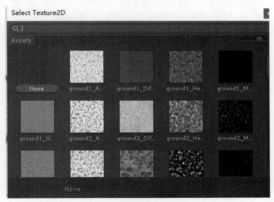

图 5-54

unity Asset Store 中提供了很多资源，用户通过资源商店可以下载合适的地形纹理素材，然后导入自己项目的 Assets 文件夹中，如图 5-55 所示。

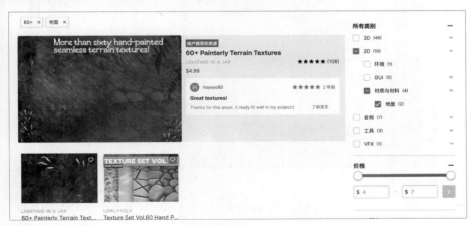

图 5-55

为地形添加贴图，在一个地形中可以添加多个贴图，如丘陵用绿色、高山用黄色等。双击要选择的材质，即可完成该纹理的添加。重复上面的操作，可以将多个纹理依次添加到列表中，如图 5-56 所示。

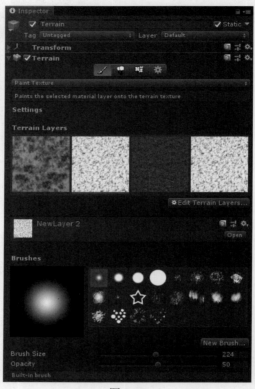

图 5-56

使用画笔在地形部分刷上不同的纹理，以便于区分山脉和平地，材质贴图可以用来区分高山与平地。最后的效果如图 5-57 所示。

图 5-57

（4）Set Height：类似于 Raise or Lower Terrain，但 Set Height 多了一个 Height 属性，用来设置目标高度，当在地形上绘制时，此高度的上方区域会下降，下方区域会上升。Set Height 选项卡如图 5-58 所示。

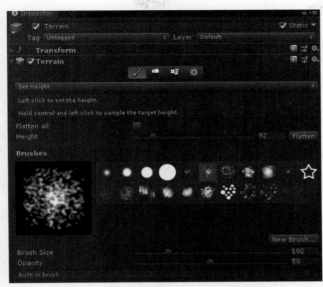

图 5-58

当在对象上绘制时，可以使用 Height 属性来手动设置高度，或者在地形上按住 Shift 键并单击来获取鼠标指针位置的高度。单击 Height 属性后边的 Flatten 按钮可以简单地拉平整个地形到选定的高度。使用 Set Height 在场景中创建高原及添加人工元素（如道路、平台和台阶等）非常方便。

此时，将 Height 设置为 200，单击 Flatter 按钮，整个地形就可以被抬高到 200 米。这时切换到 Raise or Lower Terrain 工具，按住 Shift 键并单击鼠标左键之后就会挖出一个一定深度的坑，如图 5-59 所示。使用 Set Height 工具在场景中创建的道路等的效果如图 5-60 所示。

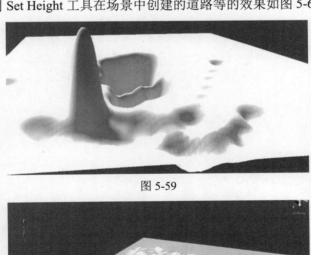

图 5-59

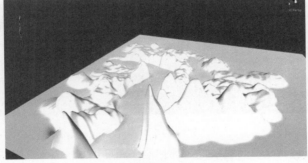

图 5-60

（5）Smooth Height：对地形表面进行平滑处理，可用于缓和地表上尖锐、粗糙的岩石，柔化地形的高度差，使山脉看起来平滑一些。Smooth Height 选项卡如图 5-61 所示。

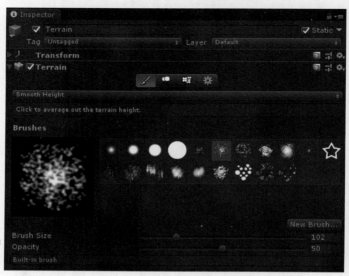

图 5-61

（6）Stamp Terrain：表示固定高度，即每次提升的高度都相同，使用 Stamp Terrain 工具可以选择现有画笔，单击即可应用画笔。每次单击都会以所选画笔的形状将地形升高到设置的 Stamp Height 值。将 Stamp Height 乘以一个百分比，可以移动 Opacity 滑动条更改其值，如设置 Stamp Height 为 200，且 Opacity 为 50，如图 5-62 所示。

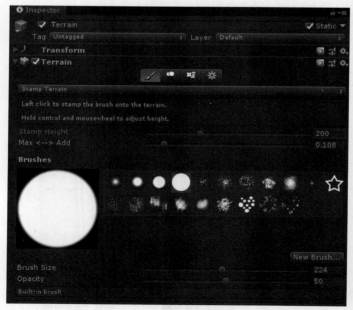

图 5-62

其中，Max <--> Add 滑动条可以决定是选择最大高度，还是将标记的高度添加到地形的当前高度。如果将 Max <--> Add 设置为 0，然后在地形上做标记，则 Unity 会将标记的高度与标记区域的当前高度进行比较，并将最终高度设置为二者中较高的值。如果将 Max <--> Add 设置为 1，然后在地形上做标记，则 Unity 会将标记的高度与标记区域的当前高度相加，最终高度设置为两个值之和。

2．Paint Trees

地形编辑器工具左边的第二个按钮是 Paint Trees，单击该面板中的 Edit Trees...按钮，在弹出的下拉列表中选择 Add Tree 选项，然后在弹出的 Add Tree 对话框中单击 Tree Prefab 选项最后面的按钮，在弹出的 Select GameObject 对话框中选择合适的树木资源，如选中 RedWood 2，单击 Add 按钮，即可将树木纹理添加到树木列表中，如图 5-63 所示。

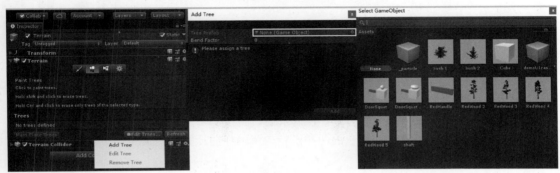

图 5-63

unity Asset Store 提供了很多资源，通过资源商店下载合适的树木纹理素材，然后导入项目的 Assets 文件夹中即可。

设置好之后，就可以在场景中需要的位置添加树木。在一个场景中可以为地形添加多种树木，添加大树木和小树木两种树木的地形效果如图 5-64 所示。

图 5-64

3．Paint Details

地形编辑器工具左边的第三个按钮是 Paint Details 等其他细节的工具，其操作方法和绘制树木的方法基本相同，所以这里不再赘述。添加花草后的地形效果如图 5-65 所示。

图 5-65

5.5.3 水特效

在游戏中常常会看见河流、湖泊、大海等水特效，这些特效使游戏更加逼真。Unity 为了能够简单地还原真实世界中的场景，在标准资源包中提供了两个水资源包，分别是 Water(basic) 与 Water。Water(Basic) 的功能较为单一，没有反射、折射等功能，仅可以对水波纹大小与颜色进行设置，由于其功能简单，因此它的两种水特效所消耗的计算资源很少，特别适合移动端的开发应用。

接下来介绍如何使用水特效。

（1）在 unity Asset Store 中找到标准资源包，如图 5-66 所示，然后导入 Unity 中。

图 5-66

（2）导入成功后，在 Project 视图的 Assets 文件夹中会出现导入的资源包，在 Water 文件夹中可以看到两个水体，分别是模拟的白天的水与黑夜的水，如图 5-67 所示。

图 5-67

（3）下面以 WaterProDayTime 为例来说明添加水特效的方法。先选中 Assets\Standard Assets\ Environment\Water(Base)\Prefabs 文件夹，其中有两个水特效的预制体，用鼠标直接将 WaterBasicDaytime 对象拖到地形的大坑中，并重命名为 Water，这时就可以看到水在 Scene 视图中的特效。通过工具栏中的"缩放"按钮拉伸水的大小填满整个大坑，然后通过"移动"按钮把水向上移到合适的高度，制作的水特效如图 5-68 所示。

图 5-68

5.5.4　添加角色控制器漫游地形

Unity 封装了一个 Characters（角色控制器）预制体，可以实现第一人称视角与第三人称视角游戏开发。其中，FirstPersonController（第一人称控制器）中的 FPSController（第一人称角色控制）上添加了 Character Controller（角色控制）组件，并设置了相应的属性值。FPSController 还添加了 FirstPersonController 脚本组件，在脚本中封装了一些属性，通过设置这些属性值可以控制 FPSController 的移动速度等特性。除此之外，FPSController 还添加了 Rigidbody（刚体）组件和 Audio Source（音效）组件。

在前面设计的地形场景中，形成了一个比较大的场景，在场景中添加第一人称角色预制体就可以实现在场景中漫游地形。下面简单介绍漫游的设置方法。

如果没有导入标准资源包，则在 Assets 文件夹中打开 Standard Assets\Characters\ FirstPersonCharacter\Prefabs 文件夹，将 FPSController 拖到 Hierarchy 视图中，同时删除 Main Camera，即可实现当前场景的漫游。

运行游戏，按 W 键、S 键、A 键、D 键或小键盘上的方向键即可实现角色人物行走，移动鼠标指针可以更改行走的方向，空格键用于控制人物的跳跃，如图 5-69 所示。

注意：由于 Characters 组件自带一个摄像机，因此默认的主摄像机可以删除。同时，它具有一定的物理引擎，所以一定要将它放在地形或地面对象之上，否则，当它接收物理效果时如果发现地面没有东西支撑它，它就会掉下去。

图 5-69

本章小结

（1）Unity 的 Scene 视图是用于构建游戏场景的，开发者创建游戏时所用的模型、灯光、摄像机、材质、音频等内容都将显示在该视图中。对于游戏玩家来说，场景是一个能让玩家们"自由活动"的舞台，除角色之外，在游戏中所有玩家能直观感受到的都能被称为游戏场景，包括游戏中的每个关卡也是一个场景。

（2）Unity 是一个强大的游戏开发引擎，在游戏开发中使用的模型常常是从外部导入的。为了方便开发者快速创建模型，Unity 提供了一些简单的几何模型，包含 Cube、Sphere、Capsule、Cylinder、Plane、Terrain、Tree 等。

（3）Unity 是基于组件（Component）编程的游戏引擎。游戏对象既可以包含多个组件，用户也可以自行添加组件，添加不同的组件可以使游戏对象具有各种功能。常见的组件有 Transform、Mesh Filter、Mesh Collider、Renderer、Animation 等。

（4）Prefab 被称为预制体，可以被理解为一个游戏对象及其组件的集合，是存储在 Project 视图中的一种可重复使用的游戏对象。它既可以被置入多个场景中，也可以在一个场景中多次置入。在实际开发中，有些游戏对象只是位置、角度或一些属性不同，但是具有相同的结构，如游戏中的敌人、士兵、武器等，这些都可以被制作成预制体。在开发一些功能时，可以将预制体存放到 Resources 文件夹之下，可以通过动态加载的方式加载到场景中并进行实例化。

（5）Unity 提供了一套功能强大的地形编辑器工具，支持以笔刷方式精细地雕刻山脉、峡谷、平原、盆地等地形，支持 LOD 功能，能够根据摄像机与地形的距离及地形起伏程度调整地形块（Patch）网格的疏密程度，远处或平坦的地形块使用稀疏的网格，近处或陡峭的地形块使用密集的网格。同时，Unity 提供了地表材质纹理实时绘制、树木种植、大面积草地布置等功能，使开发者可以比较容易地实现复杂的游戏地形的制作。

思考与练习

1．简述 Transform 组件、Box Collider 组件、Mesh Renderer 组件的作用。

2．设计一个桌子预制体，并编写脚本实现按 W 键、S 键、A 键、D 键使其可以上、下、左、右移动。

3．利用地形组件，设计一个海岸边的游戏地形，要求有山、水、树木和草地等资源对象。

4．通过从 unity Asset Store 获取的地形资源，设计一个游戏地形。利用 Characters 组件通过键盘和鼠标操控在场景中实现自由漫游的效果。

第6章 物理系统

6.1 物理系统的概念

使用 Unity 的物理系统提供的一系列组件可以在游戏中进行真实的物理效果的模拟，包括重力、摩擦力、碰撞等，使游戏效果更加逼真。Unity 的物理系统又被称为物理引擎系统。Unity 内置了 NVIDIA 的 PhysX 物理引擎。PhysX 是目前使用非常广泛的物理引擎，被很多经典游戏采用。

使用物理系统只需要进行简单的设置，就能够让物体对碰撞器和重力做出响应。更复杂的物理效果可以在代码中实现，如通过代码控制赛车轮胎、角色的披风飘动（布料）、场景中的爆炸效果等。利用 3D 物理引擎实现的《剑侠情缘 3 网络版》重置版中的布料效果如图 6-1 所示，在《愤怒的小鸟》中小鸟弹出与下落和建筑物倒塌的效果如图 6-2 所示。

 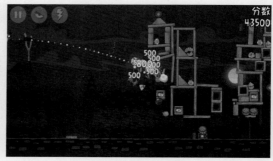

图 6-1　　　　　　　　　　　　　　　　　　　　　图 6-2

Unity 中有两个独立的物理引擎：一个是 3D 物理引擎，另一个是 2D 物理引擎。3D 物理引擎和 2D 物理引擎中的很多概念非常相似，但它们使用的组件是不同的，如 3D 物理引擎中的刚体组件是 Rigidbody，2D 物理引擎中的刚体组件是 Rigidbody 2D。本章只讲解 Unity 中的 3D 物理引擎。

3D 物理引擎中包含的组件主要有 Rigidbody（刚体）组件、Collider（碰撞器）组件、Constant Force（力场）组件、Joint（关节）组件、Cloth（布料）组件、Character Controller（角色控制器）组件等。

6.2 Rigidbody 组件

Rigidbody 组件的作用是使物体能够受力并施力。在添加 Rigidbody 组件之后，游戏对象便可以接受外力与扭矩力（使游戏对象旋转的力），从而实现该游戏对象在场景中的物理交互。任何游戏对象只有添加了 Rigidbody 组件之后才会受到重力的影响。当通过脚本为游戏对象添加作用力时，该游戏对象也必须有 Rigidbody 组件。

6.2.1 主要属性介绍

在 Unity 的 Hierarchy 视图中选择要添加 Rigidbody 组件的游戏对象，在菜单栏中选择 Component→Physics→Rigidbody 命令，即可为该对象添加 Rigidbody 组件。在 Inspector 视图中可查看 Rigidbody 组件的属性面板，其属性面板如图 6-3 所示。

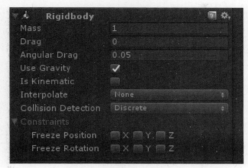

图 6-3

Rigidbody 组件常用的属性如表 6-1 所示。

表 6-1

属　　性	含　　义	功　　能
Mass	质量	物体的质量，在同一个游戏场景中，物体质量通常不要大于其他物体的 100 倍或小于其他物体的 1%
Drag	阻力	物体移动时受到的空气阻力，当值为 0 时，表示没有空气阻力，当数值越来越大时，阻力也越来越大，物体很难移动（处于静止状态）
Angular Drag	旋转阻力	物体旋转时受到的空气阻力，当值为 0 时，表示没有空气阻力，当数值越来越大时，阻力也越来越大，物体很难旋转
Use Gravity	使用重力	重力，若开启此属性，那么游戏对象会受到重力的影响
Is Kinematic	是否开启运动学	若开启此属性，那么游戏对象将不再受到物理引擎的影响，从而只能通过 Transform 组件来对其操作
Interpolate	插值	物体运动插值模式。当发现刚体运动时抖动，可以尝试下面的选项：None（无），不应用插值；Interpolate（内插值），基于上一帧变换来平滑本帧变换；Extrapolate（外插值），基于下一帧变换来平滑本帧变换
Collision Detection	碰撞检测	碰撞检测模式，用于避免高速物体穿过其他物体却未触发碰撞。碰撞模式包括 Discrete（不连续）、Continuous（连续）、Continuous Dynamic（动态连续）这 3 种。其中，Discrete 模式用来检测与场景中其他碰撞器或其他物体的碰撞；Continuous 模式用来检测与动态碰撞器（刚体）的碰撞；Continuous Dynamic 模式用来检测与 Continuous 模式和动态连续模式的物体的碰撞，适用于高速物体
Constraints	约束	对刚体运动的约束。Freeze Position（冻结位置）表示刚体在世界坐标系中沿所选 X 轴、Y 轴、Z 轴的移动将无效，Freeze Rotation（冻结旋转）表示刚体在世界坐标系中沿所选 X 轴、Y 轴、Z 轴的旋转将无效

6.2.2 刚体的使用

刚体的使用步骤如下。

（1）创建一个 Cube，将 Transform 组件中的 Position 调整为(0,0.5,0)，为 Cube 添加 Rigidbody 组件，并添加一个灰色的材质球。创建一个 Plane，将 Transform 组件中的 Scale 调整为(2,1,2)。

（2）创建 C#脚本并重命名为 RigidbodyTest，把该脚本挂载在 Cube 上。在 RigidbodyTest 脚本中添加以下代码，利用 AddForce()方法为 Cube 添加力，通过 GetAxis()方法获取水平/垂直轴向的输入，实现按 W 键、A 键、S 键、D 键控制 Cube 上升、下降、向左、向右滚动的功能：

```
using System;
using System.Collections.Generic;
using UnityEngine;
    public class RigidbodyTest : MonoBehaviour{
    private Rigidbody cubeRig;      //自身刚体
    public float power = 10;        //力量大小
    void Start(){
        cubeRig = GetComponent<Rigidbody>();
    }
    void Update(){
        //获取水平轴向的输入
        float x = Input.GetAxis("Horizontal");
        //获取垂直轴向的输入
        float y = Input.GetAxis("Vertical");
        //为刚体施加一个力
        cubeRig.AddForce(new Vector3(x, y, 0)*power);
    }
}
```

运行程序，就可以按 W 键、A 键、S 键、D 键来控制方块的水平移动及垂直移动方向。

6.3 Collider 组件

游戏对象中只有 Rigidbody 组件是不能发生碰撞的。刚体必须单独定义物理边界，才能和其他具有物理边界的游戏对象发生碰撞。物理边界表示一个虚拟的范围，在场景中看不到它的存在，它仅用于物理碰撞。

在 Unity 物理系统中，定义游戏对象的物理边界有一个专门的组件，被称为 Collider（碰撞器）。碰撞器是物理组件中的一类，每个物理组件都有独立的 Collider 组件，它要与刚体一起添加到游戏对象上才能触发碰撞。在物理模拟效果中，没有碰撞器的刚体会彼此相互穿过，如赛车和跑酷游戏的碰撞效果如图 6-4 和图 6-5 所示。

图 6-4　　　　　　　　　　　　　　　　　图 6-5

6.3.1　主要属性介绍

Unity 提供了 6 种碰撞器，分别是 Box Collider（盒子碰撞器）、Sphere Collider（球体碰撞器）、Capsule Collider（胶囊体碰撞器）、Mesh Collider（网格碰撞器）、Wheel Collider（车轮碰撞器）、Terrain Collider（地形碰撞器）。

（1）Box Collider。该碰撞器可以调整为不同大小的长方体，既可用于门、墙、平台对象，也可用于布娃娃的角色躯干或汽车等交通工具的外壳上等。Box Collider 的属性面板和外形图示如图 6-6 所示。创建 Box 时会自动添加 Box Collider。

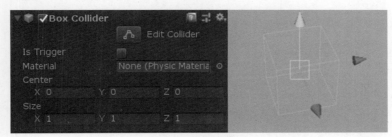

图 6-6

（2）Sphere Collider。该碰撞器的三维大小可以均匀地调节，但不能单独调节某个坐标轴方向的大小。Sphere Collider 可用于落石、球类等游戏对象等。Sphere Collider 的属性面板和外形图示如图 6-7 所示。创建 Sphere 时会自动添加 Sphere Collider。

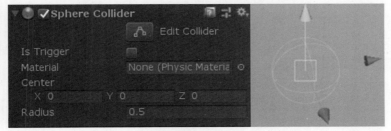

图 6-7

（3）Capsule Collider。该碰撞器的高度和半径可以单独调节，可用于 Characters 组件或与其他不规则形状的碰撞器结合使用。Capsule Collider 的属性面板和外形图示如图 6-8 所示。创建 Capsule 和 Cylinder 时会自动添加 Capsule Collider。

图 6-8

（4）Mesh Collider。该碰撞器通过获取网格对象并在其基础上构建碰撞。与在复杂的网络模型上使用基本碰撞器相比，Mesh Collider 更加精细，但会占用更多的系统资源。只有开启 Convex 属性的 Mesh Collider 才可以与其他 Mesh Collider 发生碰撞。Mesh Collider 的属性面板和外形图示如图 6-9 所示。创建 Plane 和 Quad 时会自动添加 Mesh Collider。

图 6-9

（5）Wheel Collider。Wheel Collider 是一种针对地面车辆的特殊碰撞器，它不仅有内置的碰撞检测、车轮物理系统，还有滑胎摩擦的参考体。除了车轮，Wheel Collider 也可用于其他游戏对象。Wheel Collider 的属性面板和外形图示如图 6-10 所示。

图 6-10

（6）Terrain Collider。Terrain Collider 是基于地形构建的碰撞器。Terrain Collider 的属性面板和外形图示如图 6-11 所示。创建 Terrain 时会自动添加 Terrain Collider。

图 6-11

Box Collider、Sphere Collider 和 Capsule Collider 的属性相仿，三者的不同之处是形状。碰撞器常用的属性及其功能如表 6-2 所示。

表 6-2

属　　性	功　　能
Is Trigger	若勾选此复选框，则碰撞器变为触发器，只会进行触发检测，不会进行碰撞检测
Material	碰撞器表面的物理材质
Center	碰撞器或触发器的位置
Size	碰撞器或触发器的大小

碰撞器是触发器的载体，而触发器只是碰撞器的一个属性。使用不同碰撞器的物体发生碰撞时，如果既要检测到物体的接触又不想让碰撞检测影响物体移动或要检测一个物件是否经过空间中的某个区域，就可以用触发器。使用不同组件的物体之间的碰撞关系及触发关系如下。

（1）Non-Trigger Collider：没有勾选 Is Trigger 复选框，此时与其他也没有勾选 Is Trigger 复选框的物体发生接触时，就会产生碰撞。此时，会根据不同的情况调用 OnCollisionEnter()方法、OnCollisionExit()方法、OnCollisionStay()方法，它们的含义如表 6-3 所示。

表 6-3

方　　法	含　　义
OnCollisionEnter()	当碰撞体/刚体开始接触另一个刚体/碰撞体时触发
OnCollisionExit()	当碰撞体/刚体开始不再接触另一个刚体/碰撞体时触发
OnCollisionStay()	当碰撞体/刚体一直接触另一个刚体/碰撞体时每帧都会触发

（2）Trigger Collider：若勾选了 Is Trigger 复选框，此时与其他物体发生接触时，碰撞器会被物理引擎忽略，无论对方是否勾选 Is Trigger 复选框，此时都不会发生碰撞，将穿透物体。而是根据不同的情况调用 OnTriggerEnter()方法、OnTriggerExit()方法、OnTriggerStay()方法，它们的含义如表 6-4 所示。

表 6-4

方　　法	含　　义
OnTriggerEnter()	当一个碰撞体开始接触另一个勾选了 Is Trigger 复选框的碰撞体时触发
OnTriggerExit()	当一个碰撞体停止接触另一个勾选了 Is Trigger 复选框的碰撞体时触发
OnTriggerStay()	当一个碰撞体一直接触另一个勾选了 Is Trigger 复选框的碰撞体时就会一直触发

（3）使用不同组件的对象发生碰撞时，不同组件之间的碰撞事件检测如表 6-5 所示，表中的"Y"表示进行碰撞事件检测。

表 6-5

碰　撞　器	Static Collider	Rigidbody Collider	Kinematic Rigidbody Collider	Static Trigger Collider	Rigidbody Trigger Collider	Kinematic Rigidbody Trigger Collider
Static Collider		Y				
Rigidbody Collider	Y	Y	Y			
Kinematic Rigidbody Collider		Y				

续表

碰　撞　器	Static Collider	Rigidbody Collider	Kinematic Rigidbody Collider	Static Trigger Collider	Rigidbody Trigger Collider	Kinematic Rigidbody Trigger Collider
Static Trigger Collider						
Rigidbody Trigger Collider						
Kinematic Rigidbody Trigger Collider						

（4）使用不同组件的对象发生碰撞时，不同组件之间的触发事件检测如表 6-6 所示，表中的"Y"表示进行触发事件检测。

表 6-6

碰　撞　器	Static Collider	Rigidbody Collider	Kinematic Rigidbody Collider	Static Trigger Collider	Rigidbody Trigger Collider	Kinematic Rigidbody Trigger Collider
Static Collider					Y	Y
Rigidbody Collider				Y	Y	Y
Kinematic Rigidbody Collider				Y	Y	Y
Static Trigger Collider		Y	Y		Y	Y
Rigidbody Trigger Collider	Y	Y	Y	Y	Y	Y
Kinematic Rigidbody Trigger Collider	Y	Y	Y	Y	Y	Y

6.3.2　碰撞器的使用

（1）创建一个 Cube，将 Transform 组件中的 Position 调整为(0,0.5,0)，为 Cube 添加 Rigidbody 组件。在 Project 视图中创建一个材质球并重命名为 CubeMat，挂载在 Cube 上。

（2）创建一个 Plane，将 Transform 组件中的 Scale 调整为(2,1,2)。

（3）再创建一个 Cube 并重命名为 Wall，将 Transform 组件中的 Position 调整为(0,0.5,4)，Scale 调整为(10,10,1)。

（4）在 Project 视图中创建 C#脚本并重命名为 CollisionTest，把该脚本挂载在 Cube 上。打开 CollisionTest 脚本，添加以下代码，实现挂载 Rigidbody 组件的物体在与其他物体碰撞时其颜色发生变化的功能：

```
using System;
using System.Collections.Generic;
using UnityEngine;
public class CollisionTest : MonoBehaviour{
    //自身的材质球
    private Material material;
```

```
//自身刚体组件
private Rigidbody cubeRig;
//力量大小
Public float power = 10;
void Start(){
    material = GetComponent<Renderer>().material;
    cubeRig = GetComponent<Rigidbody>();
}
void Update(){
    //获取水平轴向的输入
    Float x = Input.GetAxis("Horizontal");
    //获取垂直轴向的输入
    float y = Input.GetAxis("Vertical");
    //为刚体施加一个力
    cubeRig.AddForce(new Vector3(x, 0, y) * power);
}
//脚本所挂载的物体刚碰到其他物体的一瞬间，执行一次
void OnCollisionEnter(Collision other) {
    //当方块和 Wall 刚刚发生碰撞时，方块变为红色
    if (other.collider.name== "Wall"){
        material.color = Color.red;
    }
}
//在脚本所挂载的物体和其他物体发生碰撞时，一直执行
void OnCollisionStay(Collision other) {
    //当方块和 Wall 持续发生碰撞时，方块变为黑色
    if (other.collider.name == "Wall"){
        material.color = Color.black;
    }
}
//在脚本所挂载的物体和其他物体的碰撞过程结束时，执行一次
void OnCollisionExit(Collision other) {
    //当方块和 Wall 的碰撞结束时，方块变为白色
    if (other.collider.name == "Wall"){
        material.color = Color.white;
    }
}
```

6.4 Constant Force 组件

除了手动添加刚体受到重力作用，还可以为该刚体添加一个其他力，即 Constant Force。Constant Force 是一种为刚体快速添加恒定作用力的方法，适用于类似火箭发射出来的对象。

Constant Force 组件可以为刚体添加恒定的力或扭矩力，常用于一次性发射的刚体，如模拟火箭的发射，这种物体的初始速度不是很大，但是随着时间的推移，加速度会越来越大。

6.4.1　主要属性介绍

在 Unity 中，可以为游戏对象添加 Constant Force 组件。在 Hierarchy 视图中选择需要添加 Constant Force 组件的对象，在菜单栏中选择 Component→Physics→Constant Force 命令，即可为该对象添加 Constant Force 组件。Constant Force 组件的属性面板如图 6-12 所示。

图 6-12

Constant Force 组件常用的属性如表 6-7 所示。

表 6-7

属　　性	含　义	功　　　能
Force	力	用于设置在世界坐标系中使用的力，用三维向量表示
Relative Force	相对力	用于设置在物理局部坐标系中使用的力，用三维向量表示
Torque	扭矩	用于设置在世界坐标系中使用的扭矩力，用三维向量表示，游戏对象将依据该向量进行转动，向量越长转动就越快
Relative Torque	相对扭矩	用于设置在物理局部坐标系中使用的扭矩力，用三维向量表示，游戏对象将依据该向量进行转动，向量越长转动就越快

注意：添加 Constant Force 组件时，系统会默认添加 Rigidbody 组件。添加恒力组件后，不能移除 Rigidbody 组件。

6.4.2　力场的使用

（1）创建 Cube，并添加 Rigidbody 组件和 Constant Force 组件，取消勾选 Rigidbody 组件中的 Use Gravity 属性。将 Constant Force 组件的 Force 属性调整为(0,10,0)，添加脚本 ConstantForceTest。运行程序，可以看到 Cube 因为受到一个向上恒定力的影响，一直向上移动，并且速度越来越快。

（2）编写为刚体添加力的代码。例如，在脚本中添加如下代码并挂载到刚体上，可以利用 AddForce()方法为刚体添加力：

```
using System;
using System.Collections.Generic;
using UnityEngine;
public class ConstantForceTest : MonoBehaviour{
    //引用刚体
    private Rigidbody rb;
    void Start(){
        rb = this.GetComponent<Rigidbody>();
    }
    void FixedUpdate(){
```

```
    //按键加力
    if (Input.GetMouseButtonDown(0)) {
        rb.AddForce(0, -10, 0);
    }
  }
}
```

运行程序，单击时刚体缓慢上升，而方块则下降。

6.5 RunBall 案例（二）

6.5.1 案例分析

本节的 RunBall 案例使用简单场景，需要为 Player 游戏对象添加 Rigidbody 组件，为 enemy 游戏对象添加 Collider 组件，实现如下功能。

（1）Player 游戏对象加力运动。通过 Input.GetAxis()方法获取用户在水平/垂直轴向上的输入，组成一个新方向，利用刚体的 AddForce()方法为 Player 游戏对象在该方向添加力，实现按 W 键、A 键、S 键、D 键或方向键移动 Player 游戏对象的功能。

（2）摄像机跟踪。让摄像机与 Player 游戏对象的相对位置保持不变，通过向量减法计算得出，摄像机相对于小球位置的偏移量=摄像机的位置坐标 – Player 游戏对象的位置坐标。在 Update() 方法中，更新摄像机的位置坐标=Player 游戏对象的位置+偏移量，实现跟踪功能。

（3）enemy 游戏对象隐藏。勾选 Collider 组件的 Is Trigger 复选框，将 enemy 游戏对象的碰撞器改变为触发器，实现 Player 游戏对象与 enemy 游戏对象触发检测，通过触发检测的 OnTriggerEnter(Collider other)方法，将 enemy 游戏对象的 SetActive()方法的值设置为 false，实现 enemy 游戏对象隐藏的功能。

（4）Player 游戏对象体积自增。通过 Collider 类型的属性，可以获取到碰撞器 Other，即进入触发器的其他碰撞器（即 Player 游戏对象），利用 transform.localScale 方法实现 Player 游戏对象体积自增的效果。

6.5.2 案例设计步骤

使用 Easy 关卡的 Easy 场景，将 Player（红色小球）游戏对象放置于场景内，同时为 Player 游戏对象添加 Rigidbody 组件，创建 Player 脚本并作为组件添加给 Player 游戏对象，如图 6-13 所示。

图 6-13

打开 Player 脚本并编辑，为 Player 游戏对象添加力，实现 Player 游戏对象移动和摄像机跟踪两个功能，添加的主要代码如下：

```
using System;
using System.Collections.Generic;
using UnityEngine;
public class Player : MonoBehaviour{
    public Rigidbody player;          //引用 Rigidbody 组件
    public float speed = 10f;         //设置移动速度
    private Vector3 offset;           //定义摄像机坐标偏移量
    public GameObject mainCamera;     //引用主摄像机
    void Start(){
        //计算主摄像机相对于 Player 坐标的偏移量
        offset = mainCamera.transform.position - transform.position;
    }
    void Update(){
        //获取用户在水平/垂直轴向上的输入，组成一个新方向
        float v = Input.GetAxis("Vertical");
        float h = Input.GetAxis("Horizontal");
        //为 Player 游戏对象施加普通力，方向为上一步获取的新方向
        player.AddForce(new Vector3(h, 0, v) *speed );
        //更新主摄像机的位置，使其跟随 Player 游戏对象移动
        mainCamera.transform.position = transform.position + offset;
    }
}
```

在 Player 脚本的 Inspector 视图中，分别为 Player、Speed 和 Main Camera 这 3 个属性赋值，如图 6-14 所示。

运行程序，使用 W 键、S 键、A 键、D 键或方向键移动 Player，运行效果如图 6-15 所示。

图 6-14

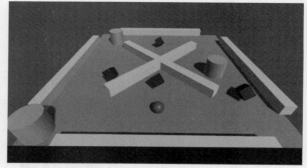

图 6-15

为 enemy 游戏对象添加 Collider 组件，勾选 Collider 组件的 Is Trigger 复选框，将 enemy 游戏对象的碰撞器改为触发器，实现 Player 游戏对象与 enemy 游戏对象触发检测。

打开 Enemy 脚本继续编辑，利用 SetActive()方法将其值设为 false，实现 enemy 游戏对象隐藏的功能，利用 transform.localScale 方法实现 Player 游戏对象体积自增的效果。添加的主要代码如下：

```
//触发开始时的方法，销毁自身（即隐藏），使触发者体积增大 1.1 倍
void OnTriggerEnter(Collider other) {
    gameObject.SetActive(false);
    other.gameObject.transform.localScale *= 1.1f;
}
```

选中 enemy 游戏对象，在 Inspector 视图中，单击 Apply 按钮更新预制体。运行程序，操作 Player 游戏对象触碰 enemy 游戏对象，enemy 游戏对象销毁（隐藏），Player 游戏对象体积增大 1.1 倍，运行效果如图 6-16 所示。

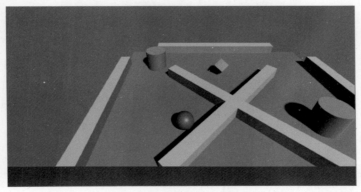

图 6-16

6.6 Joint 组件

Joint（关节）组件也属于物理组件，它用于模拟物体与物体之间的一种连接关系，关节必须依赖于 Rigidbody 组件，当一个刚体运行时，另一个与之相连的刚体也随之产生不同的运动效果。

Joint 组件可以添加到多个游戏对象中，关节又分为 3D 类型的关节和 2D 类型的关节。本节主要介绍 3D 类型的关节，如 Hinge Joint（铰链关节）、Fixed Joint（固定关节）、Spring Joint（弹簧关节）。

6.6.1 主要属性介绍

在 Hierarchy 视图中选中游戏对象，在菜单栏中选择 Component→Physics 命令，可以选择不同类型的 Joint 组件。

注意：添加 Joint 组件时，系统会默认添加 Rigidbody 组件。添加 Joint 组件后，不能移除 Rigidbody 组件。

1. Hinge Joint 组件

Hinge Joint 由两个刚体组成，该关节会对刚体进行约束，使它们就好像被连接在一个铰链上一样运动，非常适用于对门的模拟，也适用于对模型链及钟摆等物体的模拟。Hinge Joint 组件的属性面板如图 6-17 所示。

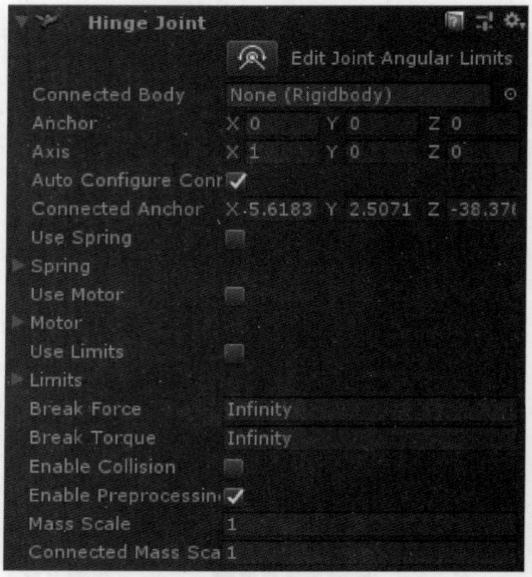

图 6-17

Hinge Joint 组件常用的属性如表 6-8 所示。

表 6-8

属　　性	含　　义	功　　能
Connected Body	连接体	对关节所依赖的刚体的可选引用
Anchor	锚点	主体围绕其摇摆的轴的位置
Axis	轴向	主体围绕其摇摆的轴的方向
Use Spring	使用弹簧	是否使用弹簧
Spring	弹簧	对象被移动到位所施加的力
Damper	阻尼	此值越高，对象减速越快
Target Position	目标角度	弹簧的目标角度
Use Limits	启用限制	是否启用限制

2. Fixed Joint 组件

Fixed Joint 组件用于约束一个游戏对象对另一个游戏对象的运动，类似于对象的父子关系，但它是通过物理系统来实现的，而不像父子关系那样是通过 transform 属性来进行约束的。

Fixed Joint 组件适用于以下情形：当希望对象容易与另一个对象分开时，或者连接两个没有父子关系的对象使其一起运动时。使用 Fixed Joint 组件的对象自身需要有一个 Rigidbody 组件。Fixed Joint 组件的属性面板如图 6-18 所示。

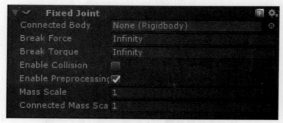

图 6-18

Fixed Joint 组件常用的属性如表 6-9 所示。

表 6-9

属　　　性	含　　　义	功　　　能
Connected Body	连接体	对关节所依赖刚体的可选引用
Break Force	折断力	对关节折断而需要应用的力
Break Torque	折断扭矩	对关节折断而需要应用的扭矩

可以使用 Break Force 属性与 Break Torque 属性来设置关节强度的限制。如果这些小于无穷大且大于这个限制的力或扭矩被施加到对象上，那么其 Fixed Joint 被销毁，且不再被其限制约束。

3．Spring Joint 组件

Spring Joint 组件可以将两个刚体连接在一起，使其像连接着的弹簧那样运动。Spring Joint 组件的属性面板如图 6-19 所示。Spring Joint 与 Hinge Joint 相似，二者的不同之处在于，Spring Joint 多了几个属性。

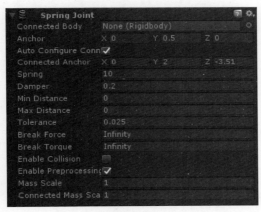

图 6-19

Spring Joint 组件常用的属性如表 6-10 所示。

表 6-10

属　　　性	含　　　义	功　　　能
Anchor	锚点	设置关节在对象局部坐标系中的位置，并不是对象将弹向的点
Spring	弹簧	设置弹簧强度，数值越高弹簧的强度就越大
Damper	阻尼	设置阻尼系数，阻尼系数越大，弹簧的强度就越大
Min Distance	最小距离	设置弹簧启用的最小距离值，如果两个对象之间的当前距离与初始距离的差大于该值，则不会开启弹簧
Max Distance	最大距离	设置弹簧启用的最大距离值，如果两个对象之间的当前距离与初始距离的差小于该值，则不会开启弹簧

6.6.2　关节的使用

（1）创建一个 Cube 并重命名为 Up，添加 Rigidbody 组件和 Hinge Joint 组件，并勾选 Rigidbody 组件的 Is Kinematic 复选框。

（2）再创建一个 Cube 并重命名为 Down，调整 Down 方块的 Transform 组件中的属性，如将 Position 设为(0,-3,2)，为 Down 方块添加 Rigidbody 组件。

（3）把 Down 方块拖到 Up 方块的 Hinge Joint 组件的 Connected Body 属性框中。通过调整 Hinge Joint 组件的属性，如将 Anchor 属性设为(0,-0.5,0)，Axis 属性设为(0,0,1)，可以改变 Down 方块以 Up 方块为原点呈摆钟运动的状态，如摆钟运动的方向等。

（4）运行案例程序，可以看到 Down 方块受到关节的影响以 Up 方块为原点呈摆钟运动状态，运行效果如图 6-20 所示。

图 6-20

6.7　Cloth 组件

Cloth 组件比较特殊，它可以变化成任意形状，如随风飘的旗子、窗帘等。Unity 还提供了一组和布料相关的物理组件，如 Interactive Cloth（交互布料）、Skinned Cloth（蒙皮布料）和 Cloth Renderer（布料渲染）等。

Cloth 组件必须和 Skinned Mesh Renderer 组件搭配使用，但这并不代表使用简单的物体时还必须在 Max 中导出一个带有蒙皮信息的 FBX。其实，通过新建一个 GameObject，然后赋予它 Cloth 组件，这时会自动添加 Skinned Mesh Renderer 组件，然后在 Skinned Mesh Renderer 组件中赋予基本体的 Mesh 并设置正确的材质也可以实现布料的效果。

Cloth 组件可以模拟类似布料的行为状态，游戏中角色身上的衣服效果如图 6-21 所示。

图 6-21

6.7.1　主要属性介绍

在 Unity 中为游戏对象添加 Cloth 组件时，可以先在 Hierarchy 视图中选择需要添加 Cloth 组件的对象，然后在菜单栏中选择 Component→Physics→Cloth 命令即可。Cloth 组件的属性面板如图 6-22 所示。

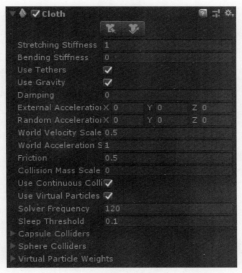

图 6-22

Cloth 组件常用的属性如表 6-11 所示。

表 6-11

属　性	含　义	功　能
Stretching Stiffness	拉伸刚度	设定布料的抗拉伸程度
Bending Stiffness	弯曲刚度	设定布料的抗弯曲程度
Use Tethers	使用约束	开启约束功能
Use Gravity	使用重力	开启重力对布料的影响
Damping	阻尼	设置布料运动时的阻尼系数
External Acceleration	外部加速度	设置布料上的外部加速度（常数）
Friction	摩擦力	设置布料的摩擦力值

6.7.2　布料的使用

下面创建一个简单的布料效果。

（1）创建一个 Plane 游戏对象，删除 Collider 组件，添加 Cloth 组件，为了使效果更明显也可以为 Plane 游戏对象添加一张 Texture 图片，如图 6-23 所示。

图 6-23

（2）选择 Plane 游戏对象，勾选 Cloth 组件属性面板中的 Use Gravity 复选框。单击 Cloth 组件属性面板中的 Edit 图标（左边），在 Scene 视图中，Plane 游戏对象就会出现许多小黑点，选中下面一个角上的小黑点，然后勾选 Scene 视图中的 Max Distance 复选框，可以看到小黑点变成小红点。小黑点是可以移动的，而小红点是固定不动的。Cloth 属性面板和 Edit 图标编辑效果如图 6-24 所示。

图 6-24

（3）运行程序就会看到简单的布料效果，如图 6-25 所示。

图 6-25

6.8 Character Controller 组件

Character Controller 组件主要用于第三人称或第一人称游戏角色的控制，该组件不使用刚体也具有物理效果。Character Controller 组件可以通过物理效果影响其他对象，但其他对象无法通过物理效果影响该组件。

Character Controller 组件仅仅从脚本中获知某个方向上移动的 Capsule Collider。添加了 Character Controller 组件的角色模型如图 6-26 所示。

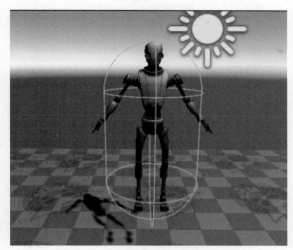

图 6-26

6.8.1　主要属性介绍

在 Unity 中为游戏对象添加 Character Controller 组件的步骤如下：先在 Hierarchy 视图中选择需要添加 Character Controller 组件的对象，然后在菜单栏中选择 Component→Physics→Character Controller 命令，这样就可以为该对象添加 Character Controller 组件。Character Controller 组件的属性面板如图 6-27 所示。

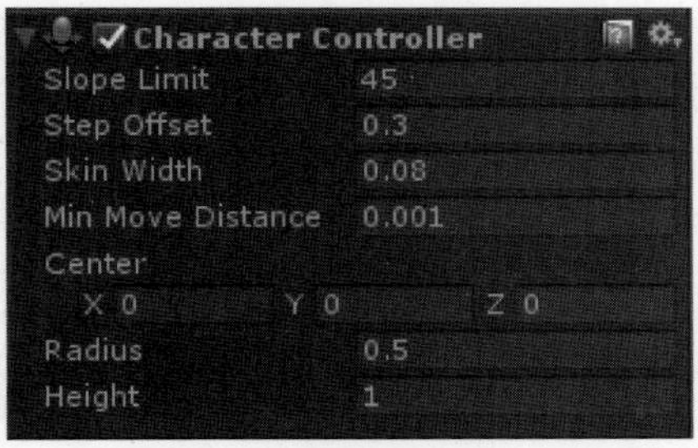

图 6-27

Character Controller 组件的常用属性如表 6-12 所示。

表 6-12

属　　性	含　　义	功　　能
Slope Limit	坡度限制	设置被控制的角色对象爬坡的高度
Step Offset	台阶高度	设置被控制的角色对象可以迈上的最大台阶高度值
Skin Width	皮肤厚度	决定两个碰撞器碰撞后相互渗透的程度
Min Move Distance	最小移动距离	设置角色对象的最小移动值
Center	中心	设置 Capsule Collider 在世界坐标系中的位置
Radius	半径	设置 Capsule Collider 的横截面半径
Height	高度	设置 Capsule Collider 的高度

6.8.2　角色控制的使用

（1）创建 Capsule 并重命名为 Player，移除 Capsule Collider 组件，将 Transform 组件中的 Position 设为(0,1,0)。

（2）创建 Plane，并将 Transform 组件的 Scale 设为(2,1,2)。

（3）创建 C#脚本并重命名为 Player，将其添加到 Player 游戏对象上。编辑 Player 脚本，添加以下代码，通过水平/垂直轴向的输入获取一个方向，实现按空格键给 Player 游戏对象一个垂直向上的速度，以达到向上跳跃的效果：

```csharp
using System;
using System.Collections.Generic;
using UnityEngine;
public class Player : MonoBehaviour{
    public  float  speed = 6.0f;                  //移动速度
    public  float  jumpSpeed = 8.0f;              //跳跃速度
    public  float  gravity = 20.0f;               //重力大小
    private  Vector3  moveDirection = Vector3.zero;     //移动方向
    private  CharacterController  controller;     //自身 Character Controller 组件
    void Start(){
        controller = GetComponent<CharacterController>();
        //设置初始位置
        gameObject.transform.position = new Vector3(0, 5, 0);
    }
    void Update(){
        //如果当前胶囊体在地面上
        if (controller.isGrounded) {
            //通过水平/垂直轴向的输入获取基础方向
            moveDirection=new  Vector3(Input.GetAxis("Horizontal"),0.0f, Input.GetAxis("Vertical"));
            //把基础方向转化为世界坐标
            moveDirection = transform.TransformDirection(moveDirection);
            //在修改后的方向基础上赋予向量速度大小
            moveDirection = moveDirection * speed;
            //如果按空格键，则给方向一个垂直向上的速度，以达到跳跃的效果
            if (Input.GetKey(KeyCode.Space)) {
                moveDirection.y = jumpSpeed;
            }
        }
        //应用重力
        moveDirection.y = moveDirection.y - (gravity * Time.deltaTime);
        //移动物体
        controller.Move(moveDirection * Time.deltaTime);
    }
}
```

（4）运行程序，可以通过 W 键、A 键、S 键、D 键来控制 Player 游戏对象的移动方向，通过空格键控制 Player 游戏对象的跳跃。Player 游戏对象跳跃的效果如图 6-28 所示。

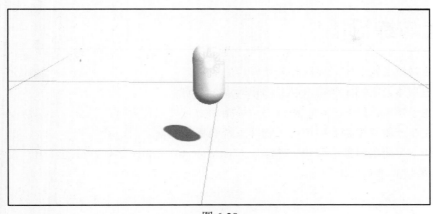

图 6-28

本章小结

（1）Unity 的物理系统提供的一系列组件在游戏中可以进行真实的物理效果的模拟，包括重力、摩擦力、碰撞等，使游戏效果更加逼真，也可以将其称为物理引擎系统。Unity 内置了 NVIDIA 的 PhysX 物理引擎，PhysX 是目前使用非常广泛的物理引擎，被很多经典游戏采用。使用物理系统只需要进行简单的设置，就能够让物体对碰撞器和重力做出响应。

（2）在 Unity 物理系统中，定义游戏对象的物理边界有一组专门的组件，被称为 Collider。每个物理组件都有独立的碰撞器组件，它要与刚体一起添加到游戏对象上才能触发碰撞。在物理模拟效果中，没有碰撞器的刚体会彼此相互穿过。

（3）Rigidbody 组件的作用是使物体能够受力并施力。在添加 Rigidbody 组件之后，游戏对象便可以接受外力与扭矩力（使游戏对象旋转的力），从而实现该游戏对象在场景中的物理交互。刚体分为 Rigidbody 2D 和 Rigidbody 3D，分别适用于 2D 世界和 3D 世界。

（4）物体发生碰撞的必要条件如下：碰撞器是触发器的载体，而触发器只是碰撞器的一个属性。两个物体都必须带有碰撞器，其中一个物体还必须带有刚体。Unity 提供了 6 种碰撞器，这些碰撞器应用的场合不同，但都必须加到 GameObject 上。

（5）在 Unity 物理系统中，除了 Rigidbody 组件，还有 Constant Force 组件、Joint 组件、Cloth 组件等，将这些组件添加到游戏对象中，会有力场、链接、变化成任意形状等不同的物理功能。

（6）Character Controller 组件主要用于第三人称或第一人称游戏角色的控制。Character Controller 组件不使用刚体也具有物理效果。Character Controller 组件可以通过物理效果影响其他对象，但其他对象无法通过物理效果影响该对象。Character Controller 组件仅仅从脚本中获知某个方向上移动的 Capsule Collider。

思考与练习

1．简述物体之间发生碰撞的必要条件。

2．简述物体之间发生碰撞或触发的相同点与不同点。

3．简述子弹被击发过程中，应该为子弹施加力的种类和方向。

4．简述在一款赛车游戏中使用了物理系统的哪些知识。

5．设计一个简单的地形游戏，并添加 Character Controller 组件，分别以第一人称和第三人称视角实现场景的漫游效果。

第 7 章 图形用户界面 UGUI

7.1 UGUI 系统简介

1. 游戏 UI 的概念

UI 是游戏与玩家交互最有效的方式，它能向玩家传递信息、情感，甚至能够告诉玩家应该去哪里、应该做什么等。游戏 UI 就是游戏界面，如登录界面、背包栏、血条、技能条、角色信息栏、游戏商场等。某游戏的 UI 如图 7-1 所示。

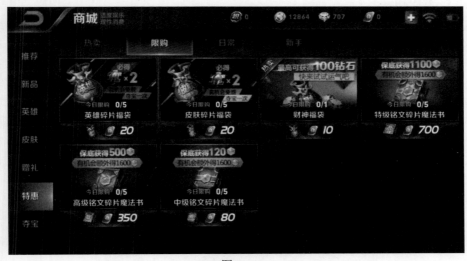

图 7-1

2. 常用的 UI 系统

Unity 中有 3 套常用的 UI 系统，本身自带的 UI 系统是 GUI 系统，多用于开发中的调试。由于之前传统的 UI 系统存在很多诟病，因此出现了很多 UI 插件，其中包括 NGUI、Easy GUI 等。NGUI 是第三方的 UI 插件，需要下载才可以使用。

UGUI 是在吸收第三方插件的编程思想的基础上，自 Unity 4.6 推出的一套新的图形用户界面系统，它既是内置于 Unity 中的包也是官方主推的 UI 系统，所有的 GUI 元素都在 Unity 的 UI 工具栏中。UGUI 脱胎于 NGUI，与 Unity 的兼容性更好，并且可以更好地设置和操作组件，具有使用灵活、界面美观、支持个性化定制等特点。在 UI 设计，尤其是在移动端设计中 UGUI 具有不可或缺的作用。

3. 3 套 UI 系统的优点和缺点

3 套 UI 系统各有优点和缺点，具体如下。

GUI：优点是使用简单，具有专一性；缺点是代码烦琐，屏幕自适应差；常用于当作调试工具，以及 Editor 编辑器的开发。

UGUI：内置的 UI 系统，优点是使用灵活、层级清晰、屏幕自适应；缺点是宽度、高度自适应只有一种，Canvas 对象不容易理解，该对象的 Rect Transform 组件的设置不直观。

NGUI：第三方插件，优点是使用方便（大多数功能已集成），自带 ITween 插件；缺点是层级深度调整困难，不打包图集 2D 图片就无法使用。

 ## 7.2　UGUI 常用组件

UGUI 是 Unity 官方推出的新一代交互系统，所有的 UI 组件都在 Component 菜单下的 UI 子菜单中，主要包括 Canvas（画布）、Text（文本）、Image（图像）、Button（按钮）、Toggle（开关）、Slider（滑动条）、Input Field（输入框）等。下面对常用的组件进行简单介绍。

7.2.1　Canvas 组件

Canvas 是一个带有 Canvas 组件的游戏对象，是摆放所有 UI 元素的区域。Canvas 游戏对象是其他所有 UI 对象的根，在场景中创建的所有 UI 对象都会自动变为 Canvas 游戏对象的子对象，若场景中没有画布，则在创建 UI 对象时会自动创建画布。

创建画布有两种方式：一是通过菜单直接创建；二是在创建一个 UI 对象时自动创建一个容纳该对象的画布。具体的操作方法如下：在 Hierarchy 视图中右击，在弹出的快捷菜单中选择 UI→Canvas 命令，或者选择 UI 子菜单下的任意一个命令，即可创建一个 UI 对象。如果在当前的 Hierarchy 视图中没有 Canvas 游戏对象，则编辑器会自动创建一个 Canvas 游戏对象；如果已经存在 Canvas 游戏对象，则新创建的 UI 对象会自动转为 Canvas 游戏对象的子对象。Canvas 游戏对象的属性面板如图 7-2 所示。

图 7-2

不管采用哪种方式创建画布，系统都会自动创建一个名为 EventSystem 的游戏对象，上面挂载了若干与事件监听相关的组件可供设置。Canvas 使用 EventSystem 对象来协助消息系统，如创建一个 Button 对象，将 EventSystem 禁用时，单击按钮就没有效果了。

画布内 UI 对象的显示顺序依赖于在 Hierarchy 视图中的顺序，排在后面的对象在最上层显示，最前面的对象在最下层显示。如果两个 UI 对象重叠，则后添加的对象会位于之前添加的对象之上。如果想要修改 UI 对象的顺序，则可以在 Hierarchy 视图中拖动对象进行排序，或者通过脚本进行设置，调用 Transform 组件上的 SetAsFirstSibling()、SetAsLastSibling()、SetSiblingIndex()等方法来实现。

1. Canvas 的渲染模式

Canvas 组件有一个 Render Mode 属性，该属性有 3 个选项，分别对应画布的 3 种渲染模式，即 Screen Space-Overlay、Screen Space-Camera 和 World Space，如图 7-3 所示。在一个场景中，Canvas 的数量和层级都没有限制，子 Canvas 使用与父 Canvas 相同的渲染模式。

图 7-3

（1）Screen Space-Overlay。在 Screen Space-Overlay 渲染模式下，场景中的 UI 被渲染到屏幕上，UI 会根据屏幕尺寸及分辨率的变化做出相应的适应性调整以适配屏幕。该渲染模式不需要 UI 摄像机，画布下所有的 UI 元素永远置于屏幕顶层，即无论有没有摄像机，UI 元素都永远渲染在最上面，勾选 Pixel Perfect 复选框可以使渲染的画布内容更清晰完美，渲染效果如图 7-4 所示。

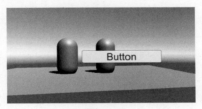

图 7-4

Screen Space-Overlay 渲染模式的属性如表 7-1 所示。

表 7-1

属　　性	功　　能
Pixel Perfect	重置元素大小和坐标，使贴图的像素完美对应到屏幕像素上
Sort Order	排列顺序

（2）Screen Space-Camera。与 Screen Space-Overlay 渲染模式类似，不同的是，在这种渲染模式下，在 Render Camera 属性下要选择渲染的摄像机，选定摄像机后将画布放置在距离摄像机一定距离的视野中，通过摄像机来绘制画布的内容，如果禁用这个摄像机，画布就不会显示出来，画布会跟随着摄像机的移动而移动。由于所有 UI 元素都是由指定摄像机来渲染的，因此摄像机的设置会影响 UI 画面。当摄像机视野大小改变或屏幕大小改变时，画布将自动更改大小以适配屏幕。

把当前场景的 Main Camera 拖到 Render Camera 属性框处，此时旋转此摄像机，UI 画面也会发生变化。Render Camera 属性的设置如图 7-5 所示，渲染效果如图 7-6 所示。

图 7-5

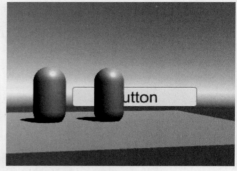

图 7-6

Screen Space-Camera 渲染模式的属性如表 7-2 所示。

表 7-2

属　　性	功　　能
Pixel Perfect	重置元素大小和坐标，使贴图的像素完美对应到屏幕像素上
Render Camera	UI 绘制所对应的摄像机
Plane Distance	UI 距摄像机镜头的距离
Sorting Layer	界面分层，在菜单栏中选择 Edit→Project Setting→Tags and Layers→Sorting Layers 命令进行界面分层，越下方的层在界面显示时越在前面
Order in Layer	相同 Sorting Layer 下的画布显示顺序。该数值越高，画布显示的优先级就越高

（3）World Space。在这种渲染模式下，画布会像场景中的其他物体一样有世界位置、遮挡关系，但它不会跟随摄像机的移动而移动，超出摄像机视野不会再被显示出来，也不会被场景中其他物体遮挡，其他物体可以自由穿过 UI 元素前后方向。这种渲染模式的渲染效果如图 7-7 所示。

图 7-7

与前两种渲染模式不同，World Space 渲染模式的画布的大小取决于拍摄的角度和摄像机的距离，如果摄像机与 UI 的距离变远，那么其显示就会变小，反之则会变大。画布的尺寸可以通过 Rect Transform 来设置，如画布的位置、旋转角度及画布大小等，画布不再自动适配。World Space

渲染模式的属性如表 7-3 所示。

表 7-3

属　　性	功　　能
Event Camera	设置用来处理用户界面事件的摄像机
Sorting Layer	界面分层，在菜单栏中选择 Edit→Project Setting→Tags and Layers→Sorting Layers 命令进行界面分层，越下方的层在界面显示时越在前面
Order in Layer	相同 Sorting Layer 下的画布显示顺序。该数值越高，画布显示的优先级就越高

2. Canvas 的屏幕自适应模式

Canvas Scaler 组件负责屏幕适配，UI Scale Mode 选项让 UI 可以适配不同的分辨率、宽高比和 DPI。该选项给出了 3 种适配模式，即 Constant Pixel Size（固定像素大小）、Scale With Screen Size（随屏幕大小缩放）和 Constant Physical Size（固定物理大小），但任何一种适配模式都不会改变 UI 的宽高比和相对定位。Canvas Scaler 组件的属性面板如图 7-8 所示。

图 7-8

（1）Constant Pixel Size。Constant Pixel Size 是 UI Scale Mode 默认的模式，在该模式下，无论屏幕分辨率是多少，都保持相同的像素大小。

（2）Scale With Screen Size。Scale With Screen Size 根据预设分辨率调整 UI 尺寸，即 UI 的最终尺寸将根据预设分辨率与实际分辨率的比例自动缩放。在这种模式下，需要先指定一种设计分辨率，然后指定 Screen Match Mode（屏幕匹配模式）。

屏幕匹配模式有 3 种：Expand、Shrink 和 Match Width or Height。Expand 模式是缩放不裁剪，当屏幕分辨率和设定不同时，选择变化较小的方向进行缩放，使 Canvas 宽高比与屏幕宽高比一致；Shrink 模式是缩放裁剪，当屏幕分辨率和设定不同时，选择变化较大的方向进行缩放，使 Canvas 宽高比与屏幕一致；Match Width or Height 模式根据指定的权重同时调节 Canvas 的宽和高，使 Canvas 宽高比与屏幕一致。

无论采用哪种匹配模式，如果实际宽高比与设计宽高比相同，那么 UI 都会被等比缩放。如果实际宽高比与设计宽高比不同，那么匹配模式会影响显示结果。

（3）Constant Physical Size。Constant Physical Size 是指无论屏幕大小和分辨率如何，UI 元素都保持相同的物理大小。通过调节 Canvas 的物理大小来维持缩放不变，即在任何屏幕上都不改变 Canvas 的 DPI，而是调节 Canvas 的物理大小总是与屏幕保持一致。

这种模式的优点是 UI 元素可以保持设计时的细节（因为没有缩放），缺点是小屏幕太拥挤、大屏幕太空旷，没有考虑屏幕的分辨率和 DPI。这种模式可能适用于以下情况：希望 UI 在一定范围内按原始大小显示，这样既可以让 UI 显示得更清晰，又可以让屏幕较大的玩家拥有更广阔的视野，在太小或太大的屏幕上，可以通过程序来调节缩放系数，以避免小屏幕被 UI 占满、大屏幕找不到 UI 的现象。

7.2.2　Text 组件

　　Text 对象可以向用户显示非交互式文本。Text 组件专门呈现 UI 层级上的文字显示，可以为其他 GUI 组件提供标题或标签，以及显示说明或其他文本。

　　选中 Text 对象，在 Inspector 视图中查看，它包含一个 Text 组件，其包括 Text（文本）、Character（字符）和 Paragraph（段落）等几个子块，分别对应文本内容、文字属性和段落属性等设置。Text 组件的属性面板如图 7-9 所示。

图 7-9

　　Text 组件常用的属性及其功能如表 7-4 所示。

表 7-4

属　　性	功　　能
Text	显示组件的文本
Font	设置文本的字体
Font Style	设置文本样式，如粗体、斜体等
Font Size	设置文本的字号
Line Spacing	设置文本行之间的间距
Horizontal Overflow	设置水平溢出方式
Vertical Overflow	设置垂直溢出方式
Color	设置文本颜色
Material	渲染文本材质
Raycast Target	是否标记为光线投射目标

　　示例：电子时钟

　　（1）新建一个工程文件并命名为 EnClock，在 Hierarchy 视图中右击，在弹出的快捷菜单中选择 UI→Text 命令，创建一个 Text 对象并重命名为 ClockText，同时在 Hierarchy 视图中会多出容纳了 Text 对象的 Canvas 对象、EventSystem 对象，如图 7-10 所示。

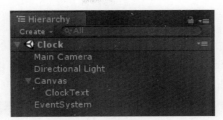

图 7-10

（2）新建 C#脚本并重命名为 Clock，将脚本挂载在 ClockText 上。在脚本中添加如下代码，通过获取当前时间并设定时、分、秒的显示格式，实现以数字形式显示当前时间的功能：

```csharp
using System;
using System.Collections.Generic;
using UnityEngine;
using UnityEngine.UI;
public class Clock : MonoBehaviour {
    private Text textClock;
      void Start () {
        textClock = GetComponent<Text>();
      }
      void Update () {
        DateTime time = DateTime.Now;
        string hour = LeadingZero(time.Hour);
        string minute = LeadingZero(time.Minute);
        string second = LeadingZero(time.Second);
        textClock.text=hour+":"+minute + ":"+second;
      }
    string LeadingZero(int n) {
        return n.ToString().PadLeft(2,'0');
    }
}
```

运行程序，场景显示效果如图 7-11 所示。

图 7-11

7.2.3　Image 组件

Unity 提供了与图片相关的两个组件：一个是 Image 组件，另一个是 Raw Image 组件。下面简单介绍这两个组件。

1．Image 组件

Image 组件专门用于呈现 UI 层级上的图片，通常可作为界面的配图、渐进显示的提示框、进度条和血条等。选中一个 Image 对象，在 Inspector 视图中，可以看到该对象上绑定的 Image 组件，该组件的属性面板如图 7-12 所示。

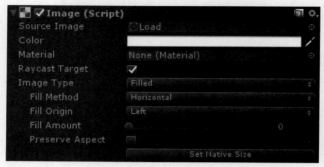

图 7-12

Image 组件常用的属性及其功能如表 7-5 所示。

表 7-5

属　性	功　能
Source Image	表示要显示的 Sprite 图像纹理
Color	图像颜色
Image Type	显示图像类型（需要插入图片才能显示）
Preserve Aspect	显示图像原始比例的宽、高是否保持相同比例
Set Native Size	设置图像框尺寸为原始图像纹理的大小

在 UI 系统中，所有图片的 Texture Type（纹理类型）必须是 Sprite（精灵）格式，这种纹理格式与 PNG 图片的契合度是最高的，能够呈现图片中的透明部分。

在 Project 视图中，单击 Assets 文件夹中的任意图片，在 Inspector 视图中单击下方的 Apply 按钮，即可把图片的 Texture Type 设为 Sprite(2D and UI)，如图 7-13 所示。使用时将其拖到 Image 组件的 Source Image 属性框处即可。

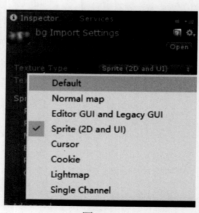

图 7-13

Image 组件有 4 种图像类型：Simple、Sliced、Tiled 和 Filled。这 4 种图像类型有各自的应用场景。Simple 是默认的一种类型，将图片显示出来，但是会失真；Sliced 类型将图片切为九宫格，4 个角不会被放大或缩小；Tiled 类型按照图片原来的大小将图片平铺满；Filled 类型常用来设置技能冷却、血条等。

示例：制作进度条

（1）新建一个工程文件并命名为 Load，在 Hierarchy 视图中右击，在弹出的快捷菜单中选择 UI→Image 命令，创建一个 Image 对象并重命名为 MySlider。将本书配套资源的第 7 章文件夹中的 Load.png 复制到工程 Assets 文件夹中，然后将 Texture Type 设置为 Sprite(2D and UI)，并单击 Apply 按钮。在 Inspector 视图中，将 Load.png 图片拖到 Image 组件的 Source Image 属性框处，属性设置如图 7-14 所示。这时图片就显示为进度条，再将图片的宽和高设为导入图片的宽和高，使其与导入图片的大小保持一致且正常显示，如图 7-15 所示。在场景中的显示效果如图 7-16 所示。

图 7-14

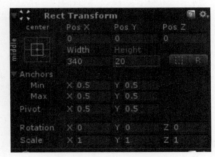
图 7-15

图 7-16

（2）在 MySlider 对象的 Image 组件属性中，将 Image Type 设置为 Filled，Fill Method 设置为 Horizontal，Fill Amount 设置为 0，如图 7-17 所示。

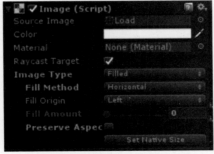
图 7-17

（3）新建 C#脚本 LoadSlider，并将脚本挂载在 MySlider 上。在脚本中添加如下代码，通过获取每帧的 deltaTime，实现 Load 图片的 fillAmount 从 0 到 1 进行自动填充，模拟动态加载的效果：

```csharp
using System.Collections;
using System.Collections.Generic;
using UnityEngine;
using UnityEngine.UI;
public class LoadSlider : MonoBehaviour {
  private float inttime = 0;
  void Update () {
      inttime += Time.deltaTime;
      GetComponent<Image>().fillAmount = inttime;
    }
}
```

程序运行效果如图 7-18 所示。

图 7-18

2．Raw Image 组件

Raw Image 组件向用户显示了一个非交互式的图像，它是一个显示纹理贴图的组件，一般用在背景、图标上，支持 UV Rect（用来设置只显示图片的某一部分）。Raw Image 组件经常与 RenderTexture 结合使用，映射摄像机画面。Raw Image 组件的属性面板如图 7-19 所示。

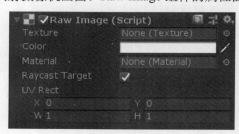

图 7-19

Raw Image 组件常用的属性及其功能如表 7-6 所示。

表 7-6

属　　性	功　　能
Texture	用于显示的纹理贴图的引用
Color	设置图片的颜色
Material	渲染图像的材质
Raycast Target	能否接收到射线检测
UV Rect	控制 UI 矩形内的图像偏移和大小

3．Image 组件和 Raw Image 组件的区别

Raw Image 组件的核心代码比 Image 的核心代码少很多，Image 组件的代码实现更复杂，功能更丰富。Image 组件只能显示 Sprite（精灵）图片，有 4 种不同的图像类型可以实现资源各自的应用场景。Image 组件不支持 UV Rect。

Raw Image 组件不支持交互，可用于显示任何图片，支持 UV Rect。Raw Image 组件还有一种用法是可以映射一个摄像机的画面：在 Unity 中新建一个摄像机 NewCamera，在 Project 视图中新建一个 RenderTexture，将它赋值给 NewCamera 的 TargetTexture 属性和 Raw Image 组件的 Texture 属性即可。

7.2.4 Button 组件

Button 组件用来进行用户的行为判断，如确认、取消、退出等。按钮有 3 种状态，即未单击、单击、单击后，在一般情况下，未单击和单击是常用的两种状态。

在 Hierarchy 视图中添加 Button 对象，该对象自带了一个 Text 对象作为子对象。选中 Button 对象，在 Inspector 视图中可以看到该对象上捆绑的 Image 组件和 Button 组件，分别用于设置按钮的图片属性及按钮属性，同时包含 Button 组件响应用户的单击事件。Button 组件的属性面板如图 7-20 所示。

图 7-20

Button 组件常用的属性及其功能如表 7-7 所示。

表 7-7

属　　性	功　　能
Interactable	是否开启此按钮的交互
Transition	控制按钮响应的方式
Navigation	确定组件的顺序
On Click	响应按钮的单击事件

示例：播放按钮

（1）新建 Unity 工程并重命名为 PlayButton，自定义 3 张按钮图片，分别命名为 PlaybtnA.png、

PlaybtnB.png、PlaybtnC.png。把图片文件复制到 Assets 文件夹中，然后将 Texture Type 设置为 Sprite(2D and UI)，并单击 Apply 按钮。

（2）在 Hierarchy 视图中右击，在弹出的快捷菜单中选择 UI→Button 命令，添加 Button 对象并选中它。在 Inspector 视图中，选择 Button 组件的 Transition 属性，单击其下拉按钮，在弹出的下拉列表中选择 Sprite Swap 选项，如图 7-21 所示。

（3）分别将 PlaybtnA.png、PlaybtnB.png、PlaybtnC.png 拖到 Image 组件的 Source Image 属性框处、Button 组件的 Highlighted Sprite 属性框处和 Pressed Sprite 属性框处中，如图 7-22 所示。

图 7-21 图 7-22

（4）将 Hierarchy 视图中的 Button 对象的子对象 Text 删除。运行游戏，将鼠标指针移到按钮上面时就会看到按钮图片发生改变，单击按钮的瞬间就会改变按钮图片。程序运行的按钮效果如图 7-23 所示。

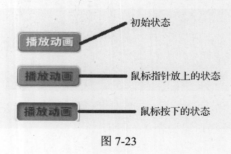

图 7-23

7.2.5 Toggle 组件

1．Toggle 组件

Toggle 组件是用户打开或关闭某个选项的复选框。Toggle 组件的用法和 Button 组件的用法几乎没有区别，并且动态地模拟了现实中开关的功能，为开发者提供了良好的解决方案。

Toggle 对象是一个复合型对象，它有 Background 与 Label 两个子对象。Background 对象中还有一个 Checkmark 子对象，Background 对象和其子对象 Checkmark 都捆绑了 Image 组件，而

Label 对象捆绑了 Text 组件，通过改变它们的属性值，即可改变 Toggle 对象的外观，如颜色、字体等。

在 Hierarchy 视图下，Toggle 对象的结构如图 7-24 所示。Toggle 组件的属性面板如图 7-25 所示。Toggle 组件常用的属性及其功能如表 7-8 所示。

图 7-24 图 7-25

表 7-8

属　　性	功　　能
Interactable	是否开启此开关的交互功能
Transition	控制开关响应的方式
Navigation	确定组件的顺序
Is On	初始时是否启用组件
Toggle Transition	当 Toggle 值改变时响应用户的操作方式
Group	设置 Toggle 所在的一组
On Value Changed	当 Toggle 组件被勾选时，处理事件的响应

下面简单介绍 Toggle 组件的一些重要属性。

● Is On（选中状态）：此 Toggle 的选中状态，设置或返回为一个布尔值。单击 Toggle 按钮，其中的对钩符号会在出现与不出现之间切换，与之相对应的是，在其 Inspector 视图中，Is On 属性后面的对钩也在出现与不出现之间切换。

● Graphic（图像）：控制对钩符号出现与不出现的那个对钩图像。

● Group（所属组）：指向一个带有 Toggle Group 组件的任意目标，将此 Toggle 加入该组合之后，此 Toggle 便处于该组合的控制之下，同一组合内只能有一个 Toggle 处于选中状态，即使初始时将所有 Toggle 都开启 Is On 属性，之后的选择也会自动保持单一模式。

● On Value Changed（状态改变触发消息）：当此 Toggle 选中状态发生改变时，触发一次此消息，用于处理事件的响应。

2．Toggle Group 组件

Toggle Group 对象可以将多个 Toggle 对象加入一个组，但是它们之间只能有一个 Toggle 对象处于选中状态（假如 Toggle 对象不允许关闭）。给多个 Toggle 对象所在的父物体添加 Toggle Group 组件，然后将这个父物体设置到每个 Toggle 对象捆绑的 Toggle 组件的 Group 属性中，即可完成 Toggle Group 组件的设置。Toggle Group 组件的属性面板如图 7-26 所示。

图 7-26

Allow Switch Off（是否允许关闭）：Toggle Group 默认有且仅有一个 Toggle 处于选中状态（其下的所有 Toggle 中），如果勾选此属性，则 Toggle Group 的所有 Toggle 都可同时处于未选中状态。

示例：利用 Toggle Group 组件控制背景音乐的播放或停止

（1）新建 Unity 工程并重命名为 MusicSwitch，自选音频文件并重命名为 media.mp3，将音频文件复制到 Assets 文件夹中。在 Hierarchy 视图中右击，在弹出的快捷菜单中选择 UI→Text 命令，创建一个 Text 对象，并把 Text 组件的文本内容重命名为"背景音乐"。再在菜单栏中选择 UI→Toggle 命令，创建两个 Toggle 对象，并分别重命名为 ToggleA 和 ToggleB，在 Scene 视图中调整好它们的位置和大小，使它们都可见，将创建好的两个 Toggle 对象下的 Label 对象的 Text 组件的文本内容分别重命名为"开"和"关"。场景设置效果如图 7-27 所示。

图 7-27

（2）选中文本内容为"开"的 ToggleA 对象，在 Toggle 属性面板中取消勾选 Is On 复选框，如图 7-28 所示。

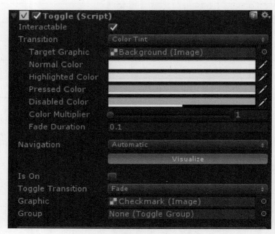

图 7-28

（3）在 Hierarchy 视图中的 Canvas 下创建一个 GameObject 空游戏对象并重命名为 MusicGroup，选中 MusicGroup，在菜单栏中选择 Component→UI→ToggleGroup 命令，在其上添加 Toggle Group 组件。选中两个 Toggle 对象（ToggleA 和 ToggleB），将它们拖到 MusicGroup 空游戏对象上，

MusicGroup 的结构如图 7-29 所示。将 MusicGroup 分别拖到 ToggleA 和 ToggleB 对象中的 Toggle 组件的属性面板的 Group 属性框中，这两个 Toggle 对象就成为一组，如图 7-30 所示。

图 7-29　　　　　　　　　　　　　　　　　图 7-30

（4）创建 C#脚本并重命名为 MusicSwitch，将脚本挂载在 Main Camera 上。在脚本中添加如下代码，利用 Audio Source（音源）组件的内置方法控制音乐片段的播放和停止，单击 "开" 或 "关" Toggle 组件，通过调用 Music()方法即可实现播放或停止播放音乐的功能：

```
using System.Collections;
using System.Collections.Generic;
using UnityEngine;
using UnityEngine.UI;
public class MusicSwitch : MonoBehaviour {
  public Toggle TogA;
  public Toggle TogB;
    void Start () {
     GetComponent<AudioSource>().enabled = false;
    }
  public void Music(){
    if (TogA.isOn == true) {
       GetComponent<AudioSource>().enabled = true;
       GetComponent<AudioSource>().Play();
    }
    if (TogB.isOn == true) {
       GetComponent<AudioSource>().enabled = false;
       GetComponent<AudioSource>().Stop();
    }
  }
}
```

（5）在 Main Camera 上添加 Audio Source 组件，将 media.mp3 音频文件拖到 Main Camera 上的 Audio Source 组件的 AudioClip 处，将 MusicSwitch 脚本拖到 Main Camera 上，再将两个 Toggle 分别拖到 MusicSwitch 脚本组件的 Tog A 和 Tog B 处，如图 7-31 所示。

图 7-31

（6）同时选中两个 Toggle 对象，在 Toggle 组件的 On Value Changed 中单击"+"按钮，弹出选择面板，如图 7-32 所示。将 Main Camera 拖到 None(Object)选项框中，并在右侧 No Function 下拉列表中选择 MusicSwitch→Music 选项，如图 7-33 所示。运行游戏，通过单击两个 Toggle 就能控制音乐的播放和停止。

图 7-32

图 7-33

7.2.6　Slider 组件

Slider 对象也是一个复合型对象，一般由滑块和滑动条组成。在滑块滑动过程中，Slider 对象上的 Slider 组件可以计算滑动时滑块所占滑动条的比例，允许用户在预先确定的范围内调节数值。Slider 组件分为两种形式：水平滑动条（HorizontalSlider）和垂直滑动条（VerticalSlider），它们的用法相同。

Slider 对象包含 Background、Fill Area、Handle SlideArea 这 3 个子对象。Background 为滑动条的背景图片；Fill Area 下的 Fill 为滑动条的前置图片，即滑块滑过之后显示的图片；Handle SlideArea 下的 Handle 为滑块的图片。Slider 组件的属性面板如图 7-34 所示。

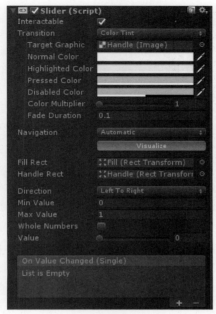

图 7-34

Slider 组件常用的属性及其功能如表 7-9 所示。

表 7-9

属　　性	功　　能
Interactable	是否开启此滑动条的交互功能
Transition	控制滑动条的操作方式
Navigation	确定组件的顺序
Direction	设置滑动的方向
Min Value	设置滑块滑动的最小值
Max Value	设置滑块滑动的最大值
Whole Numbers	滑块值的整数值，勾选后 Slider 只能用整数控制
Value	设置滑块的当前数值

示例：利用 Slider 对象调整音量

（1）在 7.2.5 节案例的基础上，在 Hierarchy 视图中选中 Canvas 并右击，在弹出的快捷菜单中选择 UI→Slider 命令，创建一个滑动条，调整其位置和大小。场景效果如图 7-35 所示。

图 7-35

（2）打开 MusicSwitch 脚本，添加如下代码，通过把滑动条滑块的当前数值赋值给音乐的音量，实现拖动滑块来调整音乐的音量的功能：

```
public Slider musicSlider;
public void MusicVolume()
{
    GetComponent<AudioSource>().volume = musicSlider.value;
}
```

（3）将 Slider 对象拖到 Music Switch 组件的 Musicslider 属性框上，如图 7-36 所示。

图 7-36

（4）选中 Slider 对象，在 Slider 组件的 On Value Changed 处单击"＋"按钮，将 Main Camera 拖到 None(Object)选项框中，在 No Function 下拉列表中选择 MusicSwitch→MusicVolume()选项。运行游戏，就可以通过拖动滑块来调整音乐的音量。为了和音频音量保持同步，将 Slider 组件的 Value 值设为 1，如图 7-37 所示。

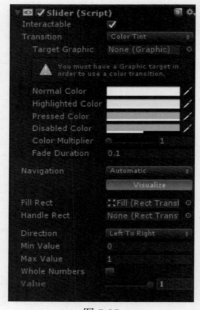

图 7-37

7.2.7　Input Field 组件

InputField 对象用来管理文本输入，通常用来输入用户的用户名、密码，或者在聊天时输入文字等。

InputField 对象附带两个子对象：Placeholder 和 Text。Input Field 是 InputField 对象上捆绑的一个 Image 组件，它显示了输入框的背景样式。Placeholder（占位符）是当输入文字为空时显示的提示文字；Text 对象用于显示输入的文字。Input Field 组件的属性面板如图 7-38 所示。

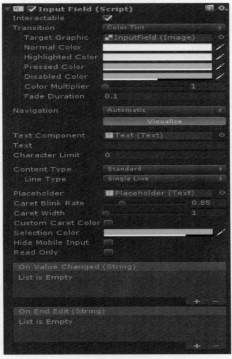

图 7-38

Input Field 组件常用的属性及其功能如表 7-10 所示。

表 7-10

属　　性	功　　能
Text Component	用来管理输入的文本组件
Text	设置输入的内容（可在代码中用 InPutField.text 获取）
Character Limit	字符限制类型，可以限制最大字符数的值
Content Type	内容类型，定义输入内容接受/限制的字符类型
Line Type	行类型。单行、多行，为多行时按 Enter 键换行
Placeholder	占位符，用来提示输入的内容，当单击输入框后会隐藏
Caret Blink Rate	设置输入框上的光标的闪烁频率
Selection Color	设置选中的文本的背景颜色
Hide Mobile Input	隐藏移动输入内容，此属性仅在 iOS 系统上开发的应用场景下才可用

注意：Placeholder 对应的 Text 为此输入框的提示语显示，如提示语为 Enter text...。当输入框内容为空时，提示语可见；当输入框内容不为空时，提示语不可见。

Input Field 组件提供了 OnValueChanged 和 OnEndEdit 两种事件监听。OnValueChanged 主要用来监听输入的字符数量的变化，并返回当前输入的字符串。OnEndEdit 主要用来在离开编辑时返回一个结束的事件，并返回输入完毕的字符串。

示例：制作获取用户名和密码的登录界面

（1）新建 Unity 工程并重命名为 Login，导入 Assets 文件夹中的一张图片并重命名为 Background，设置 Texture Type 为 Sprite(2D and UI)。在 Hierarchy 视图中，创建一个 Image 对象，把 Assets 文件夹中的 Background 图片拖到该对象的 Image 组件的 Source Image 属性框处，作为输入界面的背景。

（2）创建一个 Text 对象并重命名为 Username，Text 内容设为"用户名"，在 Username 下创建 InputField 对象，把 InputField 的 Placeholder 子对象上的 Text 内容设为"在这里输入用户名…"。复制 Username 并重命名为 Password，其 Text 内容设为"密码"，修改其下的 InputField 中的 Content Type 为 Password，把 Placeholder 的 Text 设为"在这里输入密码…"，如图 7-39 所示。

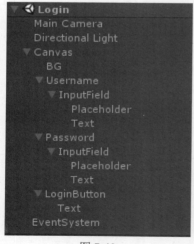

图 7-39

（3）创建一个 Button 对象并重命名为 LoginButton，其 Text 内容设为"登录"，场景对象的层级结构如图 7-40 所示。在 Scene 视图中调整好它们的位置、大小、字号及颜色等，用户输入界面的场景效果如图 7-41 所示。

图 7-40　　　　　　　　　　　　图 7-41

（4）创建 C#脚本并重命名为 UserLogin，挂载在 Canvas 画布上。在脚本中添加如下代码，实现输入用户名和密码后，获取用户名和密码并在控制台窗口输出结果：

```
using UnityEngine;
using UnityEngine.UI;
public class UserLogin : MonoBehaviour{
    public InputField Username;                //"用户名"输入框
    public InputField Password;                //"密码"输入框
    void Start(){                              //初始化输入框
        Username = GameObject.Find("Username").GetComponent<InputField>();
        Password = GameObject.Find("Password").GetComponent<InputField>();
    }
    public void Login(){                       //绑定到"登录"按钮上
        Debug.Log("用户名: "+ Username.text+"  密码: "+Password.text);
    }
}
```

（5）为 LoginButton 按钮的 OnClick()事件响应绑定 Login()方法。运行程序，在"用户名"和"密码"输入框中输入内容后，在控制台窗口输出获取的用户名和密码，结果如图 7-42 所示。

图 7-42

7.3 Rect Transform 组件

Rect Transform（矩形变换）组件继承自 Transform 组件，主要提供一个矩形的位置、尺寸、锚点和中心信息，以及操作这些属性的方法，同时提供多种基于父级 Rect Transform 组件的缩放形式。

UGUI 的每个对象都带有一个 Rect Transform 组件，这个组件记录并表示一个 2D 的 UI 元素在屏幕中的位置、旋转和缩放这 3 种属性。Rect Transform 是为 UGUI 设计的组件，与 Transform 组件相比，该组件增加了两个新的属性，即 Anchors（锚框）和 Pivot（轴心点），如图 7-43 所示。新增的属性图示如图 7-44 所示。

图 7-43

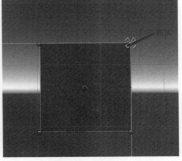

图 7-44

Rect Transform 组件的属性及其功能如表 7-11 所示。

表 7-11

属　　性	功　　能
Pos(X,Y,Z)	定义矩形相对于锚点的轴心点的位置
Width/Height	定义矩形的宽/高
Anchors	定义矩形在左下角和右上角的锚框
Pivot	定义矩形旋转时围绕的中心点坐标
Rotation	定义矩形围绕旋转中心点的旋转角度
Scale	定义游戏对象的缩放系数

7.3.1　Pivot

在一般情况下，当对 Rect Transform 组件进行定位、旋转和缩放操作时，都以 Pivot（轴心点）为参考点进行。如果轴心点的坐标不同，就会造成 UI 缩放/旋转的效果不同。

Pivot 用来指示一个 Rect Transform 组件的中心点，矩形左下角为(0,0)，右上角为(1,1)。UI 元素的 Pivot 是一个二维坐标点，新创建的 UI 元素的默认 Pivot 为(0.5,0.5)，即 Pivot 在矩形中心。当 Pivot 为(0,0)时，轴心点与矩形左下角重合；当 Pivot 为(1,1)时，轴心点与矩形左上角重合。图 7-45 中的圆圈表示的就是 Pivot。

图 7-45

当把工具栏中的 Pivot/Center 按钮设为 Pivot 模式时，在 Scene 视图中可以移动 Pivot 的位置，也可以在 Inspector 视图中直接输入 Pivot 的两个值得到精确的位置。如果无法看见 Pivot，则需要在工具栏中选择 Transform Tools 的倒数第二个选项或按 T 键显示 Pivot，如图 7-46 所示。

图 7-46

7.3.2　Anchors

Anchors（锚框）由 4 个三角形组成，每个三角形都可以分别移动，可以组成一个矩形或 4 个三角形重合组成一个点。在 Rect Transform 组件上，Anchors 有 Min 和 Max 两个值，Min 和 Max 两个值是经过归一化的，即 X 或 Y 的值为 0~1。Min(X,Y)为左下角的点在父元素上的位置，Max(X,Y)为右上角的点在父元素上的位置。

Min 和 Max 两个值可以确定一个矩形，这个矩形的 4 个顶点就是 4 个 Anchor（锚点）。Anchor 确定了 UI 元素的位置，代表矩形自身相对于父节点的位置。锚点的位置以父矩形的 Width 和 Height 的百分比来定义，0.0(0%)对应左侧或底部，0.5(50%)对应中部，1.0(100%)对应右侧或顶部。但锚点并不局限于两侧和中部，它们可以锚定到父矩形中的任何点上，如图 7-47 所示。

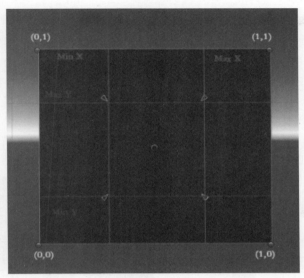

图 7-47

Unity 提供了几个预置的 Anchor 设置，用户可以快速地设置 Anchor 的位置。在 Inspector 视图中，Rect Transform 左上角有一个 Anchor Presets（锚点预设）按钮，单击它可以弹出事先预定好的 Anchor Presets 界面，从这里可以快速地从一些最常见的锚定选项中进行选择，将 UI 元素锚定到父元素的侧面或中间，或者与父元素一起拉伸。水平和垂直锚定是独立的。按 Shift 键弹出的设置界面如图 7-48 所示，按 Alt 键弹出的设置界面如图 7-49 所示。

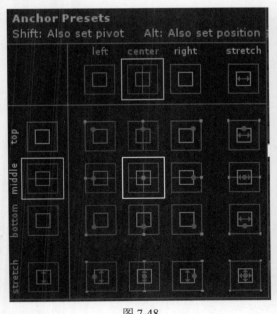

图 7-48

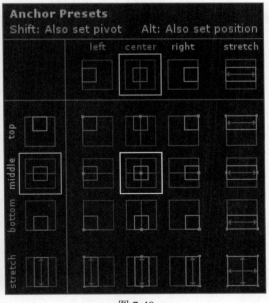

图 7-49

在 Inspector 视图中，Rect Transform 左上角的 Anchor Presets（锚点预设）按钮用于显示当前选择的预置选项，如果没有达到预想的效果，则用户可以通过自定义 Anchors Min/Max 的值来调整 UI 元素的大小和对齐方式，即调整 4 个三角形的位置。调整 Anchor 的位置既可以在属性面板中修改相应的数值，也可以在场景中拖动它们改变位置。

当 4 个 Anchor 分开时，再移动它们对应改变的是 Left、Top、Right、Bottom，它们对应的是对象 4 条边到 4 个分开 Anchor 形成矩形边的距离。当 4 个 Anchor 在一起时，移动它们对应改变的是 Pos X 和 Pos Y 的值，即对象轴心点到锚点的距离。如果 Anchor 水平分开，则使用 Left 和 Right；如果 Anchor 垂直分开，则使用 Top 和 Bottom。

在 Hierarchy 视图中新建一个 Image，在 Inspector 视图中查看其 Anchors 的默认值为 Min(0.5,0.5) 和 Max(0.5,0.5)，Min 和 Max 重合在一起，即 4 个 Anchor 合并成一点。Anchor 在 Scene 视图中的表示如图 7-50 所示。Anchors 的默认值如图 7-51 所示。

图 7-50

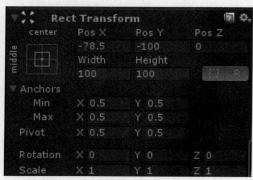

图 7-51

7.4　UGUI 布局组件

Layout Group 是用来控制子布局元素的大小和位置的控制器。例如，Horizontal Layout Group 将它的子对象相邻放置，Grid Layout Group 将它的子对象放在格子中。虽然 Layout Group 不能控制自己的大小，但可以作为一个布局元素被其他控制器控制或被用户手动设置。

Unity 的 Layout Group 分为 3 种：Horizontal Layout Group、Vertical Layout Group 和 Grid Layout Group。

（1）Horizontal Layout Group：水平布局组，子元素只会按照水平方式排列，即使子元素非常多，甚至超过父元素，也不会换行排列。

（2）Vertical Layout Group：垂直布局组，与 Horizontal Layout Group 相对应，当子元素超过父元素时也不会换行。

（3）Grid Layout Group：表格布局组，可以让元素换行的布局，就是 Horizontal Layout Group 与 Vertical Layout Group 这两种布局的综合体。

7.4.1　Horizontal Layout Group

Horizontal Layout Group 组件将其子布局元素在水平方向上自动排列放置。它是 Layout Group 子类 Horizontal Or Vertical Layout Group 的子类。Horizontal Layout Group 组件的属性面板如图 7-52 所示。

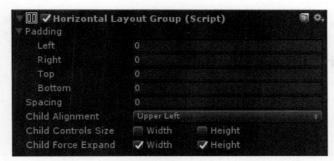

图 7-52

Horizontal Layout Group 组件的常用属性及其功能如表 7-12 所示。

表 7-12

属　　性	功　　能
Padding	布局组边缘内的填充
Spacing	布局元素之间的间距
Child Alignment	如果子布局元素未填满所有可用空间，则使用它们的对齐方式
Child Controls Size	布局组是否控制其子布局元素的宽度和高度
Use Child Scale	布局组在调整元素大小和布局时是否考虑其子布局元素的比例
Child Force Expand	是否强制子布局元素扩展，以填充其他可用空间

Horizontal Layout Group 和 Vertical Layout Group 不能同时在 Inspector 视图中存在。如果想同时拥有这两种组件的功能，则可以使用 Grid Layout Group 组件。

在 Hierarchy 视图的画布下新建一个空游戏对象并重命名为 Grid，其位置选择 Center，宽设置为 500、高设置为 300。在 Grid 下新建一个 Image，将宽设置为 100、高设置为 100，并把名为 Star 的 Sprite 图片拖到 Source Image 处，按 "Ctrl+D" 组合键复制 5 个 Image。为 Grid 添加 Horizontal Layout Group 组件，设置完成后的效果如图 7-53 所示。

图 7-53

7.4.2　Vertical Layout Group

Vertical Layout Group 组件将其子布局元素在垂直方向上自动排列放置。它也是 Layout Group 子类 Horizontal Or Vertical Layout Group 的子类。Vertical Layout Group 组件的属性面板

如图 7-54 所示，它的常用属性和功能与 Horizontal Layout Group 组件的常用属性和功能基本相同，所以这里不再赘述。

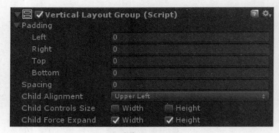

图 7-54

在 Horizontal Layout Group 组件的例子中，删除 Horizontal Layout Group 组件，为 Grid 空游戏对象添加 Vertical Layout Group 组件，采用默认设置。设置完成后的效果如图 7-55 所示。

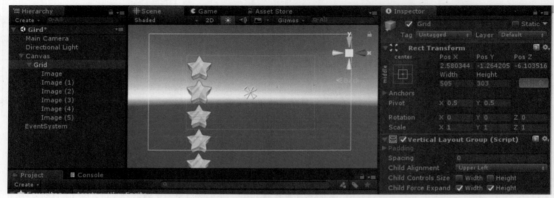

图 7-55

7.4.3　Grid Layout Group

Grid Layout Group 是 Layout Group 的子类。Grid Layout Group 是 UGUI 封装的布局脚本，使用比较简单。Grid Layout Group 组件的功能是将子对象自动按网格形式进行排列，适合用于子节点数量不是很多、结构单一的布局，如简单背包、邮件商城等的展示。

使用 Grid Layout Group 组件需要先建立一个空游戏对象，然后添加该组件就可以对下面的对象进行布局控制。在 Grid Layout Group 组件中无法直接控制子对象的宽和高，只能通过 Cell Size 属性进行控制。Grid Layout Group 组件的属性面板如图 7-56 所示。

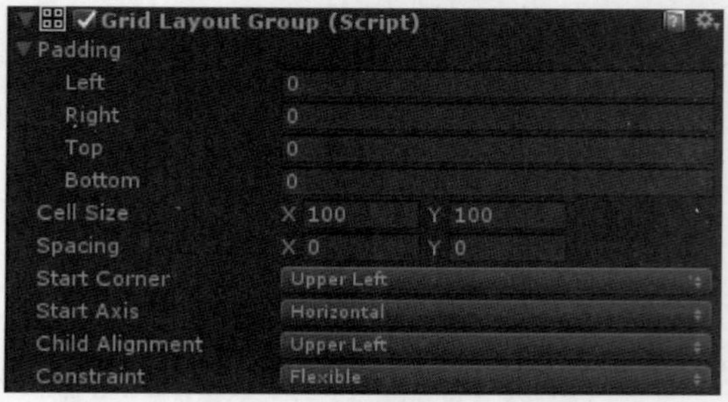

图 7-56

Grid Layout Group 组件的属性及其功能如表 7-13 所示。

表 7-13

属　　性	功　　能
Padding	布局组边缘内的填充
Cell Size	设置组中每个布局元素要使用的大小
Spacing	布局元素之间的间距
Start Corner	设置第一个元素所在的角
Start Axis	沿着哪个主轴放置元素。在开始新行之前，布局元素水平填满整行。在开始新列之前，布局元素垂直填满整列
Child Alignment	设置网格元素间的对齐方式
Constraint	将网格限制为固定数量的行或列，以辅助自动布局系统

在 Horizontal Layout Group 组件的例子中，删除 Horizontal Layout Group 组件，为 Grid 空游戏对象添加 Grid Layout Group 组件，并设置 Cell Size 的 X 为 100、Y 为 100。设置完成后的效果如图 7-57 所示。

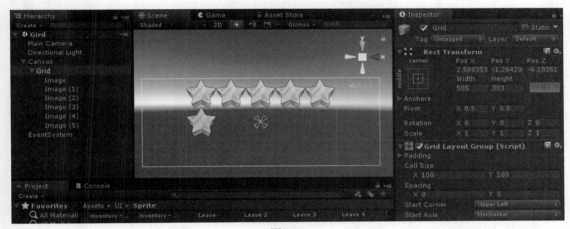

图 7-57

 7.5 **RunBall 案例（三）**

7.5.1　案例分析

本节主要的内容为处理项目中所有 UI 部分的构建和相应功能的实现，以及项目的主逻辑功能实现，即 GameManager 脚本的逻辑处理游戏过程，具体包括以下几方面。

（1）UI 部分主要包括 Login 场景、Loading 场景、SelectLevel 场景和 Main 场景的构建，以及这几个场景中时间、积分、提示面板等内容的处理。通过逻辑代码实现以下功能：单击按钮或进度条加载完成跳转场景；使用单选组件实现 Easy、Normal 和 Hard 这 3 个场景的选择；使用异步协同程序预加载场景；积分、时间数值变化显示等功能。

（2）GameManager 作为贯穿整个项目的主要逻辑脚本，分别实现以下功能：选择不同的难度跳转到不同的场景；当选择的难度不同时，游戏的时间不同；当选择的难度不同时，游戏要求的胜利条件不同等。

（3）在 Enemy 脚本的 OnTriggerEnter()方法中添加代码，当玩家触碰到敌人时在界面上实现积分加 1 分的功能。

7.5.2　案例设计步骤

打开 RunBall 工程，在 Project 视图中创建 Fonts 文件夹，并将素材中的字体导入该文件夹中；创建 Sprites 文件夹，并将素材中的图片导入该文件夹中，将所有图片的纹理类型设为 Sprite(2D and UI)。选择 Game 视图，将游戏运行时使用的尺寸设置为 1920 像素×1080 像素，如图 7-58 所示。

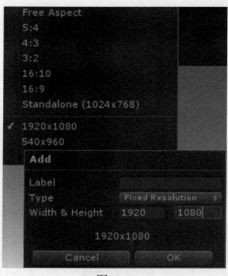

图 7-58

1．UI 场景构建及功能实现

UI 部分主要包括 Login 场景、Loading 场景、SelectLevel 场景和 Main 场景的构建，以及这几个场景中的时间、积分、提示面板等内容的处理。

1）Login 场景

（1）新建一个场景并重命名为 Login。在 Hierarchy 视图中右击，在弹出的快捷菜单中选择 Canvas 命令，并将 CanvasScaler 属性中的尺寸设置为 1920 像素×1080 像素。在 Canvas 下新建 Image 并重命名为 BG，将 Source Image 设为 BG 图片，单击锚点，再按 Alt 键，将图片设为右下角的最大扩展模式。再创建一个 Text 并重命名为 Title，Text 的文本内容为 Run Ball，选择导入的自定义字体，并调整为合适的位置和大小。为 Title 添加 OutLine 组件，使用默认属性即可。

（2）创建两个 Text，分别重命名为 UserNameTitle 和 PassWordTitle，Text 的文本内容分别为 UserName 和 PassWord，选择导入的自定义字体，并调整为合适的位置和大小。为 Title 添加 OutLine 组件，使用默认属性即可。设置完成后的效果如图 7-59 所示。

（3）在 Canvas 下新建 InputField 并重命名为 UserNameInput，在 Inspector 视图中将 Input Field 组件中的 TargetGrahpic 的图片设置为 UserNameInput 图片，将 UserNameInput 的子对象 Placeholder

的 Text 属性清空，再将 UserNameInput 的自身 Text 中的字体替换为自定义字体，位置和尺寸不要超出背景。

图 7-59

（4）采用与上述相同的步骤创建 PassWordInput，并在 Inspector 视图中将 Input Field 组件中的 TargetGrahpic 的图片设置为 PassWordInput 图片，Content Type 属性设置为 Password，将 PassWordInput 的子对象 Placeholder 的 Text 属性清空，调整其位置和尺寸，不要超出背景。

（5）在 Canvas 下新建 Button 对象并重命名为 LoginButton，修改该对象的 Image 组件的 Source Image，将其设置为 Button Blue A 图片，修改 LoginButton 子对象的 Text 的文本内容为 Login，字体更换为自定义字体，添加 Outline 组件，使用默认属性即可。

（6）新建 Login 脚本，并添加到 Canvas 上，主要用于处理 UGUI 的显示和场景的跳转，所以需要引用 SceneManagement（场景跳转）命名空间和 UGUI 命名空间。在 Login 脚本中添加如下代码，为 Login 按钮绑定单击事件 OnLoginBtnClick()：

```
using System.Collections;
using System.Collections.Generic;
using UnityEngine;
//引用 SceneManagement（场景跳转）命名空间
using UnityEngine.SceneManagement;
//引用 UGUI 命名空间
using UnityEngine.UI;
//定义脚本中即将使用到的字段
public class Login : MonoBehaviour{
    //"登录"按钮
    public Button loginBtn;
    //"用户名"输入框
    public InputField accountInput;
    //"密码"输入框
    public InputField passwordInput;
    //弹出提示面板
    public GameObject Tips;
    //画布位置信息，用来绑定为父级
    public Transform canvas;
    //为"登录"按钮绑定单击事件
    void Start(){
        loginBtn.onClick.AddListener(OnLoginBtnClick);
    }
```

（7）制作预制体 Tips。

① 创建 Image 并重命名为 Tips，将 Source Image 设为 TitleBG 图片，大小设置为 500 像素×300 像素，先在其下创建 Text，再创建 Button，把 Button 对象的 Image 组件的 Source Image 设置为 Button Blue A 图片，将其下的 Text 内容设置为"确定"，调整好 Text 和 Button 的位置及大小。创建的 Tips（提示面板）的效果如图 7-60 所示。

图 7-60

② 创建 Tips 脚本，并将其添加在 Tips 上。在 Tips 脚本中添加代码，绑定"确定"按钮的单击事件，并设置提示面板本地的大小，实现单击"确定"按钮时销毁自身的功能。主要代码如下：

```
public class Tips : MonoBehaviour{
    //定义"确定"按钮
    public Button button;
    void Start(){
        //设置提示面板本地缩放为(1,1,1)
        this.transform.localScale = Vector3.one;
        //绑定"确定"按钮的单击事件
        button.onClick.AddListener(OnBtnClick);
    }
    //"确定"按钮的单击事件
    void OnBtnClick() {
        //单击时销毁自身
        Destroy(this.gameObject);
    }
}
```

③ 将 Tips 及其下的所有子对象移动到 Assets 文件夹下的 Prefabs 文件夹中，即可完成预制体 Tips 的制作。

（8）编写 Login 按钮的单击事件。当单击 Login 按钮时，如果"用户名"和"密码"输入框中的文本均为 admin，则跳转到 Loading 场景。如果用户名或密码中有一个存在错误，则生成提示面板，获取提示面板中的文本，替换为"用户名或密码错误"。这时将提示面板的父物体绑定到画布上，并且使提示面板坐标归零。OnLoginBtnClick()的代码如下：

```
void OnLoginBtnClick() {
    if (accountInput.text == "admin" && passwordInput.text == "admin")
        SceneManager.LoadScene("Loading");
    else{
        GameObject go = Instantiate(Tips);
        Text text = go.transform.Find("Text").GetComponent<Text>();
```

```
        text.text = "用户名或密码错误";
        go.transform.parent = canvas;
        go.transform.position = canvas.transform.position;
    }
}
```

将 Login 脚本绑定到 Canvas 游戏对象上，并将相应的按钮、输入框、提示面板预制体等拖到相应的变量上赋值，如图 7-61 所示。

图 7-61

运行程序，Login 场景的登录效果如图 7-62 和图 7-63 所示。

图 7-62

图 7-63

2）Loading 场景

（1）新建场景并重命名为 Loading，创建 Canvas，并将 CanvasScaler 属性中的尺寸设置为 1920 像素×1080 像素。在 Canvas 下新建 Image 对象并重命名为 BG，将 Source Image 设置为 bg-02 图片，绑定锚点与画布尺寸一致。其效果如图 7-64 所示。

图 7-64

（2）创建 Text 对象并重命名为 LoadingText，其 Text 内容设为 Loading……，并选用自定义字体，调整好 Text 对象的位置，设置为合适的字号。创建 Slider 对象，调整好它的位置及大小。场景整体效果如图 7-65 所示。

图 7-65

（3）创建 Loading 脚本并将其添加在 Canvas 上。编辑 Loading 脚本，在 Start()方法中启动协同程序，然后预加载选择难度场景，当进度条读完之后，自动跳转。在 Update()方法中，让当前进度自增，当值达到 100 时开启协程，启用自动加载场景。把 LoadingText 和 Slider 分别拖到变量 loadingText 和 progressBar 上，为两个变量赋值。

添加的主要代码如下：

```
public class Loading : MonoBehaviour{
    //显示进度条百分比字体
    public Text loadingText;
    //进度条
    public Slider progressBar;
    //进度条当前值
    private int curProgressValue = 0;
    //异步操作协同
    private AsyncOperation operation;
    //在 Start()方法中启动协同程序
    void Start(){
        //如果跳转的场景名为 Loading
        if (SceneManager.GetActiveScene().name == "Loading"){
            //则启动协程
            StartCoroutine(AsyncLoading());
        }
    }
    //预加载选择难度场景，当进度条读完之后，自动跳转
    //异步协程
    IEnumerator AsyncLoading(){
        //预加载选择难度场景
        operation = SceneManager.LoadSceneAsync("SelectLevel");
        //暂停加载完成的自动切换功能
        operation.allowSceneActivation = false;
        //保存当前协程状态
        yield return operation;
    }
```

```
//在 Update()方法中，让当前进度自增，当值达到 100 时开启协程
void Update(){
    //进度条的目标值
    int progressValue = 100;
    //如果当前进度条值小于目标值
    if (curProgressValue < progressValue) {
        //则当前进度值自加
        curProgressValue++;
    }
    //实时更新进度百分比的文本显示
    loadingText.text = curProgressValue + "%";
    //实时更新滑动进度图片的 fillAmount 值
    progressBar.value = curProgressValue / 100f;
    //如果当前值达到 100
    if (curProgressValue == 100) {
        //则启用自动加载场景
        operation.allowSceneActivation = true;
        //文本显示 OK
        loadingText.text = "OK";
    }
}
}
```

（4）运行程序，Loading 脚本的运行效果如图 7-66 和图 7-67 所示。Loading 场景的进度条读取完成后将直接跳转到 SelectLevel 场景。

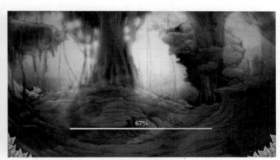

图 7-66　　　　　　　　　　　　　　　　　　　图 7-67

3）SelectLevel 场景

（1）创建新场景并重命名为 SelectLevel，创建 Canvas，将 CanvasScaler 属性中的尺寸设置为 1920 像素×1080 像素。在 Canvas 下新建 Image 对象并重命名为 BG，将 Source Image 设置为 bg-02 图片，绑定锚点与画布尺寸一致。场景效果如图 7-66 所示。

（2）创建 Button 对象并重命名为 StartBtn，将 Source Image 设置为 Button Round A 图片，将其下的 Text 文本内容设置为 StartGame，选用自定义字体，字号设置为 30，添加描边组件 OutLine，并调整到合适的位置，如图 7-68 所示。

（3）创建 Toggle 对象并重命名为 Easy，将 BackGround 对象的 Source Image 设置为 Button Round 图片，Label 对象的 Text 文本内容设置为 Easy，选用自定义字体，字号设置为 60，添加描边组件 OutLine，并调整到合适的位置，如图 7-69 所示。

图 7-68

图 7-69

（4）使用上述步骤创建 Normal 和 Hard，场景整体效果如图 7-70 所示。

图 7-70

（5）在 Canvas 下创建空物体并重命名为 ToggleParent，将 Easy、Normal 和 Hard 放到 ToggleParent 下，作为 ToggleParent 的子对象。

（6）在 Canvas 下创建空物体并重命名为 ToggleGroup，添加 Toggle Group 组件。分别选中 Easy、Normal 和 Hard，将 ToggleGroup 对象赋值给 3 个对象的 Group 属性，使 3 个 Toggle 开关成为一个组。

（7）创建 SelectLevel 脚本，并把脚本添加在 Canvas 上。编辑 SelectLevel 脚本，首先创建游戏难度枚举，从而标准化游戏难度的名称。然后创建 SelectLevel 的单例模式，方便在之后调用。设置引用对象，在 Awake()方法中设置默认为 Easy 难度模式并添加对按钮的单击事件。当单击

Start 按钮时，跳转到 Main 场景。最后分别创建设置游戏难度模式为 Easy、Normal 和 Hard 的事件响应方法 SetEasy()、SetNormal()和 SetHard()，将 Canvas 对象分别拖到 Easy、Normal 和 Hard 的 On Value Changed 事件中，分别设置相应的游戏难度模式方法 SetEasy()、SetNormal()、SetHard()。主要代码如下：

```csharp
using System;
using System.Collections;
using System.Collections.Generic;
using UnityEngine;
//引用 SceneManagement（场景跳转）命名空间
using UnityEngine.SceneManagement;
//引用 UGUI 命名空间
using UnityEngine.UI;
//创建游戏难度枚举，从而标准化游戏难度的名称
public enum GameMode{
    //Easy 难度模式，若不赋值为 1 则从 0 开始
    Easy=1,
    //Normal 难度模式
    Normal,
    //Hard 难度模式
    Hard,
}
//创建 SelectLevel 的单例模式，方便在之后调用
public class SelectLevel : MonoBehaviour{
    //SelectLevel 单例模式
    private static SelectLevel instance;
    public static SelectLevel Instance{
        get {
            if (instance==null) {
                instance = GameObject.FindObjectOfType<SelectLevel>();
            }
            return instance;
        }
    }
    //引用对象并在 Awake()方法中设置默认为 Easy 难度模式并添加对按钮的单击事件
    //定义游戏难度
    public static GameMode gameMode;
    //“开始”游戏按钮
    public Button startBtn;
    //初始化方法
    void Awake(){
        //默认游戏难度模式为 Easy
        gameMode = GameMode.Easy;
        //“开始”按钮单击事件
        startBtn.onClick.AddListener(ClickStartBtn);
    }
    //当单击“Start”按钮时，跳转到 Main 场景
    //“Start”按钮单击事件
    private void ClickStartBtn(){
        //当单击 Start 按钮时跳转到 Main 场景
```

```
        SceneManager.LoadScene("Main");
    }
    //分别创建设置游戏难度模式为 Easy、Normal 和 Hard 的方法
    //设置游戏难度模式为 Easy 的方法
    public void SetEasy(){
        gameMode = GameMode.Easy;
    }
    //设置游戏难度模式为 Normal 的方法
    public void SetNormal(){
        gameMode = GameMode.Normal;
    }
    // 设置游戏难度模式为 Hard 的方法
    public void SetHard(){
        gameMode = GameMode.Hard;
    }
}
```

完成上述步骤之后，当选择某个难度的单选按钮时，选中的难度就可以存储在公开的静态字段 gameMode 中，该字段可以全局访问。当在主控脚本 GameManager 中访问时，就会获取该字段正确的值。

4）Main 场景

打开项目开始时设计的 Main 场景，设计制作其 UI 部分，主要由"积分"、"时间"、"设置"按钮和"音效设置"面板组成。"音效设置"面板主要由标题、滑动条和"关闭"按钮组成。UI 部分设计的整体效果如图 7-71 所示。

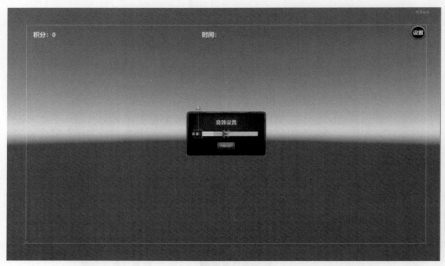

图 7-71

（1）创建 Canvas 对象，将 CanvasScaler 属性中的尺寸设置为 1920 像素×1080 像素。在 Canvas 对象下新建 Text 对象并重命名为 ScoreText，锚点绑定在左上角，将其 Text 文本内容设置为"积分：0"，字号设置为 30，添加描边组件 OutLine，并调整到左上角合适的位置。

（2）在 Canvas 对象下再新建 Text 对象并重命名为 CountDownText，由于后面需要显示倒计时，因此需要将输入框的 X 轴长度适当拉宽，锚点绑定在上方居中，将其 Text 文本内容设置为

"时间："，调整到上方居中的位置。

（3）在 Canvas 对象下新建 Button 对象并重命名为 AudioSetBtn，将其 Source Image 设置为 Button Round 图片，锚点绑定在右上角，将组件子对象 Text 文本内容设置为"设置"，字号设置为 25，添加描边组件 OutLine，调整到右上方合适的位置。

（4）在 Canvas 对象下新建 Image 对象并重命名为 AudioSetBG，将其 Source Image 设置为 TitleBG 图片。在 AudioSetBG 对象下新建 Text 对象并重命名为 Title，将 Text 文本内容设置为"音效设置"，字号设置为 25，添加 OutLine 字体描边，锚点为 AudioSetBG 中心，调整到合适的位置。再新建 Text 和 Slider，将 Text 置于 Slider 前方，将 Text 文本内容设置为"音量："，字号设置为 20，添加 OutLine 字体描边，调整到合适的位置。再新建 Button 对象并重命名为 CloseBtn，将其 Source Image 设置为 Button Round A 图片，其下的 Text 文本内容设置为"关闭"，字号设置为 20，添加描边组件 OutLine，调整到合适的位置。

（5）创建 AudioSet 脚本，并把脚本添加给 AudioSetBG。编辑 AudioSet 脚本，首先在脚本中添加需要使用的游戏物体定义，在 Start() 方法中获取滑动条和按钮组件，并添加对按钮和滑动条的引用；然后编写关闭按钮的单击响应事件和拖动滑动条，其值发生变化的响应事件。将滑动条的值赋给音量值，实现使用滑动条控制游戏音乐音量大小的功能。

添加的主要代码如下：

```
using System.Collections;
using System.Collections.Generic;
using UnityEngine;
using UnityEngine.UI;
public class AudioSet : MonoBehaviour{
    //添加脚本中需要使用的游戏物体的引用
    //滑动条
    private Slider slider;
    //音源组件
    public AudioSource audio;
    // "关闭" 按钮
    Button closeBtn;
    //在 Start() 方法中获取滑动条和按钮组件，并添加对按钮和滑动条的引用
    void Start(){
        //寻找名为 Slider 的物体，获取其 Slider 组件
        slider = transform.Find("Slider").GetComponent<Slider>();
        //寻找名为 CloseButton 的物体，获取其 Button 组件
        closeBtn = transform.Find("CloseButton").GetComponent<Button>();
        //为 "关闭" 按钮添加单击事件的监听
        closeBtn.onClick.AddListener(OnAudioSetCloseClick);
        //为滑动条添加滑动条的值发生变化触发事件的监听
        slider.onValueChanged.AddListener(OnSliderChanged);
    }
    //编写 "关闭" 按钮的单击响应事件
    // "关闭" 按钮的单击事件
    public void OnAudioSetCloseClick(){
        //当单击 "关闭" 按钮时，本物体不可见
        this.gameObject.SetActive(false);
    }
    //添加滑动条的值发生变化触发的响应事件
```

```
//滑动条的值发生变化触发的方法
//<param name="value">滑动条的值</param>
void OnSliderChanged(float value) {
    //将滑动条的值赋给音量值
    audio.volume = slider.value;
}
}
```

为 Main Camera 添加 Audio Source 组件，将准备好的音乐"夏威夷的微笑.mp3"赋值给 Audio Source 组件的 AudioClip 属性，Main Camera 赋值给该脚本的 Audio 选项。运行项目，拖动滑动条的滑块即可改变音量大小。

2. 创建 GameManager 脚本

创建 GameManager 脚本，用于管理整个游戏逻辑。在场景中创建空游戏对象并重命名为 GameManager，将坐标归零，并将 GameManager 脚本作为组件添加给 GameManager 空游戏对象。由于该脚本的功能贯穿整个游戏，因此在脚本中会提供多个公有的方法给其他类使用，并将本类做成单例模式，以便调用。

GameManager 脚本的代码及设计步骤如下。

（1）建立 GameManager 脚本的主程序，定义 GameManager 类单例模式：

```
public class GameManager : MonoBehaviour{
    //GameManager 类单例模式
    private static GameManager instance;
    public static GameManager Instacne{
        get{
            if (instance == null) {
                instance = GameObject.FindObjectOfType<GameManager>();
            }
            return instance;
        }
    }
}
```

（2）定义引用脚本中用到的字段：

```
private int score = 0;              //游戏得分
public Text scoreText;              //游戏得分 UI 显示
public Text countDownText;          //剩余时间 UI 显示
private int totalTime = 60;         //游戏总时长
private int winScore = 0;           //游戏胜利分数
public GameObject audioSet;         //音效设置
public Button closeBtn;             //"关闭"按钮
public GameObject easyEnemy;        //Easy 模式的敌人
public GameObject normalEnemy;      //Normal 模式的敌人
public GameObject hardEnemy;        //Hard 模式的敌人
private GameMode selectMode;        //选择的游戏难度
public Transform player;            //玩家位置信息
public Transform canvas;            //canvas 位置信息
public GameObject Tips;             //提示面板
```

```
public Button audioSetBtn;          //"音效设置"按钮
public Transform playerPos;         //玩家起始位置
public List<GameObject> enemys;     //敌人数组
```

（3）脚本初始化 Awake()方法。Awake()方法在脚本生效时执行一次，比 Start()方法的优先级高：

```
//脚本初始化方法，优先于 Start()方法执行一次
void Awake(){
    //获取玩家在 SelectLevel 场景中选择的游戏难度
    selectMode = SelectLevel.gameMode;
    //为"音效设置"按钮添加单击事件的监听
    audioSetBtn.onClick.AddListener(OnAudioSetBtnClick);
}
```

（4）脚本初始化 Start()方法。Start()方法在游戏开始时只执行一次：

```
//脚本开始方法，在游戏开始时只执行一次
void Start(){
    //调用游戏初始化方法，将游戏难度作为参数传递
    InitGame(selectMode);
    //开启协程，启动倒计时
    StartCoroutine(CountDown());
}
```

（5）创建一个空游戏对象，该空游戏对象用于实例化提示面板：

```
//创建一个名为 go 的空游戏对象
GameObject go = null;
```

（6）设计脚本的 Update()方法。在 Update()方法中实现倒计时功能：

```
private void Update(){
    //如果剩余时间消耗殆尽，并且当前分数小于目标分数
    if (totalTime <= 0 && score < winScore) {
        //如果当前 go 里面为空
        if (go == null) {
            //生成提示面板，内容显示为"游戏失败"
            go = InsTips("游戏失败");
            //设定玩家的 Player 组件不可用
            player.GetComponent<Player>().enabled = false;
        }
    }
}
```

（7）初始化游戏方法，参数为游戏难度。

当调用该方法时，将重新进入一个新的场景，游戏的难度由参数的值决定。实现的主要功能包括以下几点。

① 不同的游戏难度有不同数量的敌人。

② 不同的游戏时间，若游戏时间消耗殆尽，则游戏失败。

③ 不同的得分要求，若在规定时间内没有达到要求的得分，则游戏失败。

④ 如果玩家在规定的时间内达到了要求的得分，则显示提示面板，玩家可以选择进入下一关或重新开始。

```
//初始化游戏方法
//<param name="gameMode">游戏难度</param>
void InitGame(GameMode gameMode) {
    //让玩家的位置等于玩家起始位置
    player.position = playerPos.position;
    //设定玩家缩放为1
    player.localScale = new Vector3(1f, 1f, 1f);
    //开启玩家的 Player 组件
    player.GetComponent<Player>().enabled = true;
    //根据游戏难度的选择执行分支
    switch (gameMode) {
        //当选择 Easy 模式时
        case GameMode.Easy:
            //Easy 模式敌人可用
            easyEnemy.SetActive(true);
            //Normal 模式敌人不可用
            normalEnemy.SetActive(false);
            //Hard 模式敌人不可用
            hardEnemy.SetActive(false);
            //胜利分数为4分
            winScore = 4;
            //总时长为30秒
            totalTime = 30;
            //显示剩余游戏时间
            countDownText.text = 30 + "";
            //遍历敌人数组
            for (int i = 0; i < enemys.Count; i++){
                //如果敌人标签是 easyEnemy
                if (enemys[i].tag == "easyEnemy"){
                    //则敌人可用。如果敌人标签不是 easyEnemy，则敌人不可用
                    enemys[i].SetActive(true);
                }
            }
            //跳出分支
            break;
        //当游戏难度为 Normal 时
        case GameMode.Normal:
            //Easy 模式敌人可用
            easyEnemy.SetActive(true);
            //Normal 模式敌人可用
            normalEnemy.SetActive(true);
            //Hard 模式敌人不可用
            hardEnemy.SetActive(false);
            //胜利分数为12分
            winScore = 12;
            //游戏总时长为60秒
            totalTime = 60;
```

```
            //显示剩余游戏时间
            countDownText.text = 60 + "";
            //遍历敌人数组
            for (int i = 0; i < enemys.Count; i++){
                //如果数组内的敌人标签为 easyEnemy 或 normalEnemy
                if (enemys[i].tag == "easyEnemy" || enemys[i].tag == "normalEnemy"){
                    //则该敌人可用，其余标签，敌人不可用
                    enemys[i].SetActive(true);
                }
            }
            //跳出分支
            break;
            //当游戏难度为 Hard 时
        case GameMode.Hard:
            //Easy 模式敌人可用
            easyEnemy.SetActive(true);
            //Normal 模式敌人可用
            normalEnemy.SetActive(true);
            //Hard 模式敌人可用
            hardEnemy.SetActive(true);
            //游戏胜利分数为 21 分
            winScore = 21;
            //游戏总时长为 90 秒
            totalTime = 90;
            countDownText.text = 90 + "";
            //遍历敌人数组
            for (int i = 0; i < enemys.Count; i++){
                //所有敌人可用
                enemys[i].SetActive(true);
            }
            //跳出分支
            break;
        }
}
```

（8）倒计时协同程序，每过 1 秒，游戏剩余时间-1，需要在 Start()方法中开启协程：

```
    //倒计时协同程序，需要开启协程
    private IEnumerator CountDown(){
        //如果游戏总时长大于 0
        while (totalTime > 0) {
            //每过 1 秒
            yield return new WaitForSeconds(1);
            //时间-1
            totalTime--;
            //将剩余时间显示在倒计时 UI 上
            countDownText.text = "时间：" + totalTime.ToString();
        }
    }
```

（9）单击"设置"按钮，显示"音效设置"面板：

```
void OnAudioSetBtnClick(){ //"设置"按钮单击事件
    //显示"音效设置"面板
    audioSet.SetActive(true);
}
```

（10）增加游戏得分方法，在敌人被触碰（销毁一个敌人）时执行一次：

```
// 增加游戏得分方法（在销毁一个敌人时调用）
public void AddScore(){
    //分数自加 1
    score++;
    //"得分:"更新
    scoreText.text = "得分: " + score;
    //如果当前得分大于胜利得分
    if (score >= winScore) {
        //生成提示面板，提示信息为"游戏胜利"
        InsTips("游戏胜利");
        //玩家 Player 组件不可用（不可操作）
        player.GetComponent<Player>().enabled = false;
    }
}
```

（11）生成提示面板方法，在不同情况下提示面板的显示会发生变化：

```
//生成提示面板方法
//<param name="str">提示面板要显示的信息</param>
GameObject InsTips(string str) {
    //生成提示面板预置物
    GameObject go = Instantiate(Tips);
    //获取提示面板提示信息 Text 组件
    Text text = go.transform.Find("Text").GetComponent<Text>();
    //获取"下一步"按钮的 Button 组件
    Button nextBtn = go.transform.Find("NextButton").GetComponent<Button>();
    //获取"下一步"按钮上字体的 Text 组件
    Text nextBtnName = nextBtn.transform.Find("NextText").GetComponent<Text>();
    //按钮文字更新为"下一关"
    nextBtnName.text = "下一关";
    //获取"重新开始"按钮的 Button 组件
    Button restartBtn = go.transform.Find("RestartButton").
                            GetComponent<Button>();
    //获取"重新开始"按钮上的字体的 Text 组件
    Text restartBtnName = restartBtn.transform.Find("RestartText").
                            GetComponent<Text>();
    //更新文字为"重新开始"
    restartBtnName.text = "重新开始";
    //将传递进来的参数赋值给 Text 组件的 text 属性
    text.text = str;
    //将该提示面板设置为 Canvas 的子级
    go.transform.parent = canvas;
```

```
    //坐标位于 Canvas 的中心
    go.transform.position = canvas.transform.position;
    //为"下一步"按钮添加单击事件的监听
    nextBtn.onClick.AddListener(OnNextClick);
    //为"重新开始"按钮添加单击事件的监听
    restartBtn.onClick.AddListener(OnRestartClick);
    return go;                                 //返回本游戏对象
}
private void OnRestartClick(){                  //"重新开始"按钮单击事件
    SceneManager.LoadScene("SelectLevel");     //跳转场景到选择难度场景
}
```

（12）"下一步"按钮单击事件会根据玩家当前的游戏难度发生变化。单击"下一步"按钮游戏难度的变化情况如下。

① 玩家在 Easy 难度获胜，单击"下一步"按钮，会出现 Normal 难度关卡。

② 玩家在 Normal 难度获胜，单击"下一步"按钮，会出现 Hard 难度关卡。

③ 玩家在 Hard 难度获胜，单击"下一步"按钮，会跳转到难度选择场景。

```
// "下一步"按钮单击事件
private void OnNextClick(){
    score = 0;                                 //重置游戏得分为 0
    scoreText.text = "得分: " + score;         //更新得分的 UI 显示
    if (selectMode == GameMode.Hard) {         //如果当前难度为 Hard 模式
        SceneManager.LoadScene("SelectLevel"); //则直接跳转到选择难度场景
        return;
    }
    switch (selectMode) {                      //选择模式分支
        case GameMode.Easy:                    //当前模式为 Easy
            selectMode = GameMode.Normal;      //将模式设为 Normal
            break;                             //跳出分支
        case GameMode.Normal:                  //当前模式为 Normal
            selectMode = GameMode.Hard;        //将模式设为 Hard
            break;                             //跳出分支
            //当前模式为 Hard 时
        case GameMode.Hard:
            selectMode = GameMode.Easy;        //将模式设置为 Easy
            break;                             //跳出分支
    }
    InitGame(selectMode);                      //根据传递的参数，初始化游戏
}
```

3．为 Enemy 脚本添加代码，实现积分加 1 分的功能

当在 GameManager 脚本中编写完 AddScore()方法后，需要在 Enemy 脚本的 OnTriggerEnter()方法的最后添加一句代码：

```
GameManager.Instacne.AddScore();
```

当玩家触碰到敌人时敌人会消失，这时即可在界面上实现积分加 1 分的功能。

本章小结

（1）UI 是游戏与玩家交互最有效的方式，它们能向玩家传递信息、情感，甚至能够告诉玩家应该去哪里、应该做什么等。游戏 UI 就是游戏界面，如登录界面、背包栏、血条、技能条、角色信息栏、游戏商场等。

（2）Unity 中有 3 套常用的 UI 系统，本身自带的 UI 系统是 GUI 系统，多用于开发中的调试。由于之前传统的 UI 系统存在很多诟病，因此出现了很多 UI 插件，其中包括 NGUI、Easy GUI 等。NGUI 是第三方的 UI 插件，需要下载才可以使用。

（3）UGUI 是在吸收第三方插件的编程思想的基础上，自 Unity 4.6 推出的内置于 Unity 中的包，也是官方主推的 UI 系统。UGUI 脱胎于 NGUI，与 Unity 的兼容性更好，并且能更好地设置和操作组件，具有使用灵活、界面美观、支持个性化定制等特点。在 UI 设计，尤其是在移动端设计中 UGUI 具有不可或缺的作用。

（4）UI 组件主要包括 Canvas、Text、Image、Button、Toggle、Slider、Input Field 等。Canvas 是一个带有 Canvas 组件的游戏对象，是摆放所有 UI 元素的区域。Canvas 游戏对象是其他所有 UI 对象的根，在场景中创建的所有 UI 组件都会自动变为 Canvas 游戏对象的子对象，若场景中没有画布，那么在创建 UI 组件时会自动创建画布。

（5）UGUI 的每个组件都带有一个 Rect Transform 组件，它记录并表示一个 2D 的 UI 元素在屏幕中的位置、旋转和缩放这 3 种属性。Rect Transform 是为 UGUI 设计的组件，它增加了 Anchors 和 Pivot 这两个新的属性。

（6）Unity 的 Layout Group 是用来控制子布局元素的大小和位置的控制器。虽然 Layout Group 不能控制自己的大小，但是可以作为一个布局元素被其他控制器控制或被用户手动设置。Layout Group 分为 3 种：Horizontal Layout Group、Vertical Layout Group 和 Grid Layout Group。

思考与练习

1. 简述 UI 组件主要包含的组件，以及各组件的作用。
2. 简述 Anchors 和 Pivot 这两个属性的特点。
3. 制作一个声音控制面板，简述需要使用 UGUI 的哪些组件。
4. 制作一个血条，实现可以动态加血或减血的功能。
5. 制作一个冷却技能条，实现动态为小球加力的效果。

补充知识

根据锚点构成的图形不同，锚点位置的变化可分为 4 种情况，下面以一个 Image 对象为例分别介绍锚点位置及参数变化特点。

1）锚点构成一个矩形

当 4 个锚点构成一个矩形，宽和高均不为 0 时，用 UI 元素的矩形框的各条边到锚框的对应边的距离来定位，此时的面板如图 7-72 所示。Top 是 Image 矩形框的上边到锚点构成的矩形框上边的距离，Left、Right、Bottom 以此类推。Anchors 的值如图 7-73 所示。当 Image 矩形框在锚点构成的矩形框内部时，这 4 个数值都是正的，如果锚框的右边位于 Image 矩形框右边的左侧，则 Right 的值为负数，如图 7-74 所示。其他情况以此类推。

图 7-72

图 7-73

图 7-74

2）锚点构成一条水平线段

当 4 个锚点构成一条水平线段时，可以看作高度为 0、宽度不为 0 的矩形框，Pos Y 用轴心点到锚框水平线的距离来定位。水平方向用 UI 元素的左边和右边到锚框的对应边的距离来定位，即 Left 表示 Image 矩形框的左边到左边锚点（两个重合）的距离，Right 表示 Image 矩形框的右边到右边锚点（两个重合）的距离。此时的面板如图 7-75 所示。Anchors 的值如图 7-76 所示。

图 7-75

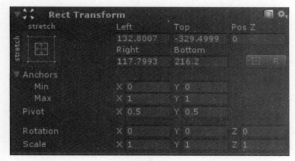
图 7-76

3）锚点构成一条竖直线段

当 4 个锚点构成一条竖直线段时，可以看作高度不为 0、宽度为 0 的矩形框，Pos X 用轴心点到锚框竖直线的距离来定位。竖直方向用 UI 元素的上边和下边到锚框的对应边的距离来定位，即 Top 表示 Image 矩形框的上边到上边锚点（两个重合）的距离，Bottom 表示 Image 矩形框的下边到下边锚点（两个重合）的距离。此时的面板如图 7-77 所示。Anchors 的值如图 7-78 所示。

图 7-77

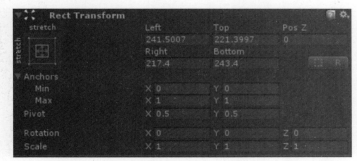
图 7-78

4）锚点重合为一点

当 4 个锚点重合为一点时，可以看作宽和高均为 0 的矩形框，用轴心点到锚点的水平距离和垂直距离来定位。Pos X、Pos Y 如图 7-79 所示。Width 和 Height 分别是 Image 矩形框的宽度和高度。Anchors 的值如图 7-80 所示。Pos X 和 Pos Y 是有方向的，其方向及 Pos X 和 Pos Y 均为负数的情况如图 7-81 所示。

图 7-79

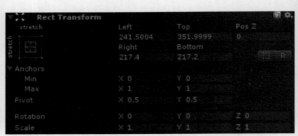

图 7-80

图 7-81

第 8 章 Mecanim 动画系统

 **8.1** Mecanim 动画系统概述

8.1.1 功能简介

Mecanim 是 Unity 4.0 之后引入的一套全新的动画系统。它具有重定向、可融合等诸多新特性，不仅可以帮助程序设计人员通过和美工人员的配合快速设计出角色动画，还便于预览动画效果。

Unity 的动画功能包括重定向动画、运行时对动画权重的完全控制、动画播放中的事件调用、复杂的状态机层级视图和过渡、面部动画的形状混合等，具体如下。

（1）为 Unity 的所有元素（包括对象、角色和属性）提供简单工作流程和动画设置。

（2）支持导入的动画剪辑及 Unity 内创建的动画。

（3）人形动画重定向能够将动画从一个角色模型应用到另一个角色模型。

（4）对齐动画剪辑的简化工作流程。

（5）方便预览动画剪辑，以及它们之间的过渡和交互。因此，动画师与工程师之间的工作更加独立，动画师能够在挂载游戏代码之前为动画构建原型并进行预览。

（6）通过提供可视化编程工具来管理动画之间的复杂交互。

（7）以不同逻辑对不同身体部位进行动画化。

（8）分层和遮罩功能。

8.1.2 动画剪辑和 Animation

Unity 动画系统有两个与动画相关的概念：帧和动画剪辑。传统动画中的帧，指的是一幅静止的画面（记录了场景及活动对象的即时状态），按时间顺序连续播放多幅静止画面就构成了动画。所谓动画剪辑，就是由一组连续播放的帧构成的动画片段。

Unity 开发环境集成 Animation 窗口来生成、调试和修改动画剪辑。每个动画剪辑在 Animation 窗口中对应一条或多条时间线（TimeLine），用来记录二维或三维坐标系下游戏对象的 transform 属性在时间线上的变化（如位移、大小、旋转等）。在 Unity 资源中，以.anim 为扩展名的文件就是 Animation 文件，其中记录了动画剪辑信息。

Unity 支持的 Animation 动画类型有 3 种，如图 8-1 所示。

（1）Legacy：传统动画，旧版本动画类型，动画剪辑信息一般保存在 Animation 文件或导入的*.fbx 文件中。

（2）Generic：通用动画，启用该选项，模型将不会创建骨骼映射，人形动画相关设置关闭，动画剪辑信息一般内置在.fbx 文件中。

（3）Humanoid：类人动画，启用该选项，模型将创建骨骼映射，人形动画相关设置开启，

动画剪辑信息一般内置在.fbx 文件中。

图 8-1

在 Unity 编辑器下快速创建动画剪辑并保存在 Animation 文件中的常用方法有两种。

方法一

在任意一个 3D 文件的场景下右击，在弹出的快捷菜单中选择 Project→Create→Animation 命令，创建一个 Animation 文件，创建后的文件显示为时钟图标。

使用 Animation 文件的方法如下：先将 Animation 文件拖到需要设置动画的游戏对象上面，然后选中该游戏对象，按"Ctrl+6"组合键，弹出 Animation 窗口，在时间轴上右击，插入关键帧，在关键帧中对游戏对象的一些属性进行编辑，如图 8-2 所示。

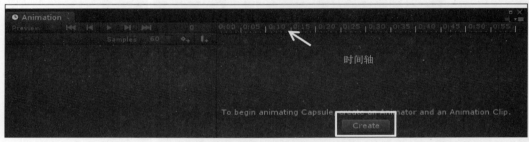

图 8-2

方法二

（1）选中场景内的游戏对象，按"Ctrl+6"组合键，弹出 Animation 窗口，Animation 窗口左侧上方的 Preview 按钮用于切换至动画预览模式，红色按钮用于录制动画（切换至动画录制模式），后面的按钮用于预览动画（跳至开头\前一帧\播放或暂停\后一帧\跳至结尾）。0 用于标识右侧时间轴上白线所处位置的帧编号，Samples 下方用于显示动画依赖的游戏对象属性。60 代表动画帧频，帧频越低，动画播放的速度越慢。窗口右侧上方是时间轴，下方的 Create 按钮用于创建动画剪辑并绑定到 Animator 组件。

单击 Animation 窗口右侧的 Create 按钮，弹出 Create New Animation 对话框，输入动画名，然后单击"保存"按钮即可创建名为 move 的 Animation 文件，如图 8-3 所示。

图 8-3

　　将鼠标指针移到点亮的红色按钮 ■ 上，单击该按钮即可进入动画录制状态，随后对游戏对象的一些属性进行编辑，窗口的右侧就会自动插入关键帧，如图 8-4 所示。

图 8-4

　　随后隔几帧在时间线刻度上单击，让时间线移过去，再次对游戏对象的属性进行编辑（如位移）即可生成另外的关键帧，将刚才的动作重复若干次，生成连续动画之后，关闭红色按钮。单击"播放或暂停"按钮 ▶ 即可预览动画效果。

　　（2）在创建 move.anim 文件的同时，编辑器会自动生成一个和游戏对象同名的 Controller（控制器）文件来控制该动画的行为，并且在游戏对象的 Inspector 视图中会自动生成一个 Animator 组件来完成和新建控制器的绑定，如图 8-5 所示。

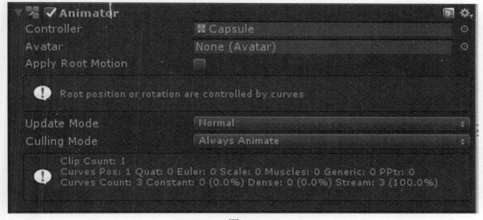

图 8-5

　　注意：在 Unity 4.6 版本之前，Animation 文件是通过 Animation 组件把动画剪辑关联到游戏对象上的（Animation 组件默认关联 Legacy 类型的动画）。在 Unity 5.x 版本以后则增加了 Animator 组件来代替 Animation 组件，为了兼容旧版本，新版编辑器也继续支持直接用 Animation 组件关联 Animation 文件。

　　在 Unity 新版本的编辑器下，可以在游戏对象上先添加 Animation 组件，随后按"Ctrl+6"组合键调出 Animation 窗口，单击 Create 按钮创建并保存 Animation 文件，通过这种方式创建的动画默认为 Legacy 类型（判断 Animation 文件中保存的动画剪辑是否为 Legacy 类型的方法如下：利用记事本或 notepad 文本编辑器打开保存后的 Animation 文件，找到 AnimationClip 信息后的 Legacy 选项。若对应的参数值为 1，则是 Legacy 类型的动画；若对应的参数值为 0，则不是 Legacy 类型的动画），能和游戏对象直接关联，在场景运行时能正常播放，如图 8-6 所示。

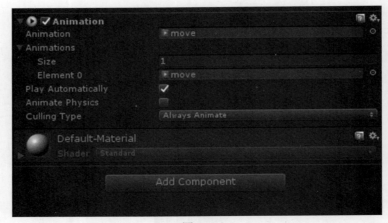

图 8-6

如果将已经存在的 Animation 文件（先期创建的，与当前游戏对象并无任何关联，默认动画不一定是 Legacy 类型的）直接拖到游戏对象的 Animation 组件对应的位置上，则场景运行时，动画剪辑可能无法播放。要解决这个问题，必须先选中该文件，将其调成 Debug 模式，如图 8-7 所示。

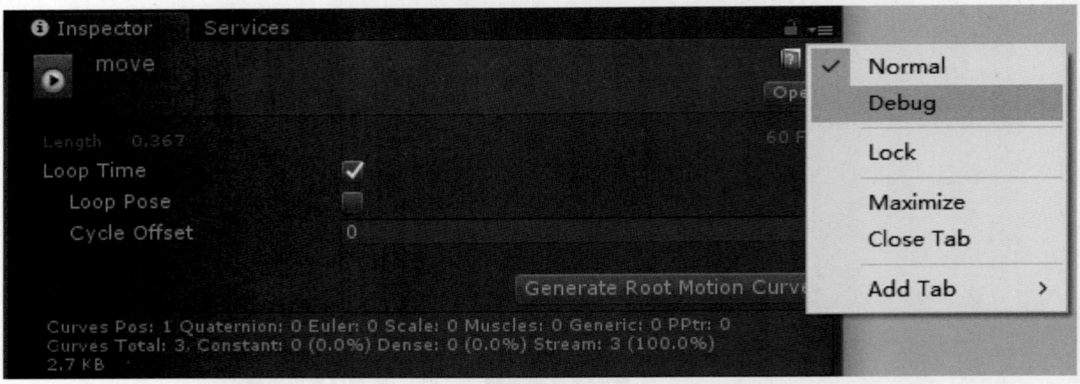

图 8-7

勾选 Legacy 复选框，如图 8-8 所示，然后切换至 Normal 模式才能正常关联。

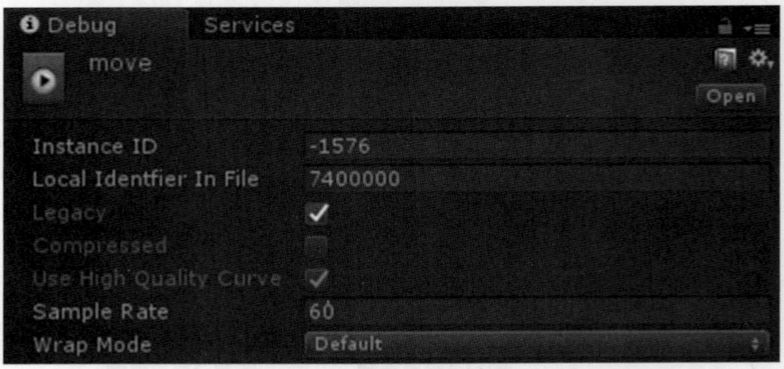

图 8-8

8.1.3　Unity 动画控制流程

创建动画剪辑只是 Unity 动画的起始阶段。动画剪辑描述了游戏对象能完成哪些动画和动画细节，并没有解决何时播放动画、如何响应的问题。复杂的动画不仅要包含动画剪辑及配套模型，还要和具体的游戏对象相关联，通过动画控制器附加动画行为来实现人机交互。

动画涉及的剪辑和模型大多数来自外部资源，由美术师或动画师使用第三方工具（如 Autodesk 3ds Max）创建而成，或者来自动作捕捉工作室或其他地方。下面简单介绍借助外部资源来导入动画信息、控制动画行为的一般流程。

1．创建模型和动画剪辑

借助第三方三维软件创建动画剪辑和模型，然后导出为.fbx 资源文件（注意勾选动画信息相关选项）。

2．控制和组织动画

将导出的.fbx 文件导入 Unity 资源文件夹中，动画剪辑将被编入名为 Animator Controller 的一个类似于流程图的结构化系统中。Animator Controller 充当"状态机"，负责跟踪当前应该播放哪个剪辑，以及动画应该何时改变或混合在一起。

简单的 Animator Controller 可能只包含一个或两个剪辑。复杂的 Animator Controller 可以包含用于主角所有动作的几十段人形动画，并且可能同时在多个剪辑之间进行混合，从而为玩家在场景中的移动提供流畅的动作。

Unity 的动画系统还具有处理人形角色的许多特殊功能，这些功能可以让人形动画从任何来源（如动作捕捉、Assets Store 或某个其他第三方动画库）重定向到角色模型中，并且可以调整肌肉定义。

3．整合到游戏对象

所有这些部分（动画剪辑、Animator Controller 和 Avatar）都通过 Animator 组件一起附加到某个游戏对象上。该组件引用了 Animator Controller，并（在必需时）引用此模型的 Avatar。Animator Controller 又进一步包含所使用的动画剪辑的引用。

8.2　人形角色动画

Mecanim 动画系统适用于人形角色动画的制作。人形骨架是在游戏等应用中普遍采用的一种骨架结构，除极少数情况外，人形骨架均具有相同的基本结构，包括头部、躯干、四肢等，如图 8-9 所示。Mecanim 正是充分利用这个特点来简化骨骼绑定和动画控制过程的。

创建人形角色动画的一般过程如下：制作模型和动画资源，导入模型，创建和配置 Avatar。下面介绍创建人形角色动画的各个过程。

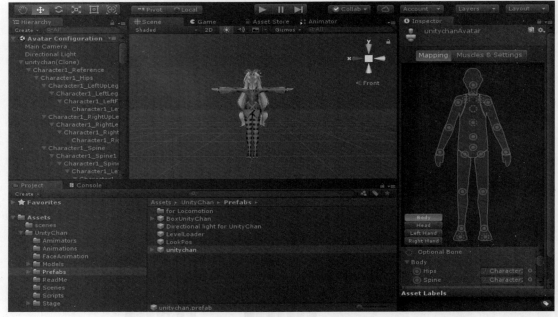

图 8-9

8.2.1　制作模型和动画资源

1．利用建模软件制作 3D 模型

使用建模软件构建模型的过程被称为建模。Unity 只支持三角形和四边形的多边形网格模型，其他形式的面都要转换成这两种多边形才能被其使用。在保证模型外观不失真的前提下，需要尽量减少多边形面和顶点的数量，以降低渲染时的资源消耗。

创建模型后，如有必要可在模型导出前附加材质贴图，并把相关材质一并复制到 Unity 资源文件夹中，保持导出后的.fbx 文件、材质贴图的名称、相对路径等信息不变。模型如果有多个动画片段，则可以先按顺序将其整合在一起（后期在 Unity 中逐一裁剪），也可以直接将其分解成多段动画剪辑，以独立的.fbx 文件保存。

2．利用建模软件制作动画资源

（1）骨骼绑定。骨骼绑定是指给已经制作好的人物、动物、机械等三维模型架设骨骼层级，该层级定义了网格内部的骨骼结构及其相互运动关系。

（2）蒙皮。由于骨骼与网格模型是相互独立的，为了让骨骼驱动模型产生运动，需要把模型与骨骼关联起来，这个把模型绑定到骨骼上的过程被称为蒙皮，蒙皮时要留意顶点权重大小，如果权重分配不合理，那么在制作动画时会遇到穿模问题，如图 8-10 所示。

（3）制作骨骼动画。骨骼动画的调整和蒙皮没有先后顺序，通常先给模型蒙皮，然后边调试边修改骨骼动画（在骨骼调整到位以后，也可以抛开模型，单独制作动画），以确定模型的运动姿态。

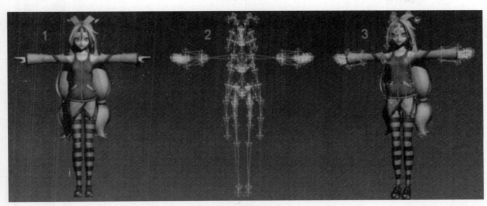

图 8-10

8.2.2　导入模型

1．利用建模软件将 3D 模型导出为.fbx 文件

.fbx 文件（FilmBoX 格式文件）主要用于三维设计软件之间进行模型、材质、动作和摄像机信息的互导。导出的.fbx 文件具有以下特点。

（1）导出的网格信息中可以包含骨骼层级、法线、纹理及动画信息。

（2）可以将网格模型重新导入建模软件中使用。

（3）可以直接导出不包含网格的动画信息，这在调试修改角色动画时具有重要作用。

（4）可以通过划分多个模型文件的方式来导入动画片段，这也是 Unity 官方建议的分解动画的方式。

（5）需要遵循 Unity 指定的动画文件命名方案，然后创建独立的模型文件，即按照 modelName@animationName.fbx 或 animationName@modelName.fbx 的格式命名。

例如，对于一个名为 unitychan 的模型，用户可以分别导入空闲、走路、跳跃等动画文件，并将它们分别命名为 unitychan@Idle.fbx、unitychan@Jump.fbx 和 unitychan@Walk.fbx，如图 8-11 所示。

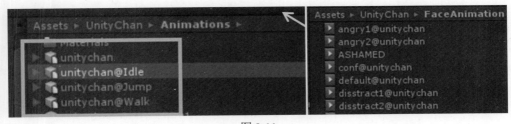

图 8-11

2．将.fbx 文件导入 Unity 中

在 Unity 中使用角色模型之前，需要先将其导入项目中。Unity 不仅可以导入原生的 Maya（.mb 或.ma）、3D Studio Max（.max）和 Cinema 4D（.c4d）文件，还可以导入从大多数动画软件中导出的通用的.fbx 文件。在导入角色模型时，只需要将模型文件直接拖到 Project 视图的

Assets 文件夹中。然后选中模型就可以在 Inspector 视图的 Import Settings 面板中进行属性设置，如图 8-12 所示。

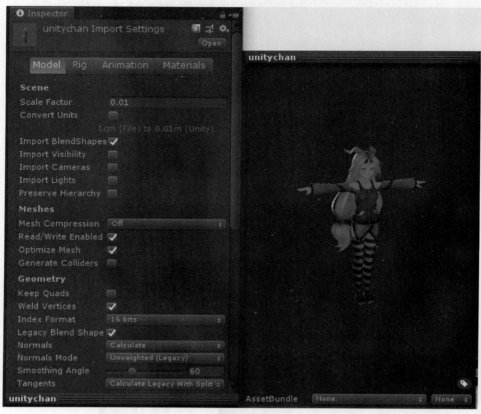

图 8-12

8.2.3 创建和配置 Avatar

Avatar 是 Mecanim 动画系统中实现动画绑定的一个接口，该接口可以实现骨骼和肌肉系统的匹配，从而保证角色在执行动画时能够按照预先设定的顺序来运动。

导入模型后，选中资源库中的模型文件，在 Inspector 视图的 Import Settings 面板中有 4 个选项卡：Model、Rig、Animation、Materials。单击 Rig 选项卡，将 Animation Type 设置为 Humanoid，即双足类型的动画，随后单击 Apply 按钮，即可创建 Avatar，模型展开后的人形图标即为 Avatar。

单击 Configure…按钮，进入骨骼和肌肉系统的匹配阶段，编辑和查看骨骼绑定是否正确。其中，实线圆圈表示骨骼是必须匹配的，虚线圆圈表示骨骼是可选匹配的。切换到 Muscles 选项卡，通过拖动滑块来检查模型匹配是否正确。经过调整，在导入的模型骨架、肌肉设置没有任何问题的情况下，可以直接单击 Done 按钮，完成确认。如果 Mecanim 未能成功创建 Avatar，则在 Configure…按钮旁边会出现一个"×"标记。如果匹配成功，则在 Configure…按钮旁边会出现一个"√"标记，如图 8-13 所示。

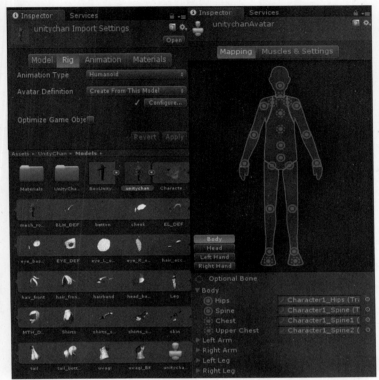

图 8-13

8.3　Animator Controller

8.3.1　Animator 组件

Animator 是 Animation 的集合，在创建 Animation 时会自动创建 Animator。Animator 组件是关联角色及其行为的纽带，在游戏中使用角色动画，通过它可以安排或调用里面所有的 Animation，如图 8-14 所示。

Animator 组件引用了一个 Animator Controller，用于控制角色的行为。除了 Animator Controlle，Animator 组件还包括以下几个属性。

（1）Avatar：该角色的 Avatar。

（2）Apply Root Motion：该属性表示是通过动画自身来控制角色的位置与朝向，还是通过脚本来控制角色的位置与朝向。

（3）Update Mode：动画的更新模式。Normal 表示使用正常更新。Animate Physics 表示使用物理更新（一般用于和物体有交互的情况下）。Unscaled Time 表示忽略时间，常用于 UI 动画，不会因为暂停而不播放。

（4）Culling Mode：动画的裁剪模式。Always Animate，就算摄像机看不到动画还要继续播放；Cull Update Transform，摄像机看不见不更新，但是位置更新还是有的；Cull Completely，只要摄像机看不见就什么也不动。

图 8-14

Animation 和 Animator 虽然都用于控制动画的播放，但是它们的用法和相关语法大不相同。Animation 用于控制一个动画的播放；Animator 则用于控制多个动画之间的相互切换，并且还有一个动画控制器用来进行动画的切换。Animator 还可以控制材质的属性，但 Animator 的初始化比较消耗 CPU，占用的内存也比 Animation 占用的内存多。

8.3.2 动画控制器

如果将 Avatar 看作模型的身体和骨骼实现匹配的接口，那么 Mecanim 的核心组件 Animator Controller 就是将动画和模型实现绑定的接口。动画控制器对应*.controller 资源文件，在 Project 右侧窗口空白处右击，在弹出的快捷菜单中选择 Create→Animator Controller 命令，如图 8-15 所示，创建动画控制器。

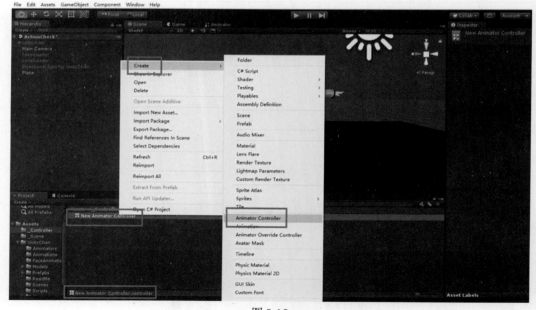

图 8-15

双击动画控制器文件可以打开动画控制器视图，如图 8-16 所示。

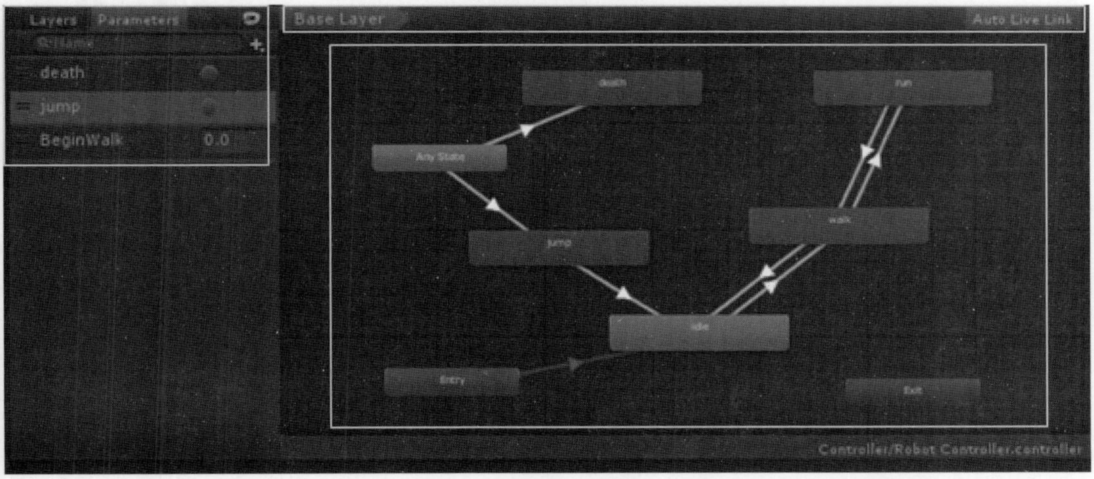

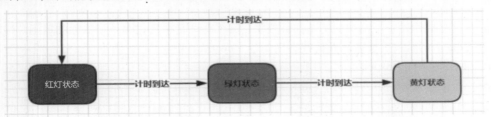

图 8-16

动画控制器视图包含以下几部分内容。

（1）Layers/Parameters 面板。该区域实际上由两个选项卡构成，分别是 Layers 和 Parameters。Layers 选项卡显示动画层级，通过设置不同的层级可以对动画状态实现分层的控制与管理。Parameters 选项卡显示动画控制器的属性列表，对应的属性有 4 种类型，分别是 Float、Int、Bool 和 Trigger。

（2）Layer 层次导航栏。该区域显示了当前状态机所在的 Layer 层次结构，在默认情况下为 Base Layer。

（3）动画层级窗口。该区域是设置动画状态切换的主场所。

注意：动画控制器视图总是显示最近被选中的 .controller 资源文件，而与当前所处的场景无关。

8.3.3　动画状态机

动画层级窗口通过动画状态机来设置动画状态的切换。下面首先介绍状态机的相关概念，然后介绍动画状态机的构成。

1．状态机的引入

状态机的应用实例在生活中比比皆是，如十字路口的交通信号灯。交通信号灯构成的状态机具有 3 种状态，分别是红灯状态、绿灯状态与黄灯状态。交通信号灯状态之间变换的触发条件是计时控制，每当当前状态的信号灯的倒计时归零时，将触发一次状态的迁移，如图 8-17 所示。

图 8-17

状态机的构成可以归结为 4 个要素，分别是现态、条件、动作和次态。

（1）现态：状态机当前所处的状态。

（2）条件：当一个条件满足时，将触发一个动作或执行一次状态迁移。

（3）动作：条件满足后执行的动作。动作执行完毕之后，既可以迁移到新状态，也可以仍旧保持原状态。

（4）次态：条件满足后要前往的新状态。次态是相对于现态而言的，次态一旦被激活，就会转变成新的现态。

Mecanim 动画系统借用计算机科学中状态机的概念来简化对角色动画的控制，其基本思想是使角色在某一给定时刻进行一个特定的动作。常用的动作有行走、跑步、跳跃等，每个动作被称为一种状态。在通常情况下，角色从一个状态切换到另一个状态需要一定的限制条件，这个限制条件被称为状态过渡条件。

注意：理解状态切换时要避免把某个"程序动作"当作一种"状态"来处理。"动作"是不稳定的，如果没有条件的触发，"动作"一旦执行完毕就会结束；而"状态"是相对稳定的，如果没有外部条件的触发，那么一个状态会一直持续下去。

2．动画状态机的构成

动画状态机包括动画状态、动画过渡和动画事件，而复杂的状态机还可以包含子状态机。动画状态机自身的可视化表达如图 8-18 所示。每个 Animator Controller 都会自带 3 个状态，即 Any State、Entry 和 Exit。

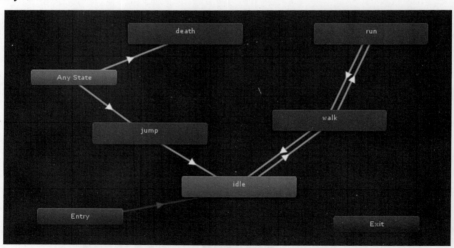

图 8-18

1）动画状态

动画状态是动画状态机中的基本组件模块，每个动画状态都包含一个单独的动画片段。黄色的状态（idle）表示默认状态，其他状态为灰色（death、jump 等）。当在动画状态机中选中一个动画状态时，就能在 Inspector 视图中查看它的属性。

（1）默认状态。显示为黄色（idle），它是指该状态机被首次激活时所进入的状态。

（2）Any State 状态。Any State 显示为浅绿色，它是一个始终存在的特殊状态，但不能作为一种独立的目标状态。它被应用于无论角色当前处于何种状态，都需要进入另外一个指定状态的情况下，即从任意一个动画状态都可以前往该指定状态。

（3）Entry。Entry 显示为绿色，是状态机必备的状态，充当状态机控制状态的入口。

（4）Exit。Exit 显示为红色，是状态机必备的状态，功能是退出状态机，结束所有动画状态。其他状态与其做过渡时可以施加过渡条件参数。

2）动画过渡

动画过渡是指由一个动画状态过渡到另外一个动画状态时发生的行为事件。在任意时刻，只能进行一次动画过渡。动画过渡条件列表（Conditions）决定该动画过渡在何时被触发。

一个动画过渡条件包括以下信息：一个动画参数；一个可选的判断条件，如大于或小于某个数值；一个可选的参数值。也可以使用一个归一化的退出时间作为动画过渡的触发条件，该退出时间是相对于整个动画片段时长的归一化表达。如果勾选"Has Exit Time"复选框，则表示在该动作完成后才允许切换，如图 8-19 所示。

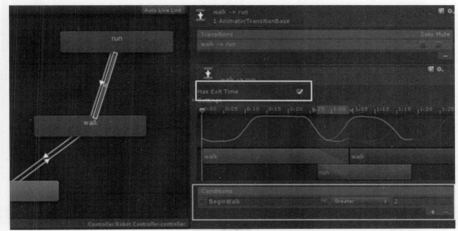

图 8-19

3．动画参数

动画参数是在动画系统中定义的一系列变量，可以通过脚本进行访问和赋值，参数值有 4 种基本类型，即 Float、Int、Bool、Trigger，如图 8-20 所示。

图 8-20

8.3.4　动画制作

示例：通过设计一个机器人动画来分析动画制作过程

设计一个机器人动画，按住不同的按键，如 W 键、K 键，可以实现不同的动作或行为，如向前走或原地跳动等动作。设计画面如图 8-21 所示。

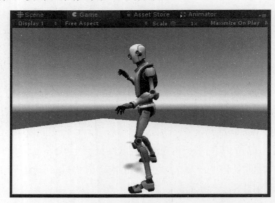

图 8-21

（1）创建场景。新建一个工程文件并重命名为 Robot，同时新建一个平面 Plane，作为机器人活动的平台。

（2）导入资源。该动画资源使用 Unity 官方 Asset Store 中的两个免费的资源包，一个是 Robot Kyle 资源包，另一个是 Mixamo 动作资源包。在 Unity 官方网站上登录后可以下载资源包，下载后导入当前工程中，选中需要添加的 Robot Kyle 并拖到场景中。

（3）配置动画模型。导入资源后，在 Project 视图中打开 Robot Kyle 资源文件夹，找到模型资源，选中它，在 Inspector 视图中单击 Rig 选项卡，将 Animation Type 设置为 Humanoid，即双足类型的动画。选择 Humanoid 类型后，Avatar Definition 属性默认为 Create From This Model，单击 Apply 按钮，即可通过当前的模型来生成一个 Avatar 配置文件，如图 8-22 所示。

图 8-22

然后单击 Configure…按钮进行编辑并查看骨骼绑定是否正确，切换到 Muscles & Settings 选项卡，通过拖动滑块来检查模型匹配是否正确，如图 8-23 所示。在这个案例中，由于导入的模型骨架没有任何问题，因此可以直接将 Inspector 视图右侧的滚动条拖到底部，然后单击右下角的 Done 按钮，完成确认。

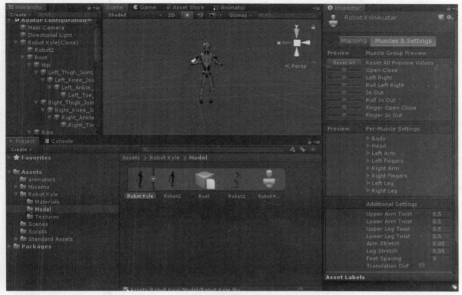

图 8-23

（4）创建动画控制器。创建一个名为 RobotAnimatorController 的动画控制器。双击该配置文件，打开 Animator 窗口，有 3 个 State 标志，即 Any State、Entry、Exit，如图 8-24 所示。状态机默认的执行顺序为 Entry（Animator 入口）→Default State（默认状态）→Next State（满足条件的下一个状态）→Exit（离开状态）。

图 8-24

（5）设置动画状态和动画过渡。新建一个名为 idle 的 State，设置成 Default State，代表在正常状态下执行这个 State 的动画。在 Entry 状态上右击，在弹出的快捷菜单中选择 Make Transition 命令，并连接到 idle 状态。单击 idle 状态，在 Inspector 视图的 Motion 属性中进行动画的绑定，选中其中的一个 idle 动画进行绑定即可，如图 8-25 所示。

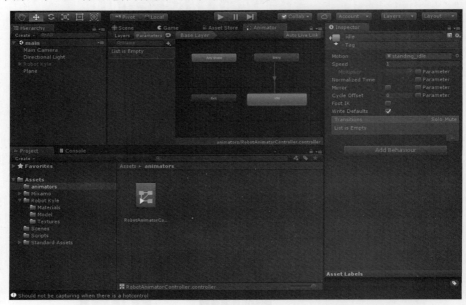

图 8-25

回到 Scene 视图，选中需要添加动作的 Robot Kyle，在 Inspector 视图中，单击 Add Component 按钮，添加 Animator 组件，然后把 RobotAnimatorController 拖到 Animator 组件的 Controller 属性框内即可，如图 8-26 所示。运行程序，Robot 已经可以做动作了。机器人虽然能动起来，但没有动作的切换。

图 8-26

（6）添加动画之间的切换。为 Animator 添加 hit 和 Walk Front 两个状态，然后右击 idle 状态，在弹出的快捷菜单中选择 Make Transition 命令，将其链接到 hit 状态，在 hit 状态上绑定动画 Standing_Jump，在 hit 状态上重复以上动作链接 idle 状态，并给 idle 状态绑定动画 Standing_idle，两个状态之间的互换就完成了。用同样的方法实现 idle 和 Walk Front 状态之间的链接，在 Walk Front 状态上绑定动画 Standing_Walk_Forward。

然后添加一个 Int 类型的状态参数，并命名为 ActionID，默认值为 0，如图 8-27 所示。

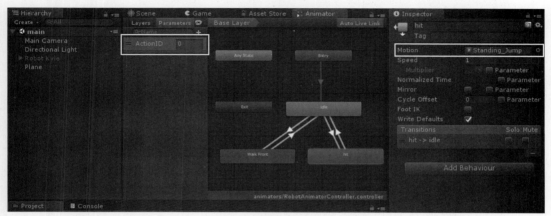

图 8-27

选中其中一个 Transitions，如 idle→Walk Front，然后在 Inspector 视图的 Conditions 中添加一个判断条件，参数为 ActionID，其行为是 Equals 值为 1，即当 ActionID 值为 1 时，Animator 执行 idle→Walk Front 状态，停止播放 idle，改为播放 Walk Front，如图 8-28 所示。

图 8-28

用同样的方法为其他的动画过渡添加判断条件。idle→hit 动画过渡的判断条件为 ActionID

行为是 Equals 值为 2；hit→idle 和 Walk Front→idle 动画过渡的判断条件为 ActionID 行为是 Equals 值为 0。

注意：如果勾选了 Has Exit Time 复选框，那么在转换动画时会有一定的延迟播放。

（7）控制动画行为。新建一个脚本并重命名为 Animation01，把脚本挂载到 Robot 游戏对象上。脚本功能预设为获取按下的键值，如 W 键和 K 键，然后改变 Animator 中 ActionID 的值，从而完成机器人的动作切换。

添加的代码如下：

```
using UnityEngine;
using System.Collections;
public class Animation1 : MonoBehaviour {
    private Animator m_Animator = null;
    void Start (){
        m_Animator = GetComponent<Animator>();//获取当前对象的 Animator
    }
    void Update (){
        if (Input.GetKeyDown(KeyCode.W))
            m_Animator.SetInteger("ActionID", 1);
        if (Input.GetKeyDown(KeyCode.K))
            m_Animator.SetInteger("ActionID", 2);
        if (Input.GetKeyUp(KeyCode.W)||Input.GetKeyUp(KeyCode.K))
            m_Animator.SetInteger("ActionID", 0);
    }
}
```

运行程序，按相应的键即可看到动画切换效果。

8.4 动画混合树

在游戏动画中，经常需要对两个或两个以上相似的运动进行混合，即通过插值技术实现多个动画片段的融合，其中每个动画片段对最终结果的贡献量取决于混合参数。混合树用于组合现有动画的各部分来平滑过渡多个动画。下面介绍混合树的相关操作。

1. 制作混合树

新建一个工程并重命名为 BlendTree，导入 Unity-chan Model.unitypackage 资源包。创建一个名为 unityChan 的场景，然后在 Assets 资源文件夹下，创建名为 PlayerRun 的动画控制器，双击该控制器打开 Animator 窗口，在 Animator 视图中的空白区域右击，在弹出的快捷菜单中选择 Create State→From New Blend Tree 命令，即可创建混合树。该混合树直接和 Entry 相连，充当整个状态机启动时的默认状态，如图 8-29 所示。

2. 添加动画混合树

Blend Tree（混合树）可以作为动画状态机中一种特殊的动画状态而存在。双击混合树，进入混合树编辑视图，在 Parameters 选项卡中先创建一个名为 MoveSpeed 的 Float 类型的参数（后面会用到），然后在混合树上右击会弹出两个菜单命名，如图 8-30 所示。Add Blend Tree 命名用于添加新的混合树以进行混合树之间的级联，Add Motion 命令用于添加当前混合树的子动画。

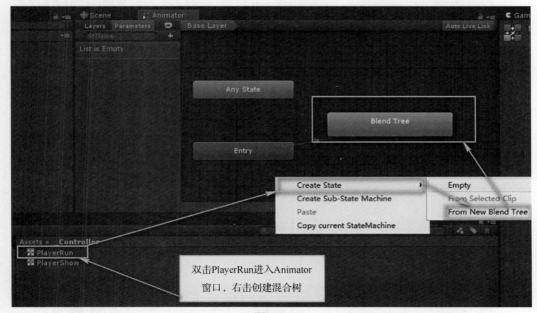

图 8-29

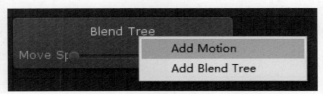

图 8-30

这里选择 Add Motion 命令添加子动画，随后 Inspector 视图的 Motion 列表会自动更新子动画列表项，如图 8-31 所示，单击 "+" 按钮也可以实现相同的效果。

图 8-31

单击 Motion 下面的 None(Motion)选项后面的齿轮图标，可以选择参与混合的动画片段，如选择 WALK00_F 动画片段，操作步骤如图 8-32 所示。

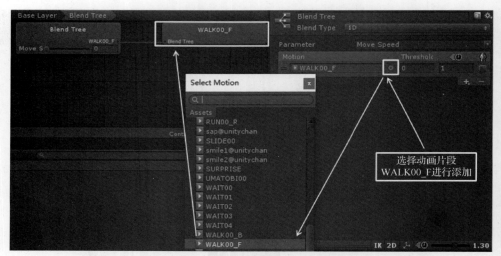

图 8-32

按照同样的操作方法，再添加一个 RUN00_F 动画片段，如图 8-33 所示。

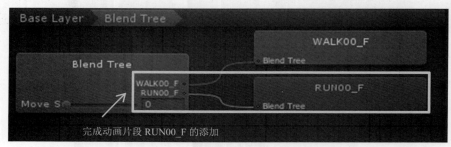

图 8-33

3．设置动画混合树的属性

在混合树的 Inspector 视图中，可以根据需要选择混合类型，包括 1D 混合和 2D 混合两种。其中，1D 混合是指通过一个参数控制动画混合，常用于控制游戏对象的速度、高度、旋转等单个属性，将属性的变化量化为参数值，通过参数变化影响动画权重，进而实现动画平滑过渡。2D 混合则是指通过两个参数控制动画混合，常用于切换游戏对象的转向，如利用一个参数控制前进和倒退，利用另一个参数控制左转和右转。下面介绍 1D 混合树和 2D 混合树的制作过程。

1）1D 混合树

（1）Motion 属性的参数。每个 Motion 属性都有动画片段、阈值、速度（速度的默认参数为1）、镜像这几个参数，如图 8-34 所示。

如果勾选 Automate Thresholds 复选框，则 Motion 上的阈值是由系统设置的。如果需要手动设置阈值，则需要取消勾选 Automate Thresholds 复选框。

Adjust Time Scale（调整时间比例）属性可以调整 Motion 的播放速度，对应速度列，包括 Homogeneous Speed（均匀速度）和 Reset Time Scale（重设时间比例）两个参数。

当取消勾选 Automate Thresholds 复选框之后，将显示新的属性 Compute Thresholds（计算阈值）。计算阈值提供的参数有 Speed（速度）、Velocity X（速率）、Velocity Y、Velocity Z、Angular

Speed(Rad)和 Angular Speed(Deg)。如果 parameter（参数）对应这些参数之一，则可以使用 Compute Thresholds（计算阈值）下拉列表计算阈值。

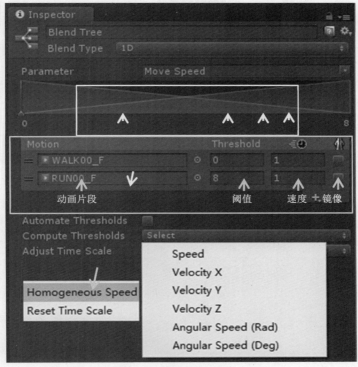

图 8-34

（2）动画混合解析。

动画混合树最核心的功能就是实现前后两个 Motion 的平滑过渡，而不是生硬地进行切换，混合是通过"参数值的变化引起动画权重的变化"来实现的。例如，完成从走过渡到跑，在此过程中，游戏对象的移动速度一直在匀速增加。

经过前面的操作，在混合树的 Parameters 选项卡中已经存在一个名为 MoveSpeed 的 Float 类型的参数来表示移动速度，假设游戏对象的起始速度为 0（阈值），动画开始时处于走状态，完全变成跑状态的最低速度为 8（阈值），二者的差值为 8。从走状态完全过渡到跑状态需要经过 N 个时间帧（1 个起始帧、1 个结束帧、$N-2$ 个过渡帧）。当起始帧阶段速度为 0 时，游戏对象完全处于走状态，在混合时走状态的权重处于最高值（归一化为 1），跑状态的权重处于最低值（归一化为 0），然后随着帧的推移，速度加快，走状态的权重逐渐降低，直到递减到 0，而跑状态的权重逐渐增加，直到递增到 1。当处于任意一帧时，MoveSpeed 的当前值可以通过公式"8×过渡帧编号/N"来量化，两个动画的权重之和则保持不变（恒为 1）。

时间轴上蓝色三角形的两条斜边对应动画权重的变化趋势。走的动画为左上角→右下角，跑的动画为左下角→右上角，如图 8-35 所示。

找到 unitychan 角色模型，将它拖到 Inspector 视图的右下角，然后单击"预览"按钮，随后拖动时间轴上的红色竖线或者拖动混合树上的滑块，即可观察动画混合效果，如图 8-36 所示。

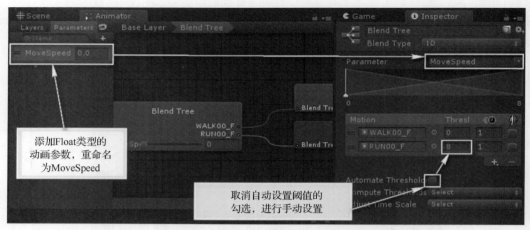

图 8-35

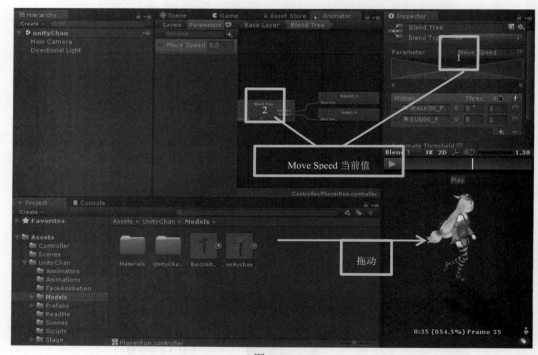

图 8-36

2）2D 混合树

2D 混合树需要在参数列表中设置两个参数。在前面工程的 Assets 资源文件夹下，再创建一个名为 ChangeDirection 的动画控制器，双击该控制器建立混合树，并与 Entry 相连，随后在参数列表中添加两个 Float 类型的参数，即 Left_Right、Up_Down。双击混合树，在 Inspector 视图中选择混合树类型为 2D Simple Directional，并添加 4 个 Motion，分别对应向前、向后、向左、向右 4 个动画，设置每个动画后面的 Pos X 和 Pos Y 的值，确保动画和移动方向一致，将 unitychan 角色模型拖到预览窗口，单击 Play 按钮即可预览动画，将橙色的圆点拖到视图的不同区域，转向的权重就会不断变化，驱动转向动画完成平滑过渡，如图 8-37 所示。

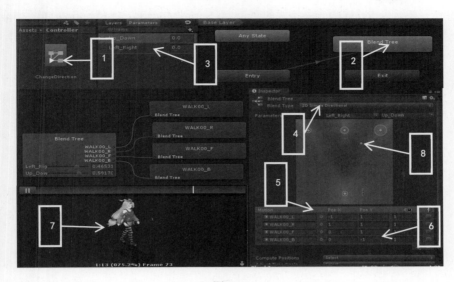

图 8-37

8.5 Sprite 动画剪辑

Unity 2D Animation 动画就是沿时间轴的关键帧动画，它是按照动作状态的先后顺序实现逐帧图片的拼接和顺序播放的。下面通过实例介绍 Sprite 动画剪辑的制作过程。

1. 导入素材

（1）建立一个 Unity 的 2D 工程，并重命名为 SpriteAnimation。新建一个名为 2D Sprites 的文件夹，导入.png 格式的相关图片素材（.png 格式可以保证背景透明且容易完成图片的 Slice 操作），如图 8-38 所示。

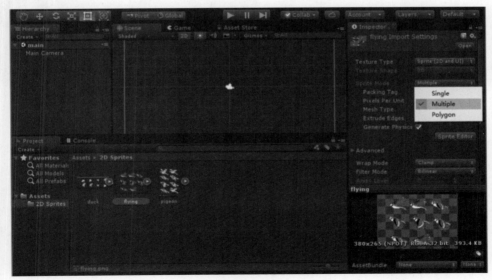

图 8-38

（2）选择一张名为 flying 的.png 格式的图片，将 Sprite Mode 调整为 Multiple，单击 Sprite Editor 按钮，在弹出的对话框中单击 Apply 按钮，即可弹出精灵图片编辑器，如图 8-39 所示。

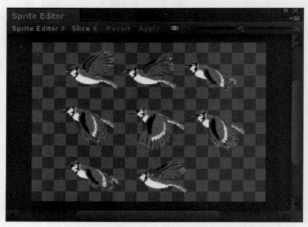

图 8-39

（3）先单击编辑器窗口左上角的 Slice 下拉按钮，然后单击 Slice 按钮，即可自动完成图片的识别和切割，切割图片的按钮如图 8-40 所示，切割图片的效果如图 8-41 所示。切割图片后关闭精灵图片编辑器。

图 8-40

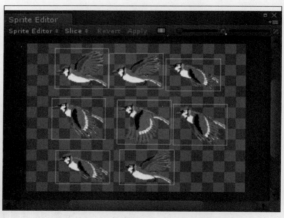

图 8-41

2. 创建 Sprite 动画同名控制器

（1）在主场景中新建一个空游戏对象，并重命名为 flyBird。在菜单栏中选择 Windows→Animation 命令，或者按"Ctrl+6"组合键调出 Animation 窗口，新建一个名为 bird 的动画并保存，如图 8-42 所示，生成 Animator 绑定同名控制器。

（2）选中编辑后的 flying 图片，单击图片上的三角形按钮，展开图片后选中所有被切割的图片，将其拖到 Animation 窗口的时间轴上，如图 8-43 所示。之后会自动创建多个关键帧，如图 8-44 所示。

图 8-42

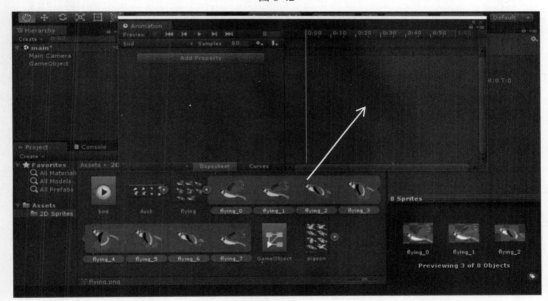

图 8-43

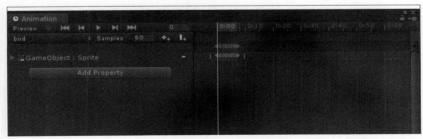

图 8-44

（3）调整 Samples 属性后面的帧频，由 60 调整为 4，让动画播放速度变慢。将空游戏对象的大小调整到合适的尺寸，然后单击"播放或暂停"按钮就可以预览动画，如图 8-45 所示。

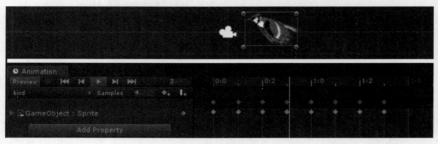

图 8-45

本章小结

（1）Mecanim 是 Unity 4.0 之后引入的一套全新的动画系统。它具有重定向动画、运行时对动画权重的完全控制、动画播放中的事件调用、复杂的状态机层级视图和过渡、面部动画的形状混合等功能，不仅可以帮助程序设计人员通过和美工人员的配合快速设计出角色动画，还便于预览动画效果。

（2）Unity 支持的 Animation 动画类型有 3 种，即 Legacy、Generic 和 Humanoid。Unity 开发环境集成了 Animation 窗口来生成、调试和修改动画剪辑。在 Unity 资源中以.anim 为扩展名的文件就是 Animation 文件，里面记录了动画剪辑信息。

（3）Mecanim 动画系统适用于人形角色动画的制作。人形骨架是在游戏等应用中普遍采用的一种骨架结构，除极少数情况外，人形骨架均具有相同的基本结构，包括头部、躯干、四肢等。Mecanim 正是充分利用这个特点来简化骨骼绑定和动画控制过程的。创建人形角色动画的一般过程如下：制作模型和动画资源，导入模型，创建和配置 Avatar。

（4）Mecanim 动画系统借用状态机的概念来简化对角色动画的控制，其基本思想是使角色在某一给定时刻进行一个特定的动作。动画状态机包括动画状态、动画过渡和动画事件，复杂的状态机还可以包含子状态机。

思考与练习

1．通过动画混合树实现游戏角色站在原地，根据指令向 4 个方向走或跑的动画融合。

2．通过代码控制角色控制器移动，并根据移动速度的变化播放不同的动画。

3．利用.png 格式的素材制作一个以森林图片为背景，包含骑士骑马飞奔、蝴蝶扇动翅膀飞舞的 2D 精灵动画。

4．利用动画制作一个射击类游戏，子弹碰到被射击对象后激活爆炸画面。

5．利用动画制作一个机械吊起重物，根据指令将重物放进仓库的场景。

6．制作一个"迷你"变形金刚，触碰它的不同部位，可以变换不同的形态，保持一段时间后再变回来。

7．制作一个拼装游戏，拼装组合完成后播放动画，动画播放完成后重新为游戏者提供新的拼装素材开始更高难度的挑战。

第 9 章　导航网格寻路

Unity 编辑器从 3.5 版本开始集成了导航网格寻路系统，并提供了便捷的用户操作界面，该系统可以根据用户所编辑的场景内容，自动生成用于导航的网格。在实际导航时，只需要为导航物体挂载导航组件，导航物体便会自行根据目标位置来寻找符合条件的路径，并沿着该路径行进到目标位置。

9.1　常见寻路技术概述

Unity 常见的寻路技术有两种：Unity 自带的网格寻路技术和 A*寻路技术。下面对这两种寻路技术进行简单的介绍。

9.1.1　Unity 自带的网格寻路技术

Unity 自带的寻路就是网格寻路（Nav Mesh Agent），主要用于静态网格自动寻路。网格寻路是利用 Nav Mesh（Navigation Mesh 的缩写）实现动态物体自动寻路的一种技术，将游戏中复杂的结构组织关系简化为带有一定信息的网格，在这些网格的基础上通过一系列的计算来实现自动寻路。除了 Nav Mesh Agent 组件，Unity 还包括 Off Mesh Link 组件（分离网络链接组件，用于描述不能用一般的可行走平面描述位置）、Nav Mesh Obstacle 组件（导航网格障碍物组件，用于描述角色需要避开动态障碍物）等，用于实现不同区域的寻路导航。

9.1.2　A*寻路技术

A*寻路（A* Pathfinding Project）是 Unity 官方基于 Unity 扩展编辑器开发的一款寻路插件，寻路原理基于的是 AStar 寻路新算法，也称作 A*寻路算法。A*寻路算法是一种寻找最短路径并避开障碍物的算法，是比较流行的启发式搜索算法之一，被广泛应用于路径优化领域。A*寻路算法的独特之处是在检查最短路径中每个可能的节点时，引入了全局信息，对当前节点与终点的距离做出估计，并作为评价该节点处于最短路径上的可能性的量度。

网格寻路与 A*寻路各有特点：网格寻路主要用于静态寻路，适用于场景状态变化不大的情况，CPU 消耗低；A*寻路主要用于动态寻路，适用于场景状态变化较大的情况，如游戏，但 CPU 消耗高。A*寻路是静态网格中求解最短路径最有效的方法，也是比较耗时的算法，不适用于寻路频繁的场合，一般适用于需要精确寻路的场合。

9.2　实现导航网格寻路的方式

9.2.1　使用 Nav Mesh Agent 组件实现寻路

使用 Nav Mesh Agent 组件实现自动寻路，只需要为导航物体挂载导航组件，导航物体就会自行根据目标位置来寻找符合条件的路径，并沿着该路径行进到目标位置。下面主要介绍物体自动到目标位置和物体跟随鼠标单击点位置两种常见的自动寻路方式。

1. 物体自动到目标位置寻路

（1）启动 Unity 应用程序，创建场景 AutoRun，在场景中创建 1 个 Plane（作为地面）及 4 个 Cube 对象，将它们分别移到适当的位置并调整为合适的大小，创建的场景效果如图 9-1 所示。

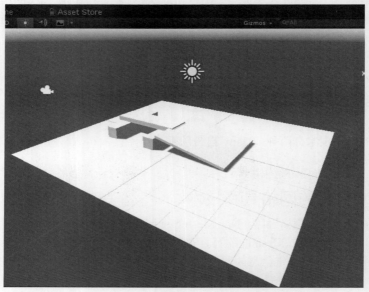

图 9-1

（2）在场景中分别选中 Plane 和 4 个 Cube 对象，单击 Inspector 视图右上角的 Static 下拉按钮，弹出下拉列表，在下拉列表中选择 Navigation Static 选项，设置导航静态属性，如图 9-2 所示。

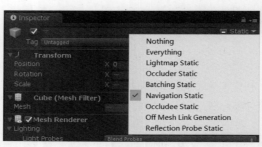

图 9-2

（3）在菜单栏中选择 Windows→AI→Navigation 命令，可以在应用程序右侧打开 Navigation 视图，通过单击不同的选项卡可以设置 Navigation 参数。Agents 选项卡和 Bake 选项卡中的参数设置如图 9-3 和图 9-4 所示。

切换至 Bake 选项卡，单击右下角的 Bake 按钮，即可生成导航网格，场景烘焙结果如图 9-5 所示。其中，蓝色网格便是目标角色自动寻路时可以到达的区域。

图 9-3

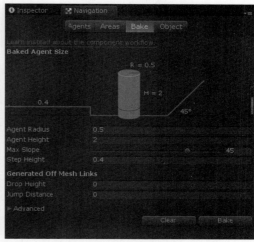
图 9-4

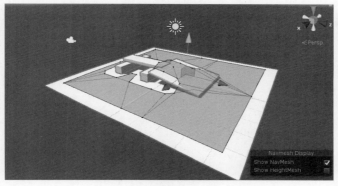
图 9-5

（4）新建一个 Capsule 对象并重命名为 Player，把它调整到合适的位置，添加紫色材质。选中 Player，在菜单栏中选择 Component→Navigation→Nav Mesh Agent 命令，为其添加导航组件，添加成功后 Player 上会出现绿色的包围圆柱，如图 9-6 所示。

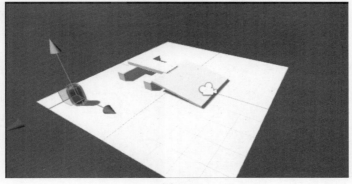
图 9-6

（5）新建一个 Cube 对象作为导航的目标对象，并重命名为 Target，添加红色材质，将目标对象移到适当的位置并调整为合适的大小，如图 9-7 所示。

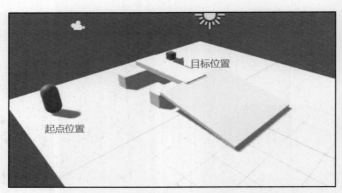

图 9-7

（6）新建一个名为 AutoRun 的脚本，并挂载到 Player 对象上。在 AutoRun 脚本中添加代码，设置目标对象，并把目标对象的位置设为导航的目标位置，这样就可以实现自动导航。

AutoRun 脚本添加的代码如下：

```
using System.Collections;
using System.Collections.Generic;
using UnityEngine;
using UnityEngine.AI;
public class AutoRun: MonoBehaviour {
    public Transform targetObject;
    void Start () {
        if(targetObject !=null) {
            GetComponent<NavMeshAgent>().destination = targetObject.position;
        }
    }
}
```

（7）打开 Player 对象的 Inspector 视图，在 AutoRun 脚本组件上，把 Target 拖到 Target Object 属性框中设置好目标对象，如图 9-8 所示。运行程序，就可以看到胶囊体自动行走到目标位置，如图 9-9 所示。

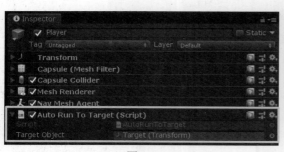

图 9-8   图 9-9

2．物体跟随鼠标单击点位置寻路

（1）启动 Unity 应用程序，创建新场景 FollowMouse，在场景中创建一个 Plane（作为地面）及多个 Cube 对象，调整各个 Cube 对象的 transform 属性，对两个较大的 Cube 对象添加相应的材质作为可行走的区域，将白色的 Cube 对象作为障碍物。新建一个 Sphere 对象并重命名为 Player，作为移动角色。创建的场景效果如图 9-10 所示。

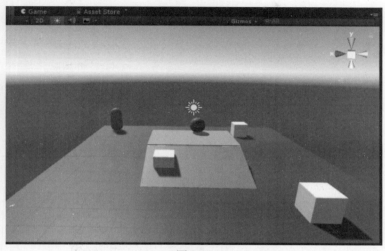

图 9-10

（2）在 Hierarchy 视图中选中 Plane 和两个彩色的 Cube 对象，添加 Navigation Static 属性，打开 Navigation 视图，单击 Navigation 视图右下角的 Bake 按钮进行烘焙，生成导航路径。烘焙生成的导航网格（蓝色区域）如图 9-11 所示。

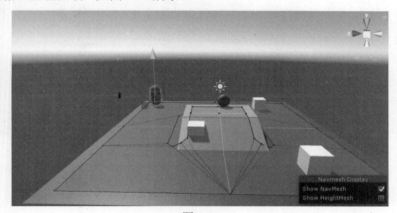

图 9-11

（3）为移动角色 Player 添加 Nav Mesh Agent 组件，并创建脚本 FollowMouse，将其挂载到 Player 对象上。为 FollowMouse 脚本添加代码，利用 Unity 的射线方法实现鼠标单击哪里，Player 就会寻路到哪里。

FollowMouse 脚本添加的代码如下：

```
using UnityEngine;
using System.Collections;
```

```
using UnityEngine.AI;
public class FollowMouse: MonoBehaviour {
    NavMeshAgent Agent;
    void Start (){
        //获取导航网络代理组件
        Agent= GetComponent< NavMeshAgent>();
    }
    void Update (){
        if (Input.GetMouseButtonDown(0)) { //鼠标左键是否按下，0 代表左键
            //获取到一个射线 ray，即把屏幕坐标（鼠标单击位置）转换成一条 ray
            Ray ray = Camera.main.ScreenPointToRay(Input.mousePosition);
            RaycastHit hit; //使用 RaycastHit 保存碰撞信息
            //进行射线检测。如果发生碰撞，则将碰撞信息保存到 hit 中
            if (Physics.Raycast(ray, out hit)) {
                //通过 hit.point 获取碰撞位置，并设为导航的目的地
                Agent.SetDestination(hit.point);
            }
        }
    }
}
```

（4）运行程序，可以看到鼠标单击哪里，Player 就会寻路到哪里，如图 9-12 所示。

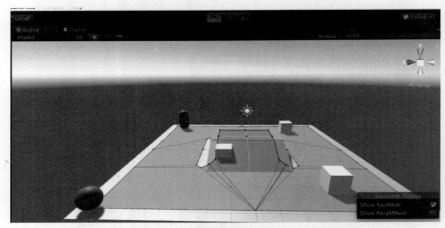

图 9-12

注意：当单击的位置不在生成的导航网格蓝色区域内时，Player 是不动的，只有单击的位置在导航网格蓝色区域内时 Player 才会移动。

9.2.2　使用 Off Mesh Link 组件实现寻路

地形之间可能有间隙形成沟壑，或者高台不能跳下，此时导航网格处于非连接的状态，角色无法直接跳跃，要绕一大圈才能到达目的地。Off Mesh Link 组件支持手动指定路径，将已经生成的分离网格连接起来以解决这种问题。下面通过一个实例来说明使用 Off Mesh Link 组件实现导航寻路的方法。

（1）启动 Unity 应用程序，创建新场景 OffMeshLink，在场景中创建一个 Plane（作为地面）

及多个 Cube 对象，创建两个 Capsule 对象并重命名为 StartPosition 和 EndPosition，调整各个对象的 transform 属性，构建的场景效果如图 9-13 所示。

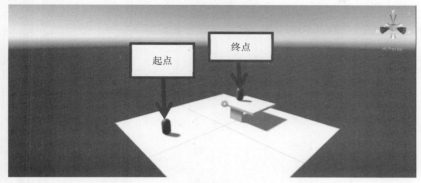

图 9-13

（2）在 Hierarchy 视图中选中 StartPosition，在 Inspector 视图中单击 Add Component 按钮，弹出快捷面板，在搜索栏中输入 Off Mesh Link 的前两个字母，在 Search 选项下面就会出现 Off Mesh Link 组件，如图 9-14 所示，单击 Off Mesh Link 组件可以将其添加到 StartPosition 属性面板中。

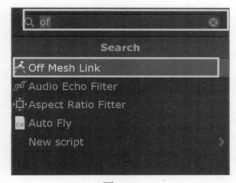

图 9-14

（3）将 StartPosition 和 EndPosition 拖到 Off Mesh Link 组件的 Start 属性和 End 属性框中，为 Start 属性和 End 属性分别添加 StartPosition 和 EndPosition，如图 9-15 所示。

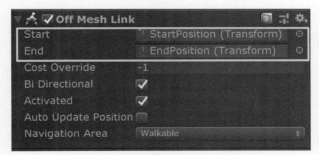

图 9-15

（4）选中 Plane 和构成平台的 Cube 对象，添加 Navigation Static 属性。打开 Navigation 视图，单击"Bake"按钮进行烘焙，生成导航网格。这时生成了一条从 StartPosition 到 EndPosition 的线，

即从 Off Mesh Link 的起点（Start）到终点（End）的连线，如图 9-16 所示。当移动角色在寻路移动时，就可以通过这条连线从起点移动到终点，不受高度、宽度等的限制，如爬梯子、飞跃峡谷等情况，都可以通过建立这样一条连线来实现。

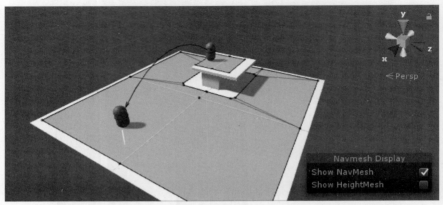

图 9-16

（5）新建一个 Sphere 并重命名为 Player，作为移动对象，为其添加 Nav Mesh Agent 组件。新建一个 Cylinder 并重命名为 targetObject，将其放置到平台上并调整好位置，作为导航的终点，如图 9-17 所示。

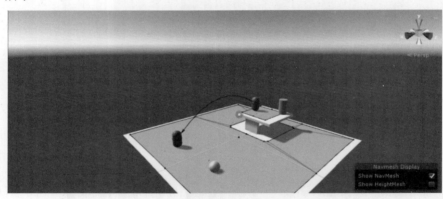

图 9-17

（6）为 Player 对象添加自动寻路脚本 AutoRun，添加的代码如下：

```
using System.Collections;
using System.Collections.Generic;
using UnityEngine;
using UnityEngine.AI;
public class AutoRun: MonoBehaviour {
    public Transform targetObject;
    void Start () {
        if(targetObject !=null) {
            GetComponent<NavMeshAgent>().destination = targetObject.position;
        }
    }
}
```

（7）把 targetObject 拖到 AutoRun 脚本组件的 Target Object 属性框中进行赋值。运行程序，就可以看到小球从地面飞上高的平台到达目标位置，如图 9-18 所示。

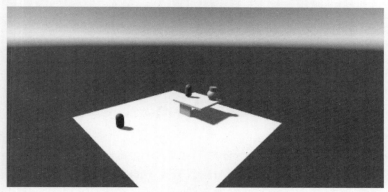

图 9-18

生成导航网格有两种方法：第一种方法是为移动对象添加 Off Mesh Link 组件，设置属性 Start 和 End，单击 Navigation 视图中的 Bake 按钮，即可生成导航网格。第二种方法是手动创建 Off Mesh Link，即在 Navigation 视图的 Object 选项卡中选中 Off Mesh Link Generation 选项（在选中 3D 对象的前提下才能看到该选项），单击 Navigation 视图中的 Bake 按钮，即可生成导航网格。

注意：在通常情况下，手动创建 Off Mesh Link，需要先设置 Bake 选项卡中的属性 Drop Height 或 Jump Distance，前者控制跳跃高台的最大高度，后者控制跳跃沟壑的最大距离。否则，手动选中 Off Mesh Link Generation 选项，返回之后场景内并不会出现 Off Mesh Link。

9.2.3　使用自定义层实现寻路

使用导航网格寻路经常会遇到阻挡，这时可以利用自定义层，在导航运行过程中根据条件满足与否显示或隐藏通路的阻挡，重新设置导航路径，使导航物体从一个新的可通过的层上经过到达目标位置。下面通过一个实例来说明使用自定义层实现导航寻路的方法。

（1）启动 Unity 应用程序，创建新场景 Layer，在场景中创建 3 个 Plane（作为地面），分别重命名为 Plane1、Plane2 和 DoorLayer（中间位置），调整各个对象的 transform 属性，构建的场景效果如图 9-19 所示。

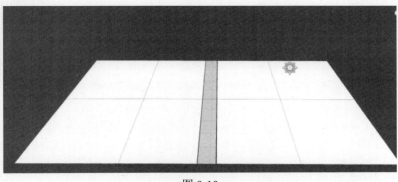

图 9-19

（2）打开 Navigation 视图中的 Areas 选项卡，添加一个新的层 Door，如图 9-20 所示。

图 9-20

（3）打开 Navigation 视图中的 Object 选项卡，把 3 个地面的 Static 均设置为 Navigation Static，同时选中 Plane1 和 Plane2，将 Navigation Area 设置为 Walkable，如图 9-21 所示。把 DoorLayer 的 Navigation Area 设置为 Door，如图 9-22 所示。

图 9-21

图 9-22

（4）单击 Bake 选项卡中的 Bake 按钮进行烘焙，生成导航网格，如图 9-23 所示。

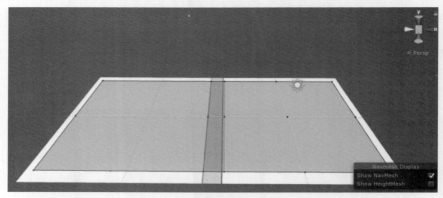

图 9-23

（5）添加一个 Cube 对象并重命名为 Door，作为导航路径的障碍物，调整其 transform 属性，使其位于 DoorLayer 上；添加一个 Cube 对象并重命名为 Target，作为目标对象；添加 Sphere 对象并重命名为 Player，作为移动对象，为其添加 Nav Mesh Agent 组件。为 Target 和 Player 添加不同的材质，并调整到障碍物两侧的合适位置。最后的场景布局如图 9-24 所示。

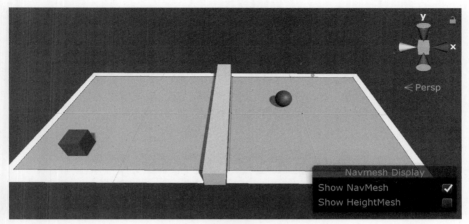

图 9-24

（6）为 Player 添加自动寻路脚本 AutoRun，实现通过按键控制障碍物隐藏或销毁后，导航物体能继续自动寻路，使导航物体经过一个自定义层 Door 到达目标位置。在 Player 的 Inspector 视图中，将 Target 拖到脚本组件的 Target Object 属性框中，为 Target Object 属性赋值，然后将 Player 拖到脚本组件的 player 变量中，为 player 变量赋值。添加如下代码：

```
using System.Collections;
using System.Collections.Generic;
using UnityEngine;
using UnityEngine.AI;
public class AutoRun : MonoBehaviour {
    public Transform targetObject;
    public NavMeshAgent player;
    GameObject door;
    void Start () {
        door = GameObject.Find("Door");
        SetDestination();
    }
    void Update (){
        if (Input.GetKey(KeyCode.V)) {
            door.SetActive(false);
            //层的序号选择，从第一层到第三层，打开 Door 层
            player.areaMask = player.areaMask | 1 << 3;
            SetDestination();
        }
    }
    public void SetDestination(){
        if (targetObject != null) {
            GetComponent<NavMeshAgent>().destination = targetObject.position;
        }
    }
}
```

（7）运行程序，Player 小球移到 Door 处就不在向前移动，无法到达目标位置，如图 9-25 所示。

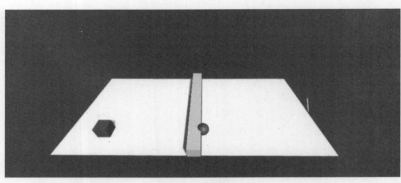

图 9-25

（8）按 V 键，Door 游戏对象消失，Player 小球继续行走，导航层会从第一层变为第三层，并激活 SetDestination()方法，从而执行 SetDestination()方法，小球继续前进到达目标位置，如图 9-26 所示。

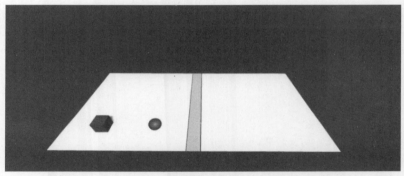

图 9-26

注意：当使用自定义层寻路时，Areas 选项卡提供的导航层可以有效地控制不同路径的寻路。

9.2.4　使用 Nav Mesh Obstacle 组件实现寻路

在通常情况下，在静态的场景中，为场景物体静态标记选择 Navigation Static 选项之后，在导航界面进行导航网格的烘焙，可以得到一个静态的导航网格。因为导航网格是静态烘焙好的，所以游戏中动态生成的物体将不能阻挡导航网格的寻路，要想使这些动态生成的物体也能起到阻挡寻路的作用，需要为这些物体添加一个 Nav Mesh Obstacle 组件。该组件还要选择 Carve 属性，才能动态修改导航网格，即在物体静止时能直接改变烘焙的导航网格；否则，物体被阻挡后将停止正常的寻路，即导航被终止。

9.2.3 节使用导航网格寻路遇到阻挡时，在隐藏或销毁通路的障碍物之后，导航物体从一个可以通过的自定义层上经过到达目标位置。本节介绍的内容是使用导航网格寻路遇到阻挡时，利用 Nav Mesh Obstacle 组件动态计算导航路径，在隐藏或销毁通路的障碍物之后，导航物体通过重新计算的路径到达目标位置。

（1）打开 Unity 应用程序，创建场景 OpenDoor，在场景内添加对象，如图 9-27 所示。

（2）创建 Plane 对象，将 Static 设置为 Navigation Static。打开 Navigation 视图，在 Object 选项卡中勾选 Navigation Static 复选框，将 Navigation Area 设置为 Walkable，单击 Bake 选项卡中的

Bake 按钮进行烘焙，生成的导航网格如图 9-28 所示。

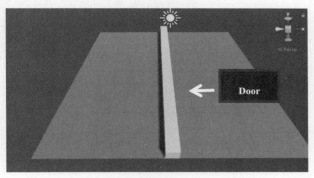

图 9-27

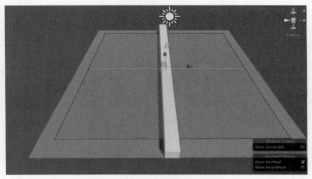

图 9-28

（3）选中 Door 对象，在 Door 对象的 Inspector 视图中添加 Nav Mesh Obstacle 组件，勾选 Carve 复选框，如图 9-29 所示。打开 Navigation 视图，在 Areas 选项卡中添加 Door 层，单击 Object 选项卡，把 Door 的 Navigation Area 设置为 Door，然后单击 Bake 按钮进行烘焙，效果如图 9-30 所示。

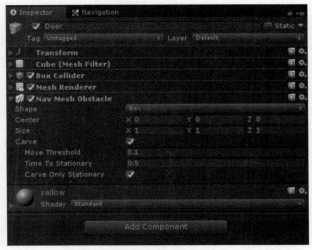

图 9-29

图 9-30

（4）创建 Sphere 对象并重命名为 Player，对其位置进行调整，然后创建 Cube 对象并重命名为 Target，对其位置进行调整，效果如图 9-31 所示。

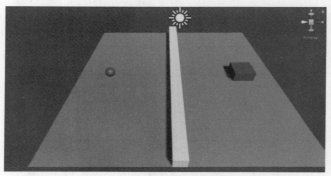

图 9-31

注意：Carve 表示是否将导航网格切断。当未启用 Carve 时，Nav Mesh Obstacle 的默认行为与 Collider 相似。当取消勾选 Carve 复选框后，导航网格生成的图形如图 9-32 所示，障碍物，对导航网格图形没有影响。当勾选 Carve 复选框，启用 Carve 时，障碍物在静止时会在导航网格中雕刻一个洞，如图 9-33 所示。

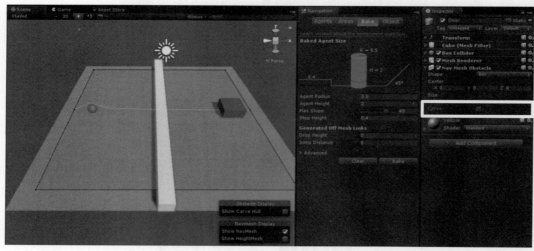

图 9-32

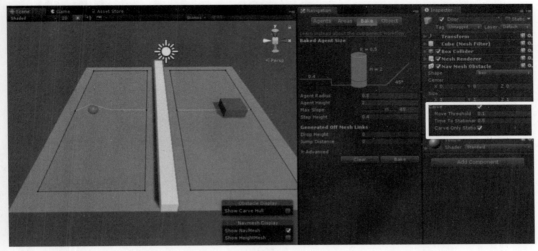

图 9-33

（5）为 Player 添加 Nav Mesh Agent 组件，并添加自动寻路脚本 AutoMove，使 Player 通过导航寻路到达目标位置路程中，经过障碍物时，通过按键控制障碍物隐藏或销毁，实现 Player 对象经过重新计算的导航路径到达原定目标位置。在 Player 的 Inspector 视图中，直接将 Target 拖到脚本组件 AutoMove 的 TargetObject 变量上，为 TargetObject 变量赋值。添加如下代码：

```
using System.Collections;
using System.Collections.Generic;
using UnityEngine;
using UnityEngine.AI;
public class AutoMove : MonoBehaviour {
    public Transform TargetObject;
    GameObject door;
    void Start () {
        door= GameObject.Find("Door");
        SetDestination();
    }
    void Update () {
        if (Input.GetKey(KeyCode.V)) {
            door.SetActive(false);
        }
    }
    public void SetDestination(){
        if(Target!=null) {
            GetComponent<NavMeshAgent>().destination = Target.position;
        }
    }
}
```

（6）运行程序，Player 移到 Door 处就不再向前移动，无法到达目标位置，如图 9-34 所示。

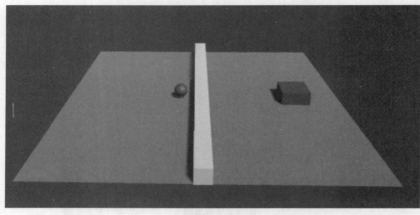

图 9-34

（7）按 V 键，Door 对象消失，Player 继续行走，并激活 SetDestination()方法，从而执行 SetDestination()方法，小球会继续前进到达目标位置，如图 9-35 所示。

图 9-35

 **9.3 导航常用属性概述**

9.3.1 Navigation 视图

Navigation 视图包括 Agents、Areas、Bake、Object 4 个选项卡，分别用于导航代理（Agent，被导航的对象）属性的设置、层的设置、烘焙属性的设置、网格和导航区域的设置，下面分别对各个选项卡的属性进行简单介绍。

1. Agents 选项卡

Agents 选项卡主要用于设置 Agent 的尺寸及性能属性，如图 9-36 所示。

Agents 选项卡的属性及其含义如表 9-1 所示。

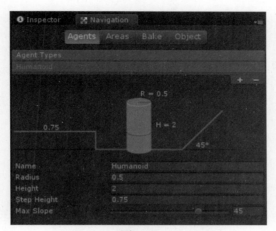

图 9-36

表 9-1

属　　　性	含　　　义
Radius	Agent 的半径
Height	Agent 的高度
Step Height	Agent 可以走上的台阶的高度
Max Slope	Agent 可以攀爬上去的坡度最高限制值，低于这个值的坡度 Agent 可以自由行走

2．Areas 选项卡

Areas 选项卡定义了不同的区域类型，一共有 32 个区域，如图 9-37 所示（图中未显示全部区域）。它用于为导航区域分类（相当于分层），并为每个分类设置不同的 Cost，其意义在于导航算法中会计算出累加起来消耗最低的路径，在寻找路径时低的 Cost 区域的优先级会更高。所以，该选项卡的作用如下：可以为每种地形自定义分类，并且可以自定义其可行走的难易程度，以影响导航路径的选择。此外，每个 Nav Mesh Agent 有一个 Area Mask 属性，用于指定该 Agent 可以移动的区域类型。

图 9-37

3．Bake 选项卡

Bake 选项卡主要用于设置烘焙时 Baked Agent Size 及 Generated Off Mesh Links 的网格属性，如图 9-38 所示。

Bake 选项卡的属性及其含义如表 9-2 所示。

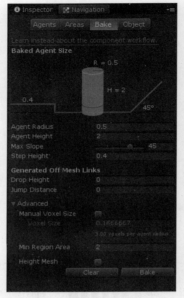

图 9-38

表 9-2

属　　性	含　　义
Agent Radius	Agent 的半径，半径越小生成的网格面积越大
Agent Height	Agent 的高度
Max Slope	斜坡的坡度
Step Height	台阶的高度
Drop Height	往下跳跃时，允许的最大离地高度
Jump Distance	最大允许的跳跃距离
Manual Voxel Size	调整导航网格的精度
Min Region Area	最小范围区域
Height Mesh	勾选后会保存高度信息，同时会消耗一些性能和占用存储空间

4．Object 选项卡

Object 选项卡主要用于设置 Object 的导航网格的属性及烘焙网格的分层情况，如图 9-39 所示。

图 9-39

Object 选项卡的属性及其含义如表 9-3 所示。

表 9-3

属　　性	含　　义
Scene Filter	可以通过 Scene 视图直接选中物体
Navigation Static	勾选 Navigation Static 复选框之后，表示游戏对象参与导航网格的烘焙
Generate OffMeshLinks	是否自动生成 OffMeshLinks，勾选"Generate OffMeshLinks"复选框之后，导航网格中会生成跳跃（Jump）和下落（Drop）的轨迹
Navigation Area	生成的导航网格的类型，用于区分不同的区域，默认有 3 种导航区域类型：Walkable 为可行走区域，Not Walkable 为不可行走区域，Jump 为跳跃层

9.3.2　Nav Mesh Agent 组件

Nav Mesh Agent 组件主要用于设置角色的类型、尺寸及导航性能等属性，如图 9-40 所示。

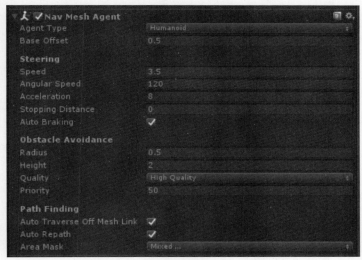

图 9-40

Nav Mesh Agent 组件的属性及其含义如表 9-4 所示。

表 9-4

属　　性	含　　义
Agent Type	设置 Agent 的类型，Agent 的类型在 Navigation 视图的 Agents 选项卡中设置
Base Offset	Agent 的圆柱碰撞体相对于 Transform 原点的偏移量
Speed	自动导航时 Agent 的最大移动速度
Angular Speed	自动导航时 Agent 的最大角（旋转）速度
Acceleration	Agent 的行进加速度。Acceleration 值越大，达到上面属性设置的速度（Speed）越快
Stopping Distance	设置在自动导航时距目标位置多远时停下
Auto Braking	勾选"Auto Braking"复选框之后，Agent 会在到达 Stopping Distance 时直接停下。否则会出现当 Agent 速度太快冲过目标位置时，会缓慢地回到目标位置的现象
Radius	导航 Agent 的半径
Height	导航 Agent 的高度

续表

属　性	含　义
Quality	表示躲避障碍物的行为质量，质量越高躲避行为越好，越智能
Priority	优先级，范围为 0~99（0 优先级最高，99 优先级最低）。在移动时，高优先级的 Agent 会把低优先级的 Agent 撞开，并且差距越多，撞开的效果越明显
Auto Traverse Off Mesh Link	勾选 Auto Traverse Off Mesh Link 复选框之后，表示 Agent 可以自动通过场景中两个分开的物体之间所创建的 Off Mesh Link
Auto Repath	勾选 Auto Repath 复选框之后，表示当 Agent 的当前路径无效时，可以自动计算寻找新的路径前进
Area Mask	用于指定 Agent 可以通过哪些层，划分其可以通过的区域

9.3.3　Off Mesh Link 组件

当导航网格处于非连接状态时，如地形之间可能有间隙形成沟壑，或者高台不能跳下等，角色可以通过 Off Mesh Link 组件为 Agent 提供一些特殊路径，使 Agent 能快速通过，如跳过栅栏、通过一扇门、爬梯子等。Off Mesh Link 组件的属性面板如图 9-41 所示。

图 9-41

Off Mesh Link 组件的属性及其含义如表 9-5 所示。

表 9-5

属　性	含　义
Start	目标的开始点
End	目标的结束点
Cost Override	如果该值是正的，则使用它在处理需求路径时计算路径的代价值；否则，使用默认的代价值（游戏物体所属区域的代价值）
Bi Directional	是否双向都可以移动。若不勾选 Bi Directional 复选框，则只是单行道，角色只能从 Start 点跳跃到 End 点；若勾选 Bi Directional 复选框，则角色可以在两点之间来回跳跃移动
Activated	设置 Off Mesh Link 组件的激活状态。只有被激活后，该组件才能在 Agent 寻路时被使用（在设为 false 时被忽略）
Auto Update Positions	若勾选 Auto Update Positions 复选框，则当 End 点移动时会重新设置路径。否则，即使 End 点移动了路径也不会变动
Navigation Area	描述链接的导航区域类型

9.3.4　Nav Mesh Obstacle 组件

Nav Mesh Obstacle 组件主要用于设置动态障碍物的类型、尺寸及 Carve 属性，其属性面板如图 9-42 所示。

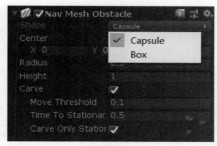

图 9-42

Nav Mesh Obstacle 组件的属性及其含义如表 9-6 所示。

表 9-6

属　　性	含　　义
Shape	Obstacle 的几何形状，用于选择物体最合适的形状，有两种几何开关，分别是 Box（方块）和 Capsule（胶囊体）
Center	如果将 Shape 设置为 Box，则为方块的中心点；如果将 Shape 设置为 Capsule，则为胶囊体的中心点
Size	Box 的大小
Radius	Capsule 的半径
Height	Capsule 的高度
Carve	当勾选 Carve 复选框时，会在导航网格上挖一个洞，此项适用于障碍物静止时的场景
Move Threshold	代表障碍物移动的极限距离超过这个值时，才会重新雕刻这个障碍物
Time To Stationary	障碍物静止不动多长时间后会重新雕刻导航网格
Carve Only Stationary	如果勾选 Carve Only Stationary 复选框，则只有在障碍物静止时才会对其导航网格进行雕刻

本章小结

（1）Unity 编辑器从 3.5 版本开始集成了导航网格寻路系统，并提供了便捷的用户操作界面，该系统可以根据用户所编辑的场景内容，自动生成用于导航的网格。Unity 常见的寻路技术有两种：Unity 自带的网格寻路技术和 A*寻路技术。

（2）Unity 自带的寻路就是网格寻路（Nav Mesh Agent），主要用于静态网格自动寻路。除了 Nav Mesh Agent，Unity 还包括 Off Mesh Link 组件（分离网络链接组件，用于描述不能用一般的可行走平面描述位置）、Nav Mesh Obstacle 组件（导航网格障碍物组件，用于描述角色需要避开动态障碍物）等，用于实现不同区域的寻路导航。

（3）A*寻路是 Unity 官方基于 Unity 扩展编辑器开发的一款寻路插件，寻路原理基于的是 AStar 寻路新算法，也称作 A*寻路算法。网格寻路与 A*寻路各有特点：网格寻路主要用于静态寻路，适用于场景状态变化不大的情况，CPU 消耗低。A*寻路主要用于动态寻路，适用于场景状态变化较大的情况，如游戏，但 CPU 消耗高。A*寻路是静态网格中求解最短路径最有效的方法，也是比较耗时的算法，不适用于寻路频繁的场合，一般适用于需要精确寻路的场合。

（4）使用 Nav Mesh Agent 组件实现自动寻路，只需要为导航物体挂载导航组件，导航物体就会自行根据目标位置来寻找符合条件的路径，并沿着该路径行进到目标位置。

（5）Off Mesh Link 组件支持手动指定路径，将分离网格连接起来，主要用于地形之间有间隙形成沟壑或高台不能跳下，导航网格处于非连接的状态，角色无法直接跳跃，要绕一大圈才能到达目的地的情况。

（6）使用导航网格寻路经常会遇到阻挡，这时可以利用自定义层，在导航运行中根据条件满足与否显示或隐藏通路的阻挡，重新设置导航路径，使导航物体从一个新的可以通过的层上经过到达目标位置。

（7）当使用导航网格寻路遇到阻挡时，可以利用 Nav Mesh Obstacle 组件动态计算导航路径，在隐藏或销毁通路的障碍物之后，导航物体经过重新计算的路径到达目标位置。该组件还要选择Carve 属性，才能动态修改导航网格，即在物体静止时能直接改变烘焙的导航网格；否则，物体被阻挡后将停止正常的寻路，即导航被终止。

思考与练习

1．设计一个由多个不同颜色的小球组成的场景，按颜色的自定义层，实现各种颜色的小球只能通过相同颜色的层，寻路到目的地。

2．设计一个场景，在两个不连续的平面之间加一个吊桥，在吊桥放平时物体可以通过吊桥，而吊桥抬起时物体在桥边等待通过。

3．设计一个场景，在场景中摆放各种模型，包括地板、斜坡、山体、扶梯等，利用自动寻路系统实现人物上楼梯、走斜坡、跳跃分离障碍物的功能。

第 10 章　音效系统

10.1　音效系统概述

10.1.1　音效

从广义上来说，音效是指由声音所制造的效果，是为增强场面的真实感、气氛或戏剧讯息而加于音轨上的杂音、乐音和效果音（包括数字音效、环境音效等）。

在 Unity 中，一个场景或一款游戏如果没有背景音乐和音效（如风声、雨声、脚步声等）就是不完整的。Unity 的音效系统灵活、强大，可以导入标准格式的音频文件格式。在 3D 空间播放声音，可以选择很多种音效格式。

在 Unity 中，音乐一般是指某个场景或某个房间等的背景音乐，由一首完整的且较长的乐曲组成。音效一般是指某个物理反应、某种现象、某种情节所发出的声音或环境音，多由一小段音频剪辑组成。

10.1.2　混音器

现实生活场景中存在很多声音源，声音在空间中向四面八方（也可以定向）传播，然后被人耳感知。在 Unity 中，音源由 Audio Source 组件关联音频文件后充当，感知声音的过程则由 Audio Listener 组件（音频检测器）完成。音频检测器一般绑在场景的主摄像机上。

游戏中有非常多的声音，但是最后汇集到耳朵时，其实只有"一个声音"，即混合后的声音。游戏音频引擎显然不是同时为每个声音创建一个播放器，然后由若干播放器同时播放的，而是预先把声音混合成一个声音，然后播放出来。为了解决声音的管理问题，Unity 音效系统将声音成组管理，并且形成一个层次结构，可以对同一个组内的音源改变音量，施加一些特效等。混音器（Audio Mixer）就是 Unity 用来实现上述功能的应用。混音器和声音源如图 10-1 所示。

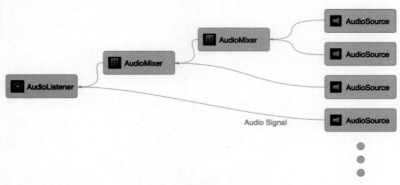

图 10-1

1．混音器概述

新建一个工程，在 Assets 资源文件夹的空白处右击，在弹出的快捷菜单中选择 Create→Audio Mixer 命令，即可创建一个混音器文件，将其重命名为 MainMixer。在菜单栏中选择 Windows→ Audio Mixer 命令或双击混音器文件 MainMixer，即可调出混音器视图。混音器图标如图 10-2 所示。Audio Mixer 属性面板如图 10-3 所示。

图 10-2

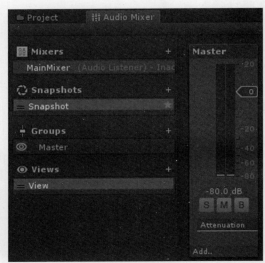

图 10-3

Audio Mixer 属性面板分左右两个区域，左侧区域由 4 部分组成，分别是 Mixers（混音器）、Snapshots（快照）、Groups（音效组）、Views（混音器视图），每部分后面都有"+"按钮，单击该按钮可以创建更多同类项。只有混音器、音效组能有子项，可进行级联（路由）。

（1）混音器。新建的混音器默认自带一个 Master 音效组，它负责汇总并输出其所属混音器内其他音效组处理过的音频信号。混音器离不开音效组，它依据音效组和音频源来进行关联，每个音效组相当于一条声音信号线路（通道），声音就在不同的线路之间传送并接受其混音处理，没有音效组的混音器是没任何意义的。

混音器可以进行级联，把名为 A 和 B 的混音器进行级联时，把 A 拖到 B 的上面，则 A 变成 B 的子级，表示把音频信号由 A 的 Master 汇总输出给 B 的某个音效组（该音效组在拖动操作完成后弹出的窗口中选定）。混音器位于音频源和音频检测器之间，可以通过其自带音效组或子级的音效组所关联的音频源获取声音信号，执行音效操作后为父级混音器输出信号。如果混音器只有一个，没有父级，则混音后直接由其默认的 Master 音效组输出，最终所有音频都输出到音频检测器并从扬声器中传出。

（2）快照。快照可以捕获混音器自带音效组的参数状态，并随着游戏的进行在这些不同状态之间进行转换。

（3）音效组。音效组是多个音效的集合，音效才是混音操作的实际执行者。并非所有的音效组都有机会关联音频信号，没有关联音频信号的音效组不会有任何输入和输出。音效从属于音效组，一个音效组可以有多个音效。音效也可以把音频信号在多个音效组之间互相传递，以进行复杂的混音操作。

音效组也可以进行级联（路由），父级音效组接收其子级音效组传递的信号。在默认情况下，新创建的音效组都是 Master 的子级，表示经过该音效组处理后的音频信号默认输出（路由）到 Master 音效组，由 Master 汇总后输出给监听器。如果多个音效组之间是兄弟关系，那么音频信号也可以在它们之间传递，但是需要借助 Receive 和 Send 音效，把它们中的一些设置为发送方，一个或多个设置为接收方。

（4）混音器视图。混音器视图列出了混音器缓存的可见性设置，每个视图仅显示主 Audio Mixer 属性面板中整个层级视图的一个子集，在音效组众多但待处理部分很少的情况下就可以考虑创建一个视图，只显示需要处理的那些组，而隐藏其他组。单击组前面的 👁 图标可以隐藏组，再次单击则显示组。

Audio Mixer 属性面板的右侧用于设置音效组的参数状态。在 Audio Mixer 属性面板的 Groups 后面单击"+"按钮或在 Master 上面右击并在弹出的快捷菜单中选择 Add child group 命令，可以新建一个名为 MusicA 的音效组，该音效组默认路由到 Master。选中该组，按"Ctrl+D"组合键复制该音效组，并重命名为 MusicB。音效组上的滑块默认在"0"位置，代表音调保持初始状态，滑块上下移动表示对输入或输出音量进行增减。

在音效组和场景中某个声音源关联并单击"运行"按钮后，Audio Mixer 属性面板上方出现 `Edit in Play Mode` 按钮，单击该按钮可以进入混音器"运行态编辑模式"。当单击 S 按钮后，混音器进入"当前组的独奏模式"，只播放当前音效组；当单击 M 按钮后，当前组保持静音，其他组不受影响；当单击 B 按钮后，可以使当前组上已经生效的混音效果失效。

音效组上的 `S M B` 按钮并非互斥关系，最多可以同时单击 3 个按钮。多个音效组间的 `S M B` 按钮也不是互斥关系，所以如果要保持某个音效组的独奏模式，则必须先关闭其他独奏的音效组，然后在当前组上重新单击 S 按钮才可以，如图 10-4 所示。

图 10-4

2．音效概述

在 MusicA 音效组上单击 Add…按钮，或者在 Inspector 视图中单击 Add Effect 按钮，弹出音效下拉列表，可以添加其中的一个效果，如图 10-5 所示。所有音频组顶部都会显示音调（Pitch）和衰减（Attenuation）设置。

图 10-5

常用的音效包括以下几个。

（1）Lowpass（低通滤波）：音频是有频率的，重低音就是低频，低通就是仅仅让低频播放出来而过滤掉相对的高频信号。

（2）Highpass（高通滤波）：播放高频，过滤低频。低通配合高通可以实现中通滤波器。

（3）Echo（回音效果）：产生回音效果。

（4）Flange（边缘效果）：将两个相同的信号混合在一起，其中一个信号会有很小周期变化的延迟，通常小于 20 毫秒。

（5）Distortion（失真效果）：信号频率突变，变急促，产生杂音，一般用于模拟低质量无线电传输的声音。

（6）Normalize（归一化效果）：为音频增加或减少一个固定的增益量，使音量达到预期值。

（7）ParamEQ（参数均衡器效果）：通过曲线调整信号特定频段的增益。

（8）Pitch Shifter（音调移位效果）：在播放速度不变的情况下改变音高。这与音效组的音调调节不同，Pitch Shifter 改变了播放速度。

（9）Chorus（合唱效果）：通过正弦低频振荡器（LFO）调制原始声音。输出的声音听起来像有多个源发出的声音相同，但略有变化，类似于合唱团。

（10）Compressor（压缩效果）：降低响亮声音的音量，或者通过缩小或"压缩"音频信号的动态范围放大安静的声音。

（11）SFX Reverb（混响效果）：获取一个音频混频器组的输出并将其扭曲，借此来创建一个自定义的混响效果。

（12）Lowpass Simple：低通滤波效果的简化版。

（13）Highpass Simple：高通滤波效果的简化版。

比较特别的音效有 3 个，分别是 Send、Receive 和 Duck Volume。Send 会将本组的信号传递出去，而其他组则通过 Receive 配合接收，使用 Send 时必须设置参数来指定信号接收者，而

Receive 则无须设置，因此 Send 和 Receive 是 N 对 N 的关系（N 至少为 1）。而 Duck Volume 需要接收一些信号（这一点等同于 Receive），在信号音量超过一定限度时会降低本组的音量。如果游戏过程中非游戏玩家正在和玩家对话，此时想让背景音乐（本组）小点声，Duck Volume 就可以发挥作用。

3. 暴露音效参数

因为每种不同的音效或多或少都有自带的参数，而在很多情况下需要将这些参数映射为变量以便在代码中实时控制，为了减轻命名变量的负担，音效系统为混音器提供了暴露参数功能，当音效被添加到音效组之后，可以在 Inspector 视图中找到对应的参数，在它上面右击，在弹出的快捷菜单中选择 Expose "×××" to script 命令，然后参数变量就会出现在 Audio Mixer 属性面板右上角的参数列表中。在一般情况下，该变量名默认为 MyExposedParamN，可以将其重命名以便在代码中调用它。

4. 调整音效顺序

在单个音效组上添加的音效是有上下顺序的，声音信号按音效列表自上而下的顺序接受音效的处理，并且音效之间的顺序可以通过拖动方式进行前后调整。

一个音效混合是没有意义的，赋值几个挂载 Audio Source 组件的对象，分别加上不同的音效，几个 Audio Source 共用一个 Master，才会达到不同音效混合的效果。

10.2 音频文件格式

Unity 支持的音频文件格式包括 MPEG（1/2/3）、OGG Vorbis、WAV、AIFF、MOD、IT、S3M、XM。音频文件格式在 Unity 场景中有不同的应用场合。例如，AIFF 和 WAV 适用于较短的音乐文件，可以作为游戏打斗音效；MP3 和 OGG Vorbis 适用于较长的音乐文件，可以作为游戏背景音乐。

WAV、AIFF 的声音效果适用于本地加载，音频数据较大，但是不需要解码。OGG Vorbis 格式适用于 PC 端，音质不会降低。MP3 格式适用于移动端，音质略有下降。不同平台音频压缩格式如表 10-1 所示。

表 10-1

音频文件格式	压缩格式（PC 端）	压缩格式（移动端）
MPEG（1/2/3）	OGG Vorbis	MP3
OGG Vorbis	OGG Vorbis	MP3
WAV	OGG Vorbis	MP3
AIFF	OGG Vorbis	MP3
MOD	—	—
IT	—	—
S3M	—	—
XM	—	—

10.3　Audio Source 组件

10.3.1　组件的参数

　　Audio Source 是音频源组件，一般用来播放音频剪辑（AudioClip）资源。声音源在一个给定的位置播放，会随着距离衰减（只有 3D 的音乐才会有衰减效果，它相当于一个音响）。声音源关联音频剪辑并勾选 Play On Awake 复选框之后，即可在程序运行时直接播放声音，但是更多的应用场合要求在播放前先借助混音器音效组产生混音效果。音效组可以通过 Audio Source 组件的 Output 属性来指定。其自带的属性如图 10-6 所示。

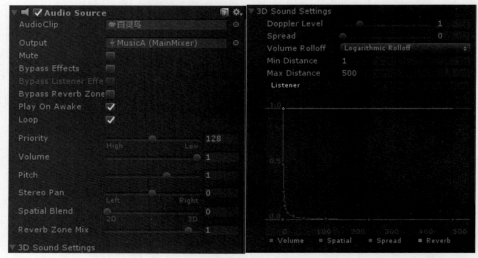

图 10-6

　　Audio Source 组件的属性及其含义如表 10-2 所示。

表 10-2

属　　性	含　　义
AudioClip	设定将要播放的声音剪辑文件
Output	声音可以通过音频检测器或混音器输出
Mute	如果启用此选项，则音频为静音
Bypass Effects	可以快速"绕过"应用于音频源的滤波器效果。启用/停用效果的快捷方式
Bypass Listener Effects	快速启用/停用所有监听器的快捷方式
Bypass Reverb Zones	快速打开/关闭所有混响区的快捷方式
Play On Awake	如果启用此选项，那么声音将在场景启动时开始播放。如果禁用此选项，那么需要通过脚本使用 Play()命令启用播放
Loop	启用此选项可以在音频剪辑结束后循环播放
Priority	从场景中存在的所有音频源中确定此音频源的优先级。（Priority 值为 0 表示优先级最高，值为 256 表示优先级最低，默认值为 128）。音轨值应为 0，避免被意外擦除
Volume	声音的大小与距音频检测器的距离成正比，以米为世界单位

续表

属　　性	含　　义
Pitch	音频剪辑的减速/加速导致的音高变化量，值为 1 表示正常播放速度
Stereo Pan	立体声（-1 为左声道，1 为右声道）
Spatial Blend	空间混合（0 为 2D 音效，1 为 3D 音效，2D 音效不会有衰减）
Reverb Zone Mix	设置路由到混响区的输出信号量。该量是线性的，范围为 0～1，但允许在 1～1.1 之间进行放大，这对于实现近场和远距离声音的效果很有用
3D Sound Settings	3D 声音设置（仅当 Spatial Blend 属性值为 1 时生效）
Doppler Level	确定对此音频源应用多普勒效果的程度（如果设为 0，则不应用任何效果）
Spread	在发声空间中将扩散角度设为 3D 立体声或多声道
Min Distance	在 Min Distance 内声音将保持可能的最大响度。在 Min Distance 之外声音将开始减弱。增加声音的 Min Distance 属性值可以使声音增大，而减小此属性值则可以让声音减小
Max Distance	声音停止衰减的距离。超过此距离之后，声音不再衰减
Volume Rolloff	3D Sound Settings 属性下的衰减模式

其中，3D Sound Settings 属性下的衰减模式（Volume Rolloff）有 3 种，包括 Logarithmic Rolloff、Linear Rolloff 和 Custom Rolloff。每种模式水平轴向的数值代表声音源已传播的距离，垂直方向的数值代表相应参数的变化。例如，红色曲线代表音量的衰变过程，在垂直方向上该值越高，附近的侦听器听到声音的速度就越快。当衰减模式被设为对数或线性类型时，如果修改衰减曲线，那么类型将自动更改为自定义衰减。

在衰减模式曲线图中可以利用不同的颜色表示相应参数的变化：红色代表 Volume（音量），绿色代表 Spatial（3D 引擎对音频的影响程度），蓝色代表 Spread（声音扩散角度），黄绿色代表 Reverb（在混响区的声音输出量）。

（1）Logarithmic Rolloff：指数衰减。当接近声音源时，声音比较响亮；当远离声音源时，声音的大小大幅下降。声音按对数曲线的形式变化，如图 10-7 所示。

（2）Linear Rolloff：线性衰减。越是远离声音源，听到的声音就越小，声音的变化幅度恒定，如图 10-8 所示。

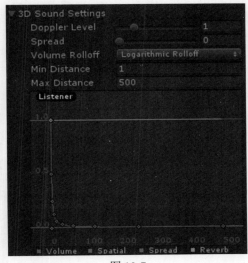

图 10-7

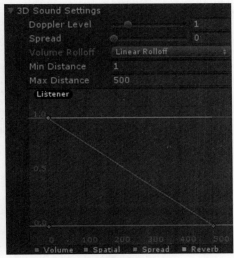

图 10-8

（3）Custom Rolloff：自定义衰减。根据自行设置的衰减曲线来控制声音的变化，如图 10-9 所示。

在最小距离（Min Distance）内，声音会保持恒定。在最小距离之外，声音会开始衰减，超过最大距离（Max Distance）后声音不再衰减，保持恒定（一般到最大距离后，Volume 接近为 0）。增加声音的最小距离，可以使声音在 3D 世界更响亮，减小最小距离可以使声音在 3D 世界更安静，如图 10-10 所示。

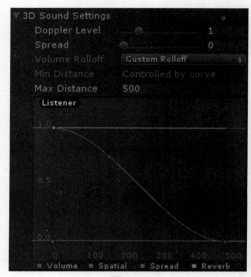

图 10-9

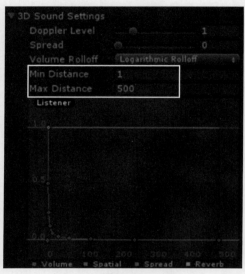

图 10-10

10.3.2 组件的配置

下面通过一个实例来说明 Audio Source 组件的配置过程。

（1）创建工程。新建一个工程文件并重命名为 AudioDemo，新建一个场景并重命名为 AuD，在 Hierarchy 视图中创建一个空游戏对象并重命名为 Audio，如图 10-11 所示。

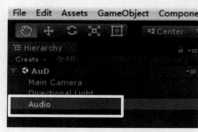

图 10-11

（2）添加 Audio Source 组件。在 Inspector 视图中，单击 Add Component 按钮为空游戏对象添加 Audio Source 组件。在 Audio Source 属性面板的 AudioClip 处，单击最右侧的图标，选择一个音频剪辑或直接从 Assets 资源文件下找到该音频剪辑，然后将其拖到 Audio Source 属性面板的 AudioClip 属性框内，如图 10-12 所示。运行场景，便可听见对应音效。

图 10-12

10.4 Audio Listener 组件

Audio Listener 是音频检测器，用来接收输入和播放场景中的任何声音。Audio Listener 又被称为声音侦听器，可以将其比作游戏世界中的"耳朵"。Unity 依靠 Audio Listener 组件来获取游戏世界的声音，如果没有这个组件，音频照常播放，但是不被 Unity 输出，外部接收不到任何声音。

在默认状态下，Audio Listener 组件挂载在摄像机上，用户也可以在场景中的其他对象上添加 Audio Listener 组件，如图 10-13 所示。

图 10-13

在游戏对象上通过脚本添加 Audio Listener 组件的代码如下：

```
private GameObject Obj;
void Start () {
    AudioListener mylistener = Obj.AddComponent<AudioListener>();
}
```

10.5　空间音效环绕效果案例分析

示例 1：在 AudioSource 场景中实现空间音效环绕效果

AudioSource 场景是一个山地雷达监测场，有一片山地地形，在山脚平坦区域安放了两个雷达营房。营房中有雷达监测设施，待添加 3D 声音源之后，就可以模拟雷达信号强度。场景中的地形可以用 Terrain 游戏对象手动绘制，营房则是通过第三方导入的 3D 模型。另外，场景中还设有一个第三人称控制器（自带 Audio Listener 组件），在程序运行时可以通过鼠标和键盘操控它在场景中走动。声音设置的预期目标是当控制器接近雷达信号源时音量逐渐增大，远离时则相反。

打开 AudioDemo 工程，载入 AudioSource 场景，如图 10-14 所示。

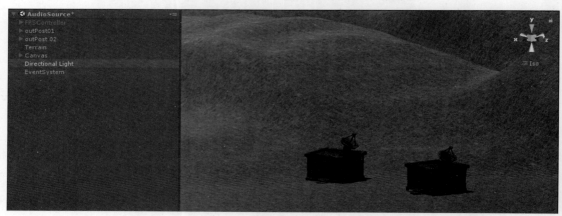

图 10-14

添加和设置声音源的过程如下。

（1）添加 Audio Source 组件。在地形 Terrain 组件上添加 Audio Source 组件，并指定关联的 AudioClip。运行程序会听到音乐，如果把 Hierarchy 视图中的 FPSController\FirstPersonCharacter 下的 Audio Listener 组件删除，再次运行程序将听不见任何声音。

测试 Audio Source 组件的属性功能：勾选/取消勾选相应属性后面的复选框，分别测试 Mute（静音）、Play On Awake（加载组件后在 Awake 阶段自动播放）、Loop（循环播放）等功能。

（2）制作地形的背景音乐。创建名为 StopOrStart 的脚本，将其挂载到地形 Terrain 组件上。添加如下代码，分别按 1 键、2 键、3 键，实现播放、暂停、停止音乐的功能：

```
Using System.Collections;
using System.Collections.Generic;
using UnityEngine;
public class StopOrStart : MonoBehaviour {
    private AudioSource m_Audio;
    void Start () {
        m_Audio = GetComponent<AudioSource>();
    }
    void Update () {
        if (Input.GetKeyDown(KeyCode.Alpha1)) {
            Debug.Log("播放音乐");
```

```
            m_Audio.Play();
        }
        if (Input.GetKeyDown(KeyCode.Alpha2)) {
            Debug.Log("暂停音乐");
            m_Audio.Pause();
        }
        if (Input.GetKeyDown(KeyCode.Alpha3)) {
            Debug.Log("停止音乐");
            m_Audio.Stop();
        }
    }
}
```

（3）添加其他声音源。找到 outPost01 对象的子对象 table，在子对象 table 上添加 Audio Source 组件，并将 Track7Loop-Hitchcock strings 声音剪辑拖到 AudioClip 属性框中，勾选 Play On Awake 复选框和 Loop 复选框，如图 10-15 所示。在 outPost02 对象的子对象 table 上也执行同样的操作，并将 Track6Loop-Legato trombones 声音剪辑拖到 AudioClip 属性框中。运行程序可以听到多个声音在同时播放。

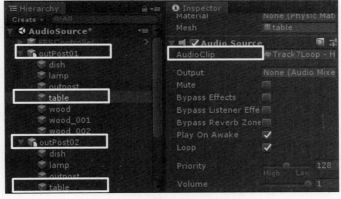

图 10-15

（4）制作 3D 环绕音效。分别将两个子对象 table 挂载的 Audio Source 组件中的 Spatial Blend 属性的值更改为 1，即将 2D 音乐更改为 3D 音乐。将 3D Sound Settings 属性中的 Volume Rolloff 更改为 Linear Rolloff，Max Distance 的值设置为 10，如图 10-16 所示。

运行程序，通过键盘控制第三人称控制器在两个房间的周围区域行走，进行 3D 音效试听，体会 3D 环绕音效空间效果和距离远近带来的声音衰减。勾选 Loop 复选框可以保证声音能持续循环播放，不会因为声音太短，还没来得及测试 3D 效果声音就结束了。

示例 2：在 MusicDemo 场景中制作混音效果

MusicDemo 场景使用了 8 个音频文件，通过对应的 Audio Source 组件关联到 Music elements 的 8 个子对象上，每个 Audio Source 组件绑定的音频文件通过同名 Audio Mixer 输出给 Master，在这个示例中可以把 Audio Mixer 设想成一件能吹奏特定音律的乐器，如图 10-17 所示。

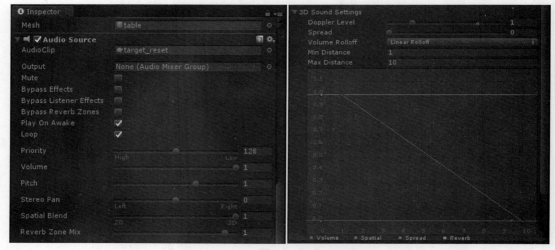

图 10-16

图 10-17

在程序运行时，由绑定在 MusicController 上的 MusicScript 脚本渲染出图形控制界面，并借助 Slider 滑块切换多个混音器快照。快照的功能就是记录混音器（乐器）的特定输出状态，利用快照切换混音器状态，输出时就会有声音高低或节奏上的变化，从而实现不同的混音效果。

（1）创建名为 MusicScript 的脚本，添加如下代码，实现绘制 UI、播放和暂停按钮，用滑块控制不同音乐片段混音的功能：

```
using UnityEngine;
using UnityEngine.Audio;
using System.Collections;
public class MusicScript : MonoBehaviour{
    //Snapshots in main mixer
    public AudioMixerSnapshot mainSnapshotPause;          //单击暂停后载入的快照
    public AudioMixerSnapshot mainSnapshotNormal;         //正常播放时载入的快照
    public AudioMixerSnapshot[] musicSnapshot;            //声明一个混音器快照组
    private bool pause = false;                           //是否暂停
    private float drama = 0.0f;                           //用于切换曲目序号
    private float brightness = 1.0f;                      //背景亮度
    void Update(){
        var c = GetComponent<Camera>();
        c.backgroundColor = new Color(brightness * 0.6f,brightness * 0.1f, brightness
```

```
* 0.1f, 1.0f);
        brightness+=(((pause) ? 0.0f:1.0f)- brightness)*0.015f;
    }
    void OnGUI(){
        if (GUILayout.Button(pause ? "Resume Game":"Pause Game")){
            //渲染图形界面
            pause = !pause;                          //判断是否暂停
            if (pause)
                mainSnapshotPause.TransitionTo(5.0f);
            else
                mainSnapshotNormal.TransitionTo(5.0f);
        }
        GUILayout.Label("Drama slider(move slowly);-)");
        Float newDrama =GUILayout.HorizontalSlider(drama,0,musicSnapshot.Length- 1);
        if ((int)newDrama!=(int)drama)                //判断要播放哪首曲目
            musicSnapshot[(int)newDrama].TransitionTo (1.5f);
        drama = newDrama;
        GUILayout.Label("Mood: " + musicSnapshot[(int)drama].name);
    }
}
```

（2）体验示例音效。单击"运行"按钮，这时项目会播放默认音效，通过单击 Pause Game 按钮可以在正常音效与暂停游戏时各种背景音变淡的暂停音效之间来回切换，通过拖动 Drama Slider 滑块可以自由切换项目中 8 个音频的不同配置所组合成的 11 种音效，如图 10-18 所示。

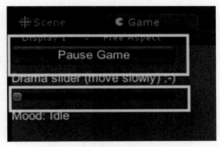

图 10-18

本章小结

（1）从广义上来说，音效是指由声音所制造的效果，是指为增强场面的真实感、气氛或戏剧讯息而加于音轨上的杂音、乐音和效果音（包括数字音效、环境音效等）。在 Unity 中，音乐一般是指某个场景或某个房间等的背景音乐，由一首完整且较长的乐曲组成。音效一般是指某个物理反应、某种现象、某种情节所发出的声音或环境音，多由一小段音频剪辑组成。

（2）Unity 的音效系统灵活、强大，可以导入标准格式的音频文件格式，主要包括 MPEG（1/2/3）、OGG Vorbis、WAV、AIFF、MOD、IT、S3M、XM。在 3D 空间播放声音，可以选择很多种音效格式。WAV、AIFF 的声音效果适用于本地加载，音频数据较大，但是不需要解码。OGG Vorbis 格式适用于 PC 端，音质不会降低。MP3 格式适用于移动端，音质略有下降。

（3）在 Unity 中，Audio Source 是音频源组件，一般用来播放音频剪辑（AudioClip）资源。

Audio Listener 是音频检测器，又被称为声音侦听器，用来接收输入和播放场景中的任何声音。可以将 Audio Listener 比作游戏世界中的"耳朵"，如果没有这个组件，音频照常播放，但是不被 Unity 输出，外部接收不到任何声音。Audio Listener 组件一般挂载在场景的主摄像机上，用户也可以在场景中的其他对象上添加 Audio Listener 组件。

（4）游戏音频引擎预先把声音混合成一个声音，然后播放出来。Unity 音效系统将声音成组管理，并且形成一个层次结构，可以对同一个组内的音源改变音量，施加一些特效等。Audio Mixer 混音器由 4 部分组成，分别是 Mixers、Snapshots、Groups、Views。其中，只有 Mixers 和 Groups 可以有子项，可以进行级联（路由）。

思考与练习

1．简述混音器的工作原理。

2．简述 Unity 提供的音效及其功能。

3．基于同一个声音剪辑，制作不同的混音效果，并用 UI 按钮控制这些效果。

4．制作一个室内场景，室内和室外不同区域播放不同的声音，设置声音的衰减方式和范围，使室内的声音传不到室外，但是室外的声音可以传到室内。

5．制作一个简单的音乐播放器，可以实现声音剪辑的自定义加载，开、关、暂停，以及音量调整等。

第 11 章　全局光照与粒子系统

11.1　全局光照

全局光照（Global Illumination，GI）是用来模拟光的互动和反弹等复杂行为的算法，它能够计算直接光、间接光、环境光及反射光。GI 算法可以使渲染出来的光照效果更加真实、丰富。要精确地仿真全局光照非常有挑战性，付出的代价也比较高，正因为如此，现代游戏会先在一定程度上预先处理这些计算，而非在游戏执行时实时运算。

全局光照又分为烘焙全局光照（Baked Lighting）和实时全局光照（RealTime Lighting）。

1. 烘焙全局光照

烘焙全局光照不实时计算场景中游戏物体的影子，而直接把光影信息烘焙成一张贴图贴到游戏物体上面，这样不用进行实时计算，比较节省性能。

物体在经过光照之后，还会对其他物体产生光照影响。当烘焙全局光照打开之后，暗的部分也会因为其他物体的反射而变亮。将场景中的物体设置为静态（勾选 Static 复选框），灯光模式设置为烘焙（Baked）即可。当烘焙完成之后，灯光就可以删除，因为已经将光照贴图赋给游戏物体，所以灯光的作用已经消失。

2. 实时全局光照

实时全局光照是指预先计算好反射及二次反射的一些条件，并保存这些计算好的数据，如果要计算场景中的光和影，那么实时全局光照会拿出一部分数据运用到计算中。

和烘焙全局光照一样，实时全局光照也需要预先的 Bake 过程。但与烘焙全局光照不同的是，实时全局光照并不预先计算场景中光线的反射信息，而预先计算场景中静态物体表面所有可能的反射光路，然后在游戏运行时结合灯光的位置、方向等信息实时计算出全局光照的结果。

在同一场景中，没有照明、只有直接光源和有间接光源的全局光照的表现效果如图 11-1 所示。

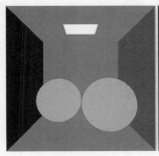  

（a）没有照明　　　　　　　（b）只有直接光源　　　　　　　（c）有间接光源

图 11-1

11.2 Light 光照介绍

在 Unity 项目中，灯光和摄像机是非常重要的元素。灯光可以提升游戏画面的质感，使创建的场景看起来十分逼真，甚至能达到以假乱真的视觉效果。摄像机可以捕捉游戏的场景，并将其输出到屏幕上。

灯光用来照亮场景和对象，既可以创造完美的视觉气氛，也可以用来模拟太阳、燃烧的火柴、探照灯、手电筒、枪火光、爆炸效果等。灯光效果主要分为实时光照（RealTime）和烘焙（Baked）。实时光照根据场景中的运动信息，实时更新光照信息，比较耗费性能，而烘焙是将光照射到静态物体上所产生的复杂光照信息提前进行计算并生成静态光照贴图的，该贴图可以在程序运行时直接用来模拟光照效果，避免了重复计算，可有效提高程序运行速度。

11.2.1 Light 组件

Unity 中的光照渲染效果一般是通过 Light 组件实现的。直射光的 Light 选项默认为实时光照，也可以修改为烘焙。烘焙只影响场景中的静态物体，将受影响的物体勾选右上角的"Static"复选框即可。

场景中的任何对象都可以添加 Light 组件，如为一个空对象 GameObject 添加 Light 组件，这个空对象就可以作为一个灯光使用，如图 11-2 所示。

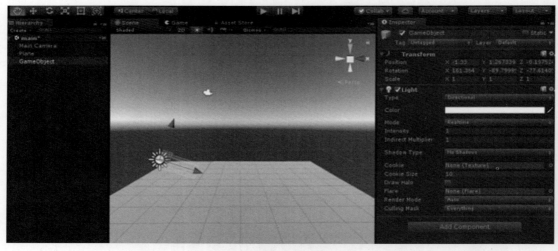

图 11-2

Light 组件有很多属性，其中最重要的是 Type 属性，它有 4 个取值，分别代表 4 种不同的光源类型，如图 11-3 所示。

- Directional：方向光，类似于太阳的日照效果。
- Point：点光源，类似于蜡烛。
- Spot：聚光灯，类似于手电筒。
- Area（baked only）：区域光，无法用作实时光照，一般用于光照贴图烘焙。

下面分别介绍每种光源的特点与使用场景。

（1）Directional Light。Directional Light 没有具体的光源位置，所以会对整个场景进行照射。它可以置于任意位置，没有距离的概念，光的强度也不会衰减。它与放置的位置没有关系，但与旋转角度有关，通过旋转 Directional Light 可以实现光影的转换。

图 11-3

Directional Light 主要用来表现非常大的光源从场景模型空间投射过来的效果，一般用于模拟太阳光，如阳光或月光。白天照射到地板上的效果如图 11-4 所示，夜晚照射到空中的效果如图 11-5 所示。

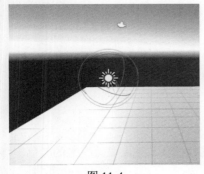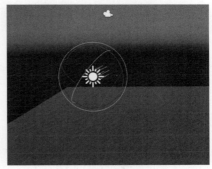

图 11-4　　　　　　　　　　　　　　　　图 11-5

（2）Point Light。Point Light 是空间位置中的一个点，均匀地向所有方向发光，光照强度与光照射距离的平方成反比衰减，最小强度为 0，类似于光在现实世界中的表现。Point Light 不仅可以用来模拟由灯泡发出的光、开枪瞬间发出的火花或爆炸时的强光，还可以用来实现火花或爆炸照亮周围环境的效果，如图 11-6 所示。

（3）Spot Light。和 Point Light 一样，Spot Light 也是从某一点发出光的。不同之处在于，Spot Light 是在灯光位置上向圆锥区域内发射光线，只有在这个区域内的物体才会受到光线照射。Spot Light 的方向是 Z 轴正向，在其照亮范围内随着距离的增加，亮度逐渐衰减。Spot Light 通常用作人造光源，如手电筒、汽车前灯和探照灯，通过脚本或动画控制聚光灯的方向，移动的聚光灯将照亮场景的一小块区域达到灯光效果，如图 11-7 所示。

（4）Area Light。Area Light 在空间中以一个矩形展现，光在所有方向上均匀地穿过它们的表面区域进行发射，光从矩形一侧照向另一侧时强度与距离的平方成反比衰减。因为 Area Light 占用的 CPU 资源较多，所以其是唯一必须提前烘焙的光源类型。Area Light 在场景编辑中看不到光源效果，只能烘焙到光照贴图中。如果场景中的 Plan 没有烘焙，则此时的灯光是没有效果的，如图 11-8 所示。如果场景中的 Plan 已经烘焙，则此时会有灯光效果，如图 11-9 所示。

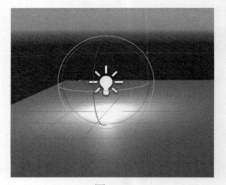
图 11-6

图 11-7

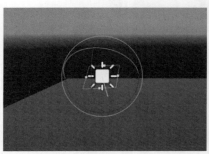
图 11-8

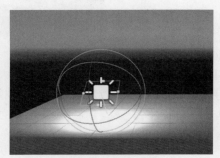
图 11-9

Area Light 可以从不同的角度照射物体，而且灯光亮度衰减很快，所以阴影非常柔和，可以用来模拟街灯。

11.2.2　Light 组件的属性

Light 组件有很多属性，除了有 Type 属性，还有其他一些属性用来改变光的颜色、强度等。Light 组件的属性面板如图 11-10 所示。

图 11-10

下面介绍常用的几种属性。

（1）Color：光源的颜色。

（2）Mode：模式。Light 共有 3 种模式，分别为 Realtime、Mixed 和 Baked。

- Realtime：实时，Unity 在运行时，每帧都计算并更新实时灯光，不会预先计算实时灯光。
- Mixed：混合，提供烘焙和实时功能的一种模式，如对灯光的间接照明进行烘焙，同时对直接照明进行实时计算。场景中 Mixed 模式的灯光的行为和性能影响取决于全局混合照明模式的选择。
- Baked：烘焙，在运行之前预先计算 Baked Lights 的光照，灯光的直接照明和间接照明被烘焙成光照贴图。设为 Baked 模式后，该灯光在程序运行时不占用性能成本，同时将生成的光照贴图应用到场景中的成本也较低。

这 3 种模式有一个共同点——对于静态物体的间接光照，一定都是烘焙的。如果光源改变位置或方向，那么静态物体的间接光照是不变的，而动态物体不支持间接光照。

（3）Intensity：光源的强度。

（4）Shadow Type：阴影类型。只有 Directional Light 具有该属性，它的 3 个值分别是 No Shadows（关闭阴影）、Hard Shadows（硬阴影）和 Soft Shadows（软阴影）。在有阴影的情况下，还可以对实时阴影的强度、质量和偏移量等属性进行设置。

与现实世界相比，Hard Shadows 就像强烈的太阳光，照出来的影子有棱角；Soft Shadows 就像不太强烈的太阳光，影子相对没有那么明显，阴影比较平滑。需要注意的是，Soft Shadows 会消耗系统更多的资源。采用 Hard Shadows 生成的影子边缘锯齿明显，效果如图 11-11 所示。采用 Soft Shadows 生成的影子边缘锯齿不明显，效果如图 11-12 所示。

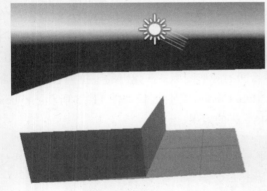 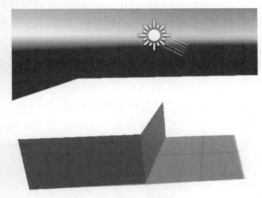

图 11-11　　　　　　　　　　　　　　图 11-12

（5）Cookie：用于为光源设置拥有 Alpha 通道的纹理，这时光线在不同的地方有不同的亮度，如果是 Spot Light 和 Directional Light，则可以指定一个 2D 纹理。如果是 Point Light，则必须指定一个 Cubemap（立方体纹理）。

（6）Cookie Size：用于控制 Cookie 投影的缩放，只有 Directional Light 有该属性。

（7）Draw Halo：勾选此复选框，将绘制一个球形的光晕。光晕的半径等于范围（Range）。

（8）Flare：耀斑/炫光，镜头光晕效果。在选中光源的位置出现镜头光晕。

（9）Render Mode：渲染模式，有 Auto、Important 和 Not Important 这 3 种渲染模式。

- Auto：自动根据光源的亮度及运行时 Quality Setting 的设置来确定光源的渲染模式。

● Important：逐像素进行渲染，一般用于非常重要的光源渲染。

● Not Important：光源总是以最快的速度进行渲染。

（10）Culling Mask：剔除遮蔽图，选中层所关联的对象将受到光源照射的影响。

注意：如果场景中对光源要求不高，则尽量选用 Directional Light，因为 Point Light 和 Spot Light 比较消耗内存资源。

11.2.3　Skybox

目前，虚拟场景中天空建模常用的方法有天空顶（SkyDome，半球形）和天空盒（Skybox，长方体），它们的本质都是摄像机处在一个盒子中间，这个盒子通过纹理贴图形成虚拟世界的场景。其中，Skybox 的绘制技术非常简单，因此被广泛应用。

Skybox 是一个全景视图，其实就是将一个立方体展开，分为 6 个纹理，表示上、下、左、右、前、后这 6 个方向的视图，然后在 6 个面上贴上相应的贴图。如果 Skybox 被正确生成，则纹理图像会在边缘无缝地拼接在一起，可以在内部的任何方向看到周围连续的图像。

在实际渲染中，全景图片会被渲染在场景中所有其他物体的后面，将这个立方体始终罩在摄像机的周围，让摄像机始终处于这个立方体的中心位置，然后根据视线与立方体交点的坐标来确定究竟在哪一个面进行纹理采样。

Unity 在标准资源包（Standard Assets）Assets→Import Package→Skyboxes 中附带了一些高品质的 Skybox，用户也可以从资源商店来获取更合适的全景图像。

添加 Skybox 有两种方式，即在当前摄像机上添加 Skybox 和在当前场景中添加 Skybox。

（1）在当前摄像机上添加 Skybox。首先在 Hierarchy 视图中选择 Main Camera，然后在菜单栏中选择 Component→Rendering→Skybox 命令，即可为 Main Camera 添加一个 Skybox。在使用摄像机的 Skybox 时，首先在 Main Camera 属性面板中设置 Clear Flags 为 Skybox，然后设置 Skybox 的 Custom Skybox 属性，单击 Custom Skybox 属性后面的圆形图标，在弹出的下拉列表中选择合适的 Skybox，也可以直接把 Skybox 拖到这个位置。Main Camera 属性面板如图 11-13 所示。Skybox 设置完成后，运行程序可以在 Game 视图中看到 Skybox 的效果。

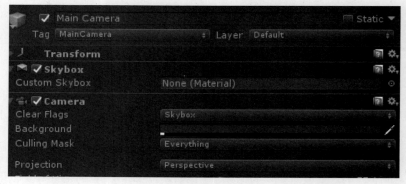

图 11-13

（2）在当前场景中添加 Skybox。在菜单栏中选择 Window→Rendering→Light Setting 命令，弹出 Lighting 属性面板，单击 Scene 选项卡，在 Environment 属性组中可以设置与 Skybox

相关的属性，如设置 Skybox Material、Sun Source 和 Environment Lighting 的 Source 等。Lighting 的属性面板如图 11-14 所示。在 Skybox Material 中指定一个 Skybox 材质，运行程序，就会看到 Skybox 的效果。

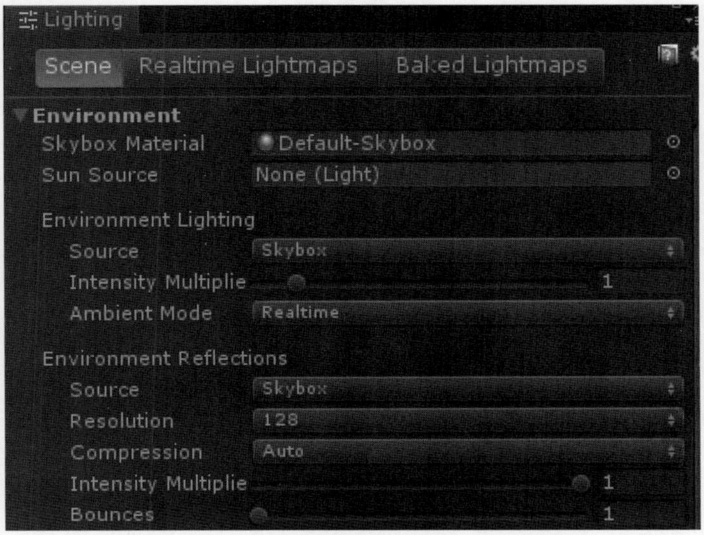

图 11-14

这两种方式的结果是一样的，第一种方式的优势在于，如果有多个摄像机，需要看不同的天空，则可以使用这种方式通过切换摄像机来实现。

下面简单介绍 Skybox 的使用方法，本案例的 Skybox 材质是在 Assets Store 中下载的免费资源。

在菜单栏中选择 Window→Rendering→Light Setting 命令，弹出 Lighting 属性面板，为 Skybox Material 指定 Skybox 材质，设置 Skybox 材质的面板如图 11-15 所示。如果选择 sky-6 材质，那么实现 Skybox 的效果如图 11-16 所示。

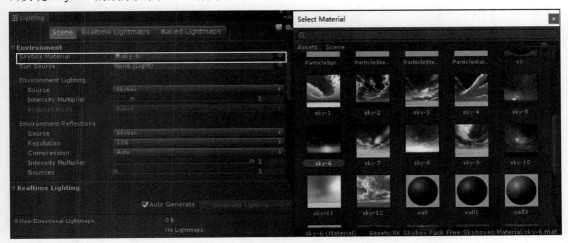

图 11-15

图 11-16

11.2.4　Fog

所谓 Fog（雾效），就是在远离视角方向上，物体看起来像被蒙上了某种颜色（通常是灰色）。这种技术的实现非常简单，就是根据物体与摄像机之间的距离来混合雾的颜色和物体本身的颜色。

Fog 通常用于优化性能，开启 Fog 后远处的物体被雾遮挡，此时便可以选择不渲染距离摄像机较远的物体，使场景中距离摄像机较远的物体在雾效变淡前被裁切掉。

在菜单栏中选择 Window→Rendering→Light Setting 命令，弹出 Lighting 属性面板，切换至 Scene 选项卡，在 Other Settings 属性组中，勾选 Fog 复选框即可开启雾效，如图 11-17 所示。

图 11-17

在 Other Settings 属性组中，还可以对雾的颜色、雾的浓度（只在采用指数方法时有效）、受雾影响的区域能被摄像机照到的近端和远端（只在采用线性方法时有效）等属性进行调整。其中，比较重要的是模拟雾的 Mode（模式），即 Fog 下的 Mode 属性，共有 Linear（线性）、Exponential（指数）和 Exponential Squared（平方指数）这 3 种雾效方式。

（1）Linear：从摄像机视角观察雾的变化，距离摄像机越远，雾看起来越浓。此处雾的浓度变化是线性的。可配参数 Start（摄像机照到的近端）、End（摄像机照到的远端）表示两个距离，从 Start 开始，越接近 End 雾越浓，到达 End 时达到最大浓度，End 之后也为最大浓度。

（2）Exponential：可配参数 Density（雾的浓度），浓度越大雾越大。

（3）Exponential Squared：可配参数 Density，该值越大表示雾越浓。

Mode 设置为 Linear 后，雾的效果如图 11-18 所示。

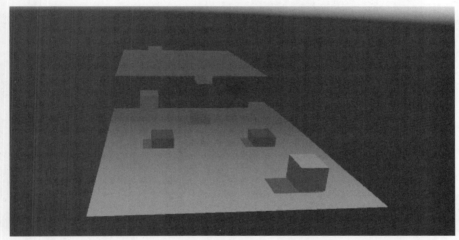

图 11-18

11.3 粒子系统

在 Unity 中，Particle System（粒子系统）是在三维计算机图形学中模拟一些特定的模糊现象的技术，这些现象用其他传统的渲染技术难以实现真实的物理运动规律。经常使用 Particle System 模拟的现象有火、爆炸、烟、水流、火花、落叶、云、雾、雪、尘、流星尾迹或像发光轨迹等现象的抽象视觉效果。

11.3.1 基本属性

启动 Unity，在 Hierarchy 视图中右击，在弹出的快捷菜单中选择 Effects→Particle System 命令，即可创建 Particle System，如图 11-19 所示。运行程序，在 Game 窗口中默认的粒子效果如图 11-20 所示。

创建 Particle System 之后，在场景中可以显示 Particle Effect（粒子效果）属性面板，如图 11-21 所示。Inspector 视图中的 Particle System 属性面板如图 11-22 所示。

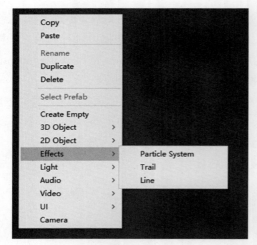

图 11-19

图 11-20

图 11-21　　　　　　　　　　图 11-22

在 Particle System 组件的属性面板中，每个属性的主要功能如下。

（1）Particle System：此模块为固有模块，无法将其删除或禁用，主要用于初始化粒子，如定义粒子的初始化时间、循环方式、初始速度、颜色、大小等基本参数。

（2）Emission（发射）：可以在特定的时间内生成大量的粒子效果，例如，可以在 Emission 中的一个特定时间内设定大量的粒子达到爆炸效果。

（3）Shape（形状）：主要用于定义粒子的发射器的形状，可以提供沿着该形状表面法线或随机方向的初始力，并控制粒子的发射位置及方向。

（4）Velocity over Lifetime（生命周期内粒子的速度）：控制生命周期内每个粒子在 X、Y、Z 轴方向的速度，对于那些物理行为复杂的粒子，其作用更明显，但对于那些具有简单视觉行为效果的粒子（如烟雾飘散效果），以及与物理世界几乎没有互动行为的粒子，其作用不明显。

（5）Limit Velocity over Lifetime（生命周期内的速度限制）：控制粒子在生命周期内的速度限制及速度衰减，可以模拟类似拖动的效果。若粒子的速度超过设置的限定值，则粒子的速度会被锁定到该限制值。

（6）Inherit Velocity（继承速度）：此属性控制粒子的速度如何随时间推移而受到其父对象移动的影响。

（7）Force over Lifetime（生命周期内粒子的受力）：在某个方向上施加力，控制粒子在其生命周期内的受力情况。

（8）Color over Lifetime（生命周期内粒子的颜色）：控制每个粒子在其生命周期内的颜色变化。

（9）Color by Speed（颜色的速度控制）：让每个粒子的颜色依照其自身的速度变化而变化。

（10）Size over Lifetime（生命周期内粒子的大小）：控制每个粒子在其生命周期内的大小变化。

（11）Size by Speed（粒子大小的速度控制）：可以让每个粒子的大小依照其自身的速度变化而变化。

（12）Rotation over Lifetime（生命周期内粒子的旋转速度）：控制每个粒子在其生命周期内的旋转速度变化。

（13）Rotation by Speed（旋转的速度控制）：可以让每个粒子的旋转速度依照其自身的速度变化而变化。

（14）External Forces（外部作用力）：可以控制风域的倍增系数。

（15）Noise（扰乱场）：控制每个轴的噪声及其强度。

（16）Collision（碰撞）：为粒子系统建立碰撞效果。

（17）Triggers（触发处理方式）：如何处理碰撞体内或碰撞体外的粒子。

（18）Sub Emitters（子发射器）：粒子的子发射器，可以使粒子在出生、消亡、碰撞等时刻生成其他的粒子。

（19）Texture Sheet Animation（序列帧动画纹理）：可以使粒子在其生命周期内的 UV 坐标发生变化，生成粒子的 UV 动画。可以将纹理划分为网格，在每格存放动画的一帧。同时，可以将纹理划分为几行，每行都是一个独立的动画。

（20）Lights（光线）：用于产生粒子光线的光照预制体及其性质参数的设置。

（21）Trails（拖尾）：在粒子上生成拖尾及其各种性质参数的设置。

（22）Custom Data（自定义数据）：允许在 Editor 中定义要附加到粒子的自定义数据格式。也可以在脚本中进行此设置。

（23）Renderer（渲染器）：显示与粒子系统渲染相关的属性。即使 Renderer 被添加或移除，也不影响粒子的其他属性。动画所使用的纹理需要在 Renderer 下的 Material 属性中指定。

11.3.2　设计简单的烟花效果

下面通过一个简单的烟花效果设计案例来介绍 Unity 2017 版本中 Particle System 的应用方法。

1. 设计思路

在案例中设计烟花（烟花的火花样）和烟雾（烟花的浓烟效果）两种效果，每种效果采用三级结构来设计。烟花：第一级制作总体发射的效果，第二级制作升空时火星的效果，第三级制作火花余烬飘散的效果。烟雾：第一级制作总体发射的效果，第二级制作升空时爆炸的效果，第三级制作烟雾飘散的效果。

2．实现步骤

准备工作：本案例的烟花材质是从资源商店获取的免费素材，将其导入本项目的 Assets 文件夹中。可供读者参考的资源信息如图 11-23 所示。

图 11-23

案例设计效果：案例设计的游戏对象的层级结构如图 11-24 所示，案例运行的烟花效果如图 11-25 所示。

图 11-24

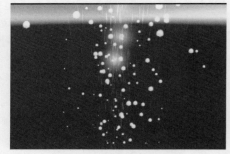

图 11-25

下面简要介绍烟花效果的制作过程。

（1）第一级制作总体发射的效果。新建一个工程，在 Hierarchy 视图中右击，在弹出的快捷菜单中选择 Effects→Particle System 命令，创建 Particle System 并重命名为 Fireworks，设置 Transform→Reset，将 Rotation 中 X 的值设置为-90。

（2）设置固有模块的属性值。打开固有模块，单击 Start Color 右边的箭头，然后选择 Random Between Two Colors 选项。两种颜色之间的随机数列表如图 11-26 所示。将 Start Color 的颜色参考值分别设置为#FFFFFFFF、#F2E7D9FF。固有模块的设置面板如图 11-27 所示。

固有模块的主要属性如下。

- Duration：持续时间，即把循环关闭以后，持续多少秒停止发射粒子。
- Looping：循环。

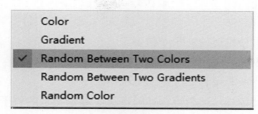

图 11-26

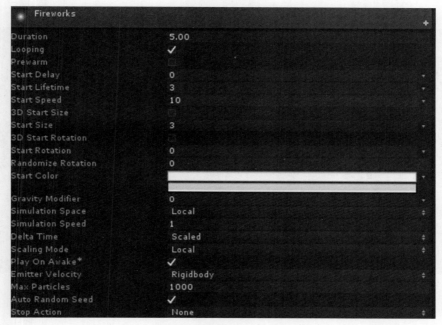

图 11-27

- Start Delay：延迟，即延迟多少秒开始发射粒子。
- Start Lifetime：初始化粒子寿命（生命周期），有 4 个取值。
  - ➤ Constant：固定值。
  - ➤ Curve：曲线。
  - ➤ Random Between Two Constants：两个常数之间的随机数。
  - ➤ Random Between Two Curves：两条曲线之间的随机数。
- Start Speed：初始化粒子速度。
- Start Color：初始化颜色。

（3）设置 Emission 模块的属性值，将 Rate over Time 设置为 6，如图 11-28 所示。

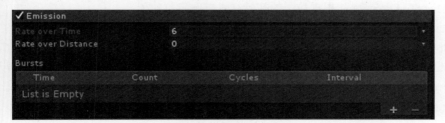

图 11-28

Emission 模块的主要属性如下。

- Rate over Time：每秒发射的粒子个数。
- Rate over Distance：粒子系统移动时，单位距离内发射的个数［Simulation Space（模拟空间）必须设为世界坐标］。
- Bursts：爆发（爆炸效果），在给定时间点瞬间爆发给定的粒子个数。

（4）设置 Shape 模块的属性值，将 Angle 设置为 10，Radius 设置为 0.01，Randomize Direction 设置为 1。Shape 模块的面板如图 11-29 所示。

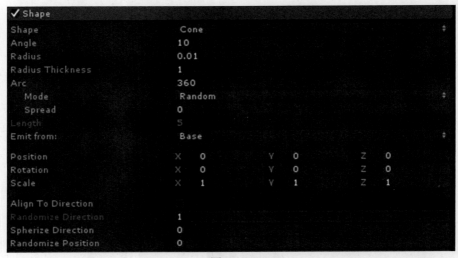

图 11-29

Shape 模块的主要属性如下。

- Shape：发射器模型，此属性有多个取值，常用的主要有 4 个，即 Cone（圆锥）、Sphere（球体）、Hemisphere（半球）、Box（立方体）。
- Angle：角色。
- Radius：半径。
- Emit from：从哪里发射，根据 Shape 属性的赋值不同，会有不同的选项。下面以 Cone 为例分别介绍属性的值。
  - ➢ Base：从圆锥的底面发射。
  - ➢ Base Shell：从圆锥的底边发射。
  - ➢ Volume：在锥体内部圆底上方随机点发射。
  - ➢ Volume Shell：从圆锥侧面发射。
- Align To Direction：根据粒子的初始行进方向定位粒子。
- Randomize Direction：随机方向。
- Spherize Direction：球面方向。

（5）设置 Renderer 模块的属性值，将 Receive Shadows 设置为 On，如图 11-30 所示。
Renderer 模块用来设置与粒子系统渲染相关的属性，其主要属性如下。

- Render Mode：渲染模型，此属性有多个选项。
  - ➢ Billboard：公告板模式，面对摄像机渲染。

> ➢ Stretched Billboard：面对摄像机但沿着方向拉伸。
> ➢ Horizontal Billboard：粒子平面平行于 *XZ* "底"平面。
> ➢ Vertical billboard：锁定轴向，从顶视图往下看时将无法看到粒子。
> ➢ Mesh：网格。

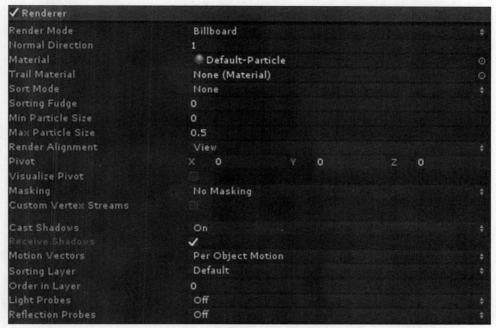

图 11-30

- Normal Direction：用于粒子图形的照明法线偏移。摄像机的法线值为 1.0，如果值为 0.0 则指向屏幕中心（仅限公告板模式）。
- Material：材质。
- Sort Mode：优先级（优先渲染）。
- Sorting Fudge：按数值大小渲染（值越小越被优先渲染，一般用于两个粒子系统叠加的情况）。
- Min/Max Particle Size：摄像机拉近或拉远，粒子跟着变大或变小时调节这个参数。
- Pivot：发射的粒子与粒子系统的相对位置。
- Cast Shadows：投射阴影开关。
- Receive Shadows：接收阴影开关。
- Sorting Layer：渲染器的分类层的名称。

（6）第二级制作升空时火星的效果，即制作 Fireworks 升空时火星的效果。选中 Fireworks，为其添加子粒子并重命名为 Trails，设置 Transform→Reset，将 Rotation 中 X 的值设置为-180。

（7）设置 Trails 固有模块的属性值，将 Start Lifetime 设置为 2，Start Size 设置为 0.08，Gravity Modifier 设置为 1，Simulation Space 设置为 World，Scaling Mode 设置为 Shape，Max Particles 设置为 500，如图 11-31 所示。

（8）设置 Trails 的 Emission 模块与 Shape 模块的属性值，将 Emission 模块中的 Rate over Time

设置为 50，Shape 模块中的 Angle 设置为 15，Radius 设置为 0.01，如图 11-32 所示。

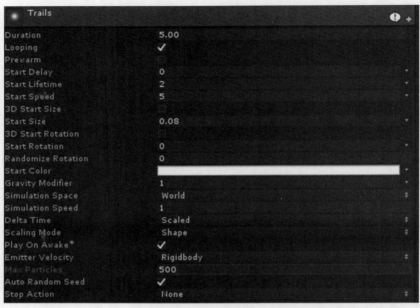

图 11-31

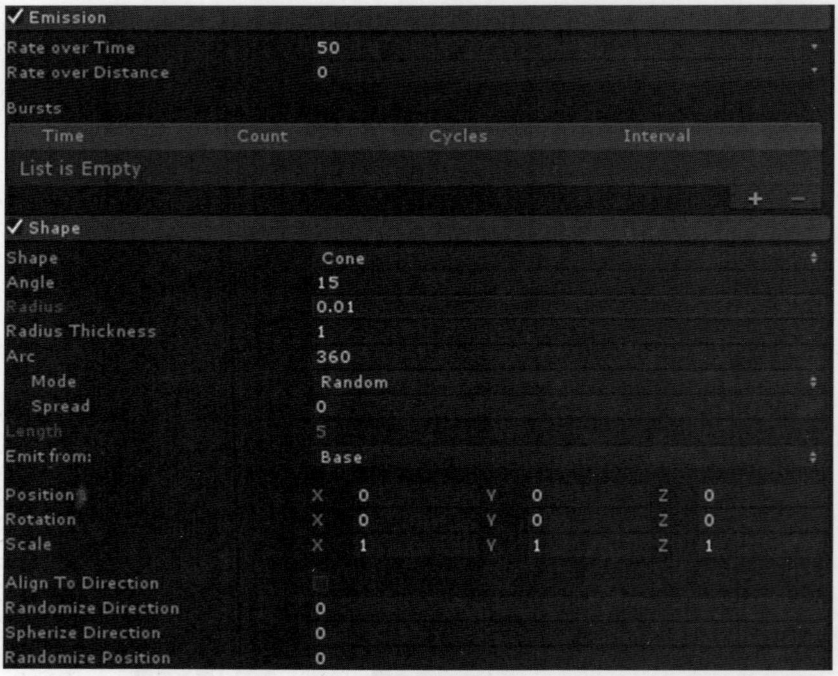

图 11-32

（9）设置 Trails 的 Color over Lifetime 模块的属性值，勾选 Trails 粒子的 Color over Lifetime 复选框，并设置 Color 属性值。Color over Lifetime 模块的面板如图 11-33 所示。Color 属性的设置（渐变效果）如图 11-34 所示。

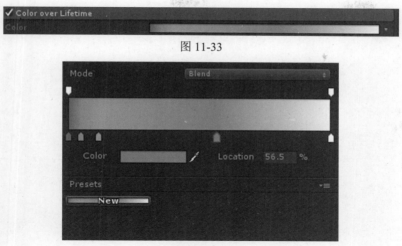

图 11-33

图 11-34

（10）设置 Trails 的 Size over Lifetime 模块的属性值，勾选 Trails 的 Size over Lifetime 复选框，然后设置 Size 的值。Size over Lifetime 模块的面板如图 11-35 所示，Color over Lifetime 中的 Size 的参考曲线如图 11-36 所示。

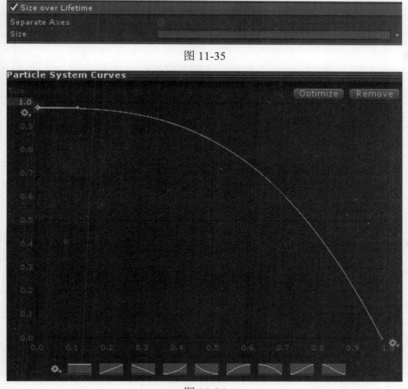

图 11-35

图 11-36

（11）设置 Trails 的 Renderer 模块的属性值，将 Material 设置为 ParticleFirework，如图 11-37 所示。

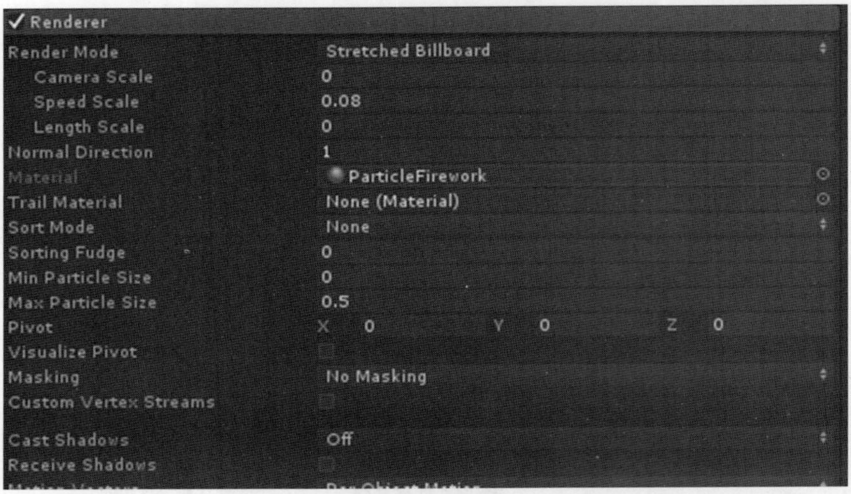

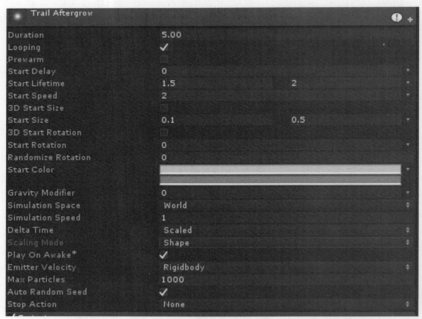

图 11-37

（12）第三级制作火花余烬飘散的效果。选中 Trails，创建 Trails 的子粒子 Trail Aftergrow，制作火花余烬飘散的效果。设置 Transform→Reset，将 Rotation 中 X 的值设置为-180。

（13）设置 Trail Aftergrow 的固有模块的属性值，把 Start Color 设置为 Random Between Two Colors，其两种颜色的参考值分别为#FBE173FF 和#C98C6AFF。把 Start Lifetime 设置为 Random Between Two Constants，其两个值分别设置为 1.5 和 2。将 Scaling Mode 设置为 Shape，固有模块的面板如图 11-38 所示。

图 11-38

（14）设置 Trail Aftergrow 的 Emission 模块与 Shape 模块的属性值，将 Emission 模块中的 Rate over Time 设置为 1，Shape 模块中的 Shape 设置为 Sphere，Radius 设置为 0.01。Emission 模块与 Shape 模块的面板如图 11-39 所示。

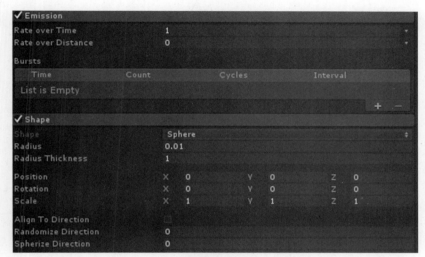

图 11-39

（15）设置 Trail Aftergrow 的 Inherit Velocity 模块与 Size over Lifetime 模块的属性值。勾选 Inherit Velocity 复选框和 Size over Lifetime 复选框，将 Inherit Velocity 模块中的 Multiplier 设置为 1，Size over Lifetime 模块中的 Size 值的参考曲线如图 11-40 所示。

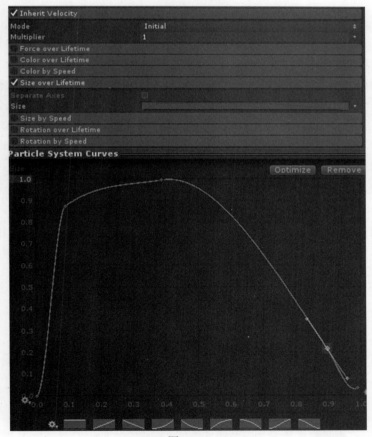

图 11-40

（16）设置 Trail Aftergrow 的 Renderer 模块的属性值，将 Cast Shadows 设置为 On，Material 设置为 ParticleFirecloud。Renderer 模块的面板如图 11-41 所示。

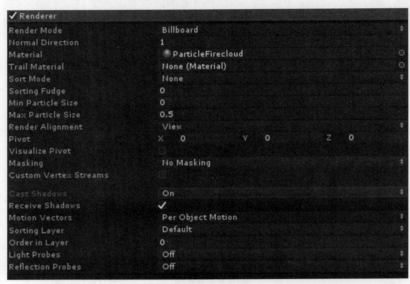

图 11-41

（17）设置 Fireworks 和 Trails 的 Particle System 组件中的 Sub Emitters 模块的属性值，均勾选 Sub Emitters 复选框，并分别将 Birth 设置为 Trails 和 Trail Aftergrow，如图 11-42 所示。由此，完成烟花的火花样的设置。

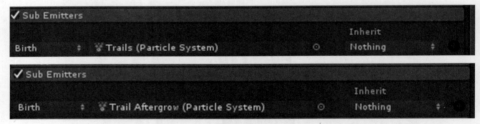

图 11-42

（18）烟花升到天空爆炸的烟雾效果的操作步骤与烟花的操作步骤类似，在此不再赘述。烟雾效果中的具体参数设置请读者参考本书配套资源"Chapter11→Main2"场景中的值。

至此，简单的烟花效果制作完成。

本章小结

（1）在 Unity 项目中，灯光和摄像机是非常重要的元素。灯光可以提升游戏画面的质感，使创建的场景看起来十分逼真，甚至能达到以假乱真的视觉效果。摄像机可以捕捉游戏的场景，并将其输出到屏幕上。灯光用来照亮场景和对象，可以创造完美的视觉气氛，也可以用来模拟太阳、燃烧的火柴、探照灯、手电筒、爆炸效果等。

（2）Unity 中的光照渲染效果一般是通过 Light 组件实现的，灯光的作用就是发光，照亮其他物体。一个物体如果有 Light 组件，就可称之为光源。Unity 中有 4 种光源类型：Directional Light，最节省资源，一般用作太阳；Point Light，由一个点向四周发射光源，一般用作灯泡；Spot Light，最耗费资源，一般用作手电筒；Area Light，创造灯光贴图烘焙时使用，无法应用于实时光照。

（3）Skybox 是一个全景视图，其实就是将一个立方体展开，分为 6 个纹理，表示上、下、左、右、前、后这 6 个方向的视图，然后在 6 个面上贴上相应的贴图。如果 Skybox 被正确生成，那么纹理图像会在边缘无缝地拼接在一起，可以在内部的任何方向看到周围连续的图像。在实际渲染中，全景图片会被渲染在场景中的所有其他物体的后面，将这个立方体始终罩在摄像机的周围，让摄像机始终处于这个立方体的中心位置，然后根据视线与立方体交点的坐标来确定究竟在哪一个面上进行纹理采样。

（4）雾效就是在远离视角方向上，物体看起来像被蒙上了某种颜色（通常是灰色）。这种技术的实现非常简单，就是根据物体距离摄像机的远近来混合雾的颜色和物体本身的颜色。雾效通常用于优化性能，开启雾效后远处的物体被雾遮挡，此时便可以选择不渲染距离摄像机较远的物体，使场景中距离摄像机较远的物体在雾效变淡前被裁切掉。

（5）在 Unity 中，Particle System 是在三维计算机图形学中模拟一些特定的模糊现象的技术，而这些现象用其他传统的渲染技术难以实现真实的物理运动规律。经常使用 Particle System 模拟火、爆炸、烟、水流、火花、落叶、云、雾、雪、尘、流星尾迹或发光轨迹等现象的抽象视觉效果。

思考与练习

1. 简述 Unity 3D 中 4 种光源的作用及常用属性。
2. 简述粒子系统中固有模块、Emission 模块、Shape 模块、Renderer 模块的作用。
3. 做一个程序，根据所学的 Light 组件，设计一个台灯，通过脚本实现台灯的打开与关闭。
4. 做一个程序，根据所学的 Particle System，设计一个开枪出现的火花特效。

第 12 章　游戏资源打包与跨平台发布

 12.1 AssetBundle 概述

AssetBundle 是 Unity 引擎提供的一种资源管理技术，可以用来动态地加载/卸载资源，减轻运行时内存的压力，所以也是一种热更新技术。AssetBundle 是一种特定的压缩包，可以包含模型、材质、预设包、音频，甚至整个场景，使用 WWW 类流式传输从本地或远程位置来加载资源，从而提高项目的灵活性，减小初始应用程序的大小。

在 Project 视图中选中一个预制体，在 Inspector 视图的底部有一个 AssetBundle 属性，如图 12-1 所示，第一个参数用于给资源打包的 AssetBundle 命名，固定为小写格式，若在名字中使用了大字字母，系统就会自动转换为小写格式。第二个参数是打包 AssetBundle 文件的后缀名。

图 12-1

Unity 5.3 及其以上的版本中提供了唯一的 API，用来打包 AssetBundle，其格式如下：

```
public static AssetBundleManifest BuildAssetBundles(string outputPath,
BuildAssetBundleOptions assetBundleOptions, BuildTarget targetPlatform);
```

或者

```
BuildAssetBundles(string outputPath,AssetBundleBuild[] builds,
BuildAssetBundleOptions assetBundleOptions,BuildTarget targetPlatform);
```

- outputPath：资源包的输出路径，资源会被保存在已存在的文件夹中。
- assetBundleOptions：资源包编译选项，默认为 None。
- targetPlatform：目标编译平台。

下面通过一个案例来介绍 AssetBundle 的使用方法。

1. 打包案例准备工作

（1）准备好打包案例，创建 3 个预制体和 1 个材质，分别为 Cube、Cylinder、Sphere 和 mat1（材质）。读者自己可以设置对象效果，参照的效果如图 12-2 所示。

（2）创建 Editor 文件夹，并在其下创建 C#脚本 myTools，如图 12-3 所示。Editor 文件夹及其下的脚本用来完成编辑器的扩展编写，因为打包过程需要在编辑器模式下进行，所以需要扩展编辑器，即不用运行就能执行的逻辑。保存后，在菜单栏中增加了 Tools 菜单，后续就可以通过执行 Tools→CreateBundle 命令完成资源打包，如图 12-4 所示。

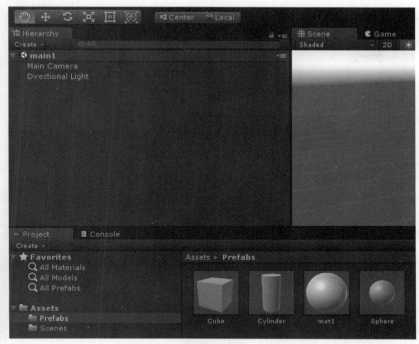

图 12-2

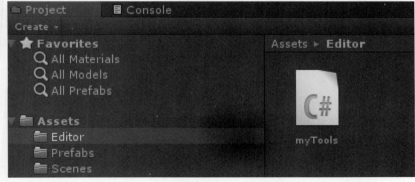

图 12-3

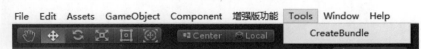

图 12-4

在 myTools 脚本中添加如下代码：

```
using UnityEditor;
using System.IO;
public class myTools : Editor {
    [MenuItem("Tools/CreateBundle")]
    static void CreateAssetBundle(){
        UnityEngine.Debug.Log("abc");
    }
}
```

2. 设置资源文件

（1）分别把 Prefabs 文件夹中的所有资源进行标识，将 Cube 的 AssetBundle 标识为 zhengfangti，扩展名为 u3d，如图 12-5 所示。重复以上步骤，将 Cylinder 的 AssetBundle 标识为 yuanzhuti，扩展名为 u3d；将 Sphere 的 AssetBundle 标识为 qiu，扩展名为 u3d；将 mat1 的 AssetBundle 标识为 mat，扩展名为 u3d。总体资源文件列表如图 12-6 所示。

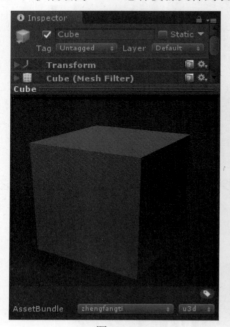

图 12-5

图 12-6

（2）编写代码，生成 AssetBundle 文件。打开 myTools 脚本，添加如下代码，保存后回到 Unity 界面，选择 Tools 菜单下的 CreateBundle 命令完成资源打包，在项目路径下会生成 AB 文件夹，文件夹中的内容如图 12-7 所示。

```
using UnityEditor;
using System.IO;
public class myTools : Editor{
    [MenuItem("Tools/CreateBundle")]
    static void CreateAssetBundle(){
        UnityEngine.Debug.Log("starts");
        string path = "AB";                //资源文件夹
        if (!Directory.Exists(path)) {    //如果文件夹不存在，则创建文件夹
            Directory.CreateDirectory(path);
        }
        //打包
        BuildPipeline.BuildAssetBundles(path,    BuildAssetBundleOptions.None,
BuildTarget.StandaloneWindows64);
        UnityEngine.Debug.Log("Finish");
    }
}
```

名称	修改日期	类型	大小
AB	2021/4/25 11:03	文件	2 KB
AB.manifest	2021/4/25 11:03	MANIFEST 文件	1 KB
mat.u3d	2021/4/25 11:03	U3D 文件	26 KB
mat.u3d.manifest	2021/4/25 11:03	MANIFEST 文件	1 KB
qiu.u3d	2021/4/25 11:03	U3D 文件	2 KB
qiu.u3d.manifest	2021/4/25 11:03	MANIFEST 文件	1 KB
yanzhuti.u3d	2021/4/25 11:03	U3D 文件	2 KB
yanzhuti.u3d.manifest	2021/4/25 11:03	MANIFEST 文件	1 KB
zhengfangti.u3d	2021/4/25 11:03	U3D 文件	2 KB
zhengfangti.u3d.manifest	2021/4/25 11:03	MANIFEST 文件	1 KB

图 12-7

3. 加载对象

加载对象共有 3 种方式：内存加载、文件加载、网络加载。内存加载使用 LoadFromMemoryAsync() 方法，文件加载使用 LoadFromFile() 方法。使用 LoadFromMemoryAsync() 方法下载 AssetBundle 文件后，该对象自动保存在 Unity 特定的缓存区内。LoadFromFile() 方法从磁盘上同步加载 AssetBundle 文件，该功能支持任何类型的压缩包。通过网络加载方式加载对象不使用缓存，它先获取 WWW 对象，再通过 WWW.AssetBundle 来加载 AssetBundle 对象，此方式使用一个新建的 WWW 对象，AssetBundle 不会缓存到 Unity 本地的设备存储器的缓存文件夹中。

当把 AssetBundle 文件下载到本地之后，需要把下载好的 AssetBundle 文件的内容加载到内存中，并创建 AssetBundle 文件中的对象。Unity 提供了多种方式来加载 AssetBundle 文件，常用的加载方式有如下几种。

（1）public Object LoadAsset(string name)：从 AssetBundle 包中加载名为 name 的资源，返回类型为 Object。

（2）public Object LoadAsset(string name, Type type)：加载一个包中名为 name、类型为 type 的资源。

（3）public Object[] LoadAllAssets(Type type)：加载包中所有类型为 type 的资源。

（4）public Object[] LoadAllAssets()：加载包中的所有资源。

（5）public AssetBundle.LoadAssetAsync()：异步加载，加载较大资源时使用，但不会阻碍主线程。

下面以文件加载方式为例，简单介绍加载对象的方法。首先创建 Scripts 文件夹，在其下创建 LoadAssetBundle 脚本，在脚本中添加如下代码：

```
using System.Collections;
using System.Collections.Generic;
using UnityEngine;
using System.IO;
public class LoadAssetBundle : MonoBehaviour{
    void Start(){
        StartCoroutine(fromFileOne());
    }
    IEnumerator fromFileOne(){
        string path = @"AB\qiu.u3d";
        string matPath = @"AB\mat.u3d";
        AssetBundle assetBundle = AssetBundle.LoadFromFile(path);
```

```
        AssetBundle matAssetBundle = AssetBundle.LoadFromFile(matPath);
        GameObject prefabGo = assetBundle.LoadAsset("Sphere") as GameObject;
        GameObject go = GameObject.Instantiate(prefabGo);
        yield return null;
    }
}
```

在场景中创建一个 GameObject 空游戏对象，把 LoadAssetBundle 脚本挂载到此游戏对象上，运行程序，通过文件加载的方式创建球体，效果如图 12-8 所示。

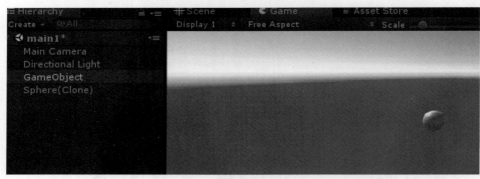

图 12-8

4．卸载对象

加载 AssetBundle 文件时创建的对象使用完之后，可以使用 AssetBundle.Unload()方法来卸载创建的对象。

（1）AssetBundle.Unload(false)：释放 AssetBundle 文件本身的内存镜像，但不会销毁加载的 Assets 内存对象。

（2）AssetBundle.Unload(true)：释放 AssetBundle 文件本身的内存镜像，同时销毁所有已经加载的 Assets 内存对象。

12.2　平台发布设置

Unity 最大的特点就是可以跨平台运行，即一处开发多处运行。这里的跨平台运行实际上是指在 Unity 平台上发布，在不同的系统上运行，如 Windows、Android、iOS、macOS、Web 等。这样可以节省大量的时间和精力，从而提高工作效率。

Unity 的项目文件必须在 Unity 引擎中才能运行，通过"打包发布"可以将项目文件转换成独立的"游戏文件"，这样可以脱离 Unity 引擎直接在计算机上运行，然后就可以到处发布传播。

在菜单栏中选择 File→Build Settings…命令，打开 Build Settings 对话框，如图 12-9 所示。

Build Settings 对话框有两个模块，分别是 Scenes In Build（发布包含的场景）和 Platform（发布平台）。如果在游戏中需要应用切换的场景，就需要把这个场景添加到 Scenes In Build 中。

1．Scenes In Build 模块

首次打开 Build Settings 对话框时，场景列表为空白状态。可以单击 Add Open Scenes 按钮，在 Scenes In Build 模块中添加案例中的场景，或者从 Project 视图中直接把场景文件拖到列表中。

场景中的数字是程序运行时被加载的顺序，0 表示第一个被加载的场景，可以通过上移和下移来调整场景加载顺序。

图 12-9

2. Platform 模块

Platform 模块在 Scenes In Build 模块的下方，列出了 Unity 版本支持发布的目标平台。如果需要改变目标平台，在选择好平台之后，可以通过单击该平台左下角出现的 Switch Platform 按钮来应用更改。当前被选中的平台名称的右侧会出现 Unity 的小图标作为标识。

12.3　发布到 PC 平台

Unity 支持多种游戏平台，其中，PC 平台是常见的且非常重要的发布平台之一。随着欧美游戏的崛起，很多游戏开始被发布到 PC 平台，并且很多游戏类型和好的创意都诞生于 PC 平台。

12.3.1　发布到 PC 平台参数设置

打开"Build Settings"对话框，在 Platform 模块中选择"PC, Mac&Linux Standalone"选项，在右侧的 Target Platform 下拉列表中选择"Windows"选项，在 Architecture 下拉列表中选择"x86"选项或"x86_64"选项。

单击左下角的"Player Settings…"按钮，在右侧的 Inspector 视图中可以看到 PC, Mac&Linux

Standalone 平台中 PlayerSettings 的基本属性和 4 个选项：Icon、Resolution and Presentation、Splash Image 和 Other Settings，如图 12-10 所示，基本属性设置项主要包括公司名称、项目名称和图标的参数。

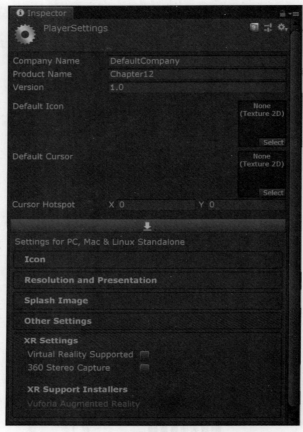

图 12-10

PlayerSettings 模块的属性及其含义和功能如表 12-1 所示。

表 12-1

属　　性	含　　义	功　　能
Company Name	公司名称	发布时所用的开发团队或公司的名称
Product Name	产品名称	当游戏运行时，这个名称将出现在菜单栏上，也可以用来设置参数文件
Default Icon	默认图标	程序发布后生成的可执行文件的默认图标
Default Cursor	默认光标	将鼠标光标移到相应的位置，鼠标光标形状为默认的游标状态（通常为一个箭头）
Cursor Hotspot	光标的设置	光标热点位置

打开 Resolution and Presentation 模块，其属性设置如图 12-11 所示。

图 12-11

Resolution and Presentation 模块的主要属性及其含义如表 12-2 所示。

表 12-2

属　　性	含　　义
Default Is Native Resolution	默认为本地分辨率
Run In Background	当暂时跳出游戏转到其他窗口时，显示游戏是否继续进行
Supported Aspect Ratios	显示器能支持的画面比例，包括 4：3、5：4、16：10、16：9 和 Others

当完成上述设置或全部采用默认设置之后，便可以返回 Build Settings 对话框，单击右下角的 Build 按钮，选择用于存放可执行文件的路径，这样就可以发布一个可执行的.exe 文件和包含其所需资源的同名文件夹。单击该.exe 文件就会出现游戏运行对话框，如图 12-12 所示。

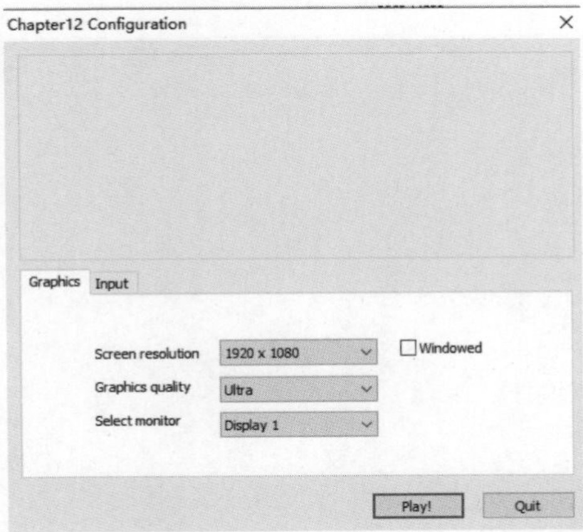

图 12-12

12.3.2　RunBall 案例（四）

（1）打开 RunBall 工程，在菜单栏中选择 File→Build Settings…命令，弹出 Build Settings 对话框，单击 Add Open Scenes 按钮，在 Scenes In Build 模块中添加案例场景，可以根据项目实际发布情况勾选和调整顺序，如图 12-13 所示。

图 12-13

（2）单击 Build Settings 对话框左下角的 Player Settings…按钮，在 Inspector 视图中根据实际情况设置属性的值。本案例只设置了 Company Name、Product Name、Default Icon 属性的值，其他属性采用默认设置，如图 12-14 所示。

图 12-14

（3）单击 Build Settings 对话框中的 Build 按钮，在弹出的窗口中填写游戏文件的名称 Run Ball，可以看到生成的 Windows 下的可执行文件，保存类型默认为.exe，然后单击"保存"按钮，可以看到 Build Player 对话框的进度条，等进度条刷新完之后，就完成了打包。生成的.exe 文件如图 12-15 所示，单击 RunBall.exe 文件就可以运行游戏。

名称	修改日期	类型	大小
RunBall_Data	2021/5/1 7:19	文件夹	
RunBall.exe	2021/5/1 7:19	应用程序	634 KB
UnityPlayer.dll	2020/5/28 21:08	应用程序扩展	21,850 KB

图 12-15

12.4　发布到 Android 平台

Android 是目前非常流行的一个游戏平台，人们几乎每天都会玩 Android 游戏。要将游戏发布到 Android 平台，必须先安装两个工具，即 Java（JDK）和 Android 模拟器（SDK）。

12.4.1　安装 JDK 与配置 JDK 环境变量

1．安装 JDK

Java Development Kit 简称 JDK，Android 工具不支持 JDK9 或更高版本，此处以 Java SE 8u281 为例进行讲解，下拉找到 Java SE 8，如图 12-16 所示。

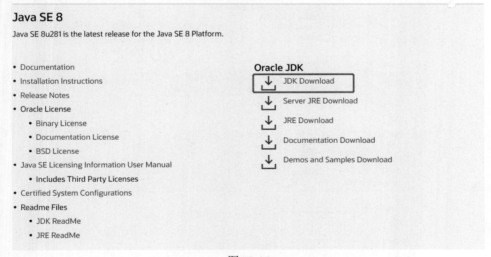

图 12-16

单击 JDK Download 链接，下拉找到 Windows 平台，然后找到与自己系统类型相对应的链接，如单击 Windows x64 链接，如图 12-17 所示。

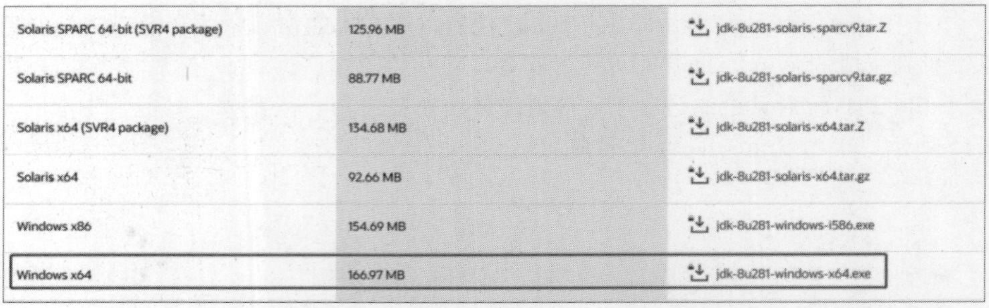

Solaris SPARC 64-bit (SVR4 package)	125.96 MB	⬇ jdk-8u281-solaris-sparcv9.tar.Z
Solaris SPARC 64-bit	88.77 MB	⬇ jdk-8u281-solaris-sparcv9.tar.gz
Solaris x64 (SVR4 package)	134.68 MB	⬇ jdk-8u281-solaris-x64.tar.Z
Solaris x64	92.66 MB	⬇ jdk-8u281-solaris-x64.tar.gz
Windows x86	154.69 MB	⬇ jdk-8u281-windows-i586.exe
Windows x64	166.97 MB	⬇ jdk-8u281-windows-x64.exe

图 12-17

此安装包需要安装 2 个程序，分别为 jdk 和 jre，jdk 为 Android 开发工具，jre 为 Java 运行环境（Java Runtime Environment）。

2. 配置 JDK 环境变量

右击"此电脑"，弹出"系统属性"对话框，单击"环境变量"按钮，如图 12-18 所示。

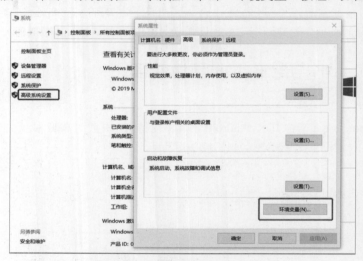

图 12-18

新建名为 JAVA_HOME 的环境变量，其值为 jdk 全路径，如图 12-19 所示。

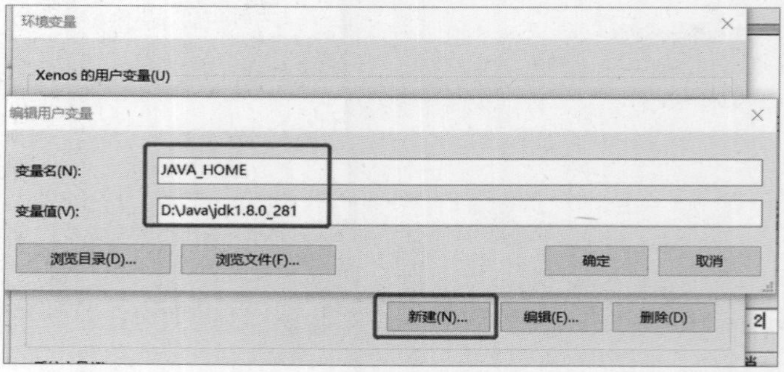

图 12-19

如果是在 Windows 7 系统中，则双击环境变量中的 Path，在变量值顶头添加".;%JAVA__

HOME%\bin;"；如果是在 Windows 10 系统中，则双击环境变量中的 Path，然后在"编辑环境变量"对话框中单击右上角的"新建"按钮，复制 jdk 地址+"\bin"，如图 12-20 所示。

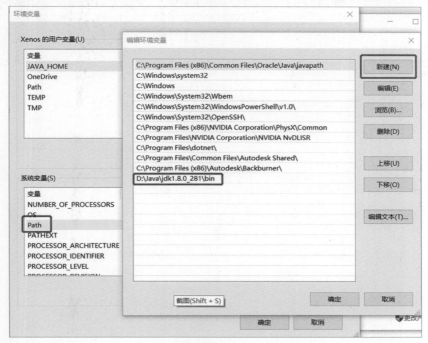

图 12-20

接下来测试环境变量是否配置成功，按 Win+R 组合键打开运行窗口，输入"cmd"命令。在 Windows 7 系统中，输入 javac –version（注意中间有一个空格）；在 Windows 10 系统中输入 java -version（注意中间有一个空格）。如果未报错且给出安装版本号，则表示环境变量配置成功，如图 12-21 所示。

图 12-21

12.4.2　Android 虚拟机的安装与配置

下载 Android SDK Tools：下拉找到图 12-22 中框定的版本并下载。解压得到的文件列表如图 12-23 所示。

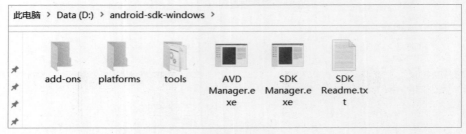

图 12-22

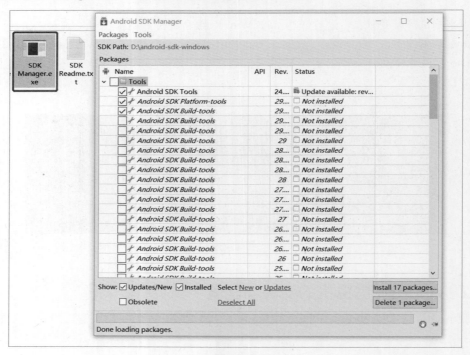

图 12-23

运行 SDK Manager.exe，弹出安装窗口，如图 12-24 所示。

图 12-24

在 Android SDK Manager 窗口中勾选需要下载的文件。勾选完成后（如共勾选了 17 个文件），单击"Install 17 packages…"按钮，在弹出的 Choose Packages to Install 窗口中再次确认是否勾选了所有资源包，单击 Install 按钮即可进行下载并更新安装。

12.4.3　Unity 相应配置

打开"Build Settings"对话框，在 Platform 模块中选择 Android 平台，然后单击右侧的"Open Download Page"按钮，弹出下载框，下载与 Unity 版本相对应的 Android 扩展包（版本信息如图 12-25 所示），并安装到 Unity 根目录（默认）。

UnitySetup-Android-Support-for-Editor-2018.4.34f1.exe

图 12-25

安装完成后，重新切换到 Android 平台，如果在右侧出现相应的选项则表示安装成功，如图 12-26 所示。

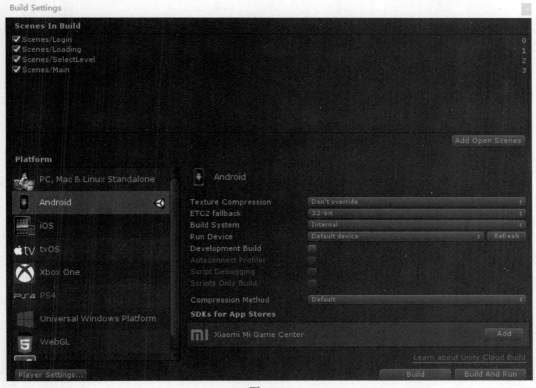

图 12-26

打开 Unity，在菜单栏中选择"Edit→Preferences…"命令，弹出参数设置窗口，如图 12-27 所示，接下来就可以发布 Android 的应用程序。

其"Player Settings…"按钮的设置可以参考 PC 发布过程，发布结束后会生成.apk 文件，把此文件安装到 Android 手机中就可以运行游戏。

图 12-27

12.5 发布到 WebGL 平台

WebGL 允许 Unity 以 JavaScript 程序的形式发布能在网页浏览器中运行的 Unity 内容。此类程序的运行离不开 HTML5 技术和 WebGL 渲染 API 的支持，在多数情况下，还要发布到 Web 服务器上才能被主流浏览器解析。

当前大部分桌面主流浏览器支持 Unity WebGL，但不同的浏览器提供的支持程度仍有所差别，移动设备并不支持 Unity WebGL。因为平台限制的关系，并不是所有 Unity 特性在 WebGL 中都可用，如 WebGL 工程无法在 MonoDevelop 或 Visual Studio 中进行调试、多线程不被支持等。

下面以发布 RunBall 文件为例介绍发布到 WebGL 平台的方法。在发布之前需要把 RunBall 文件放到非中文路径中，否则打包不成功。

1. 环境部署

打开"Build Settings"对话框，在 Platform 模块中选择 WebGL 平台，如果没有安装 WebGL 平台的支持文件，该对话框右侧就会出现"Down"按钮，单击"Down"按钮会弹出下载对话框，如图 12-28 所示。下载完成后按默认值安装即可。

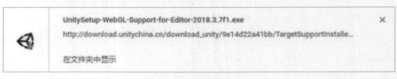

图 12-28

注意：在安装之前，需要先退出 Unity 客户端，否则无法进行安装。

2．打包参数设置

重新打开"Build Settings"对话框，在 Platform 模块中选择 WebGL 平台，安装完成后的界面如图 12-29 所示。接下来进行打包参数设置，打包时不要勾选"Development Build"复选框，如果勾选该复选框，文件将非常大。

图 12-29

单击"Player Settings…"按钮，设置发布参数，其中的 Company Name 等参数可以参考 PC 平台的设置，其他参数采用默认设置即可。在 Resolution and Presentation 模块中，Default Canvas Width、Default Canvas Height 保持默认值 960、600 即可，如图 12-30 所示。

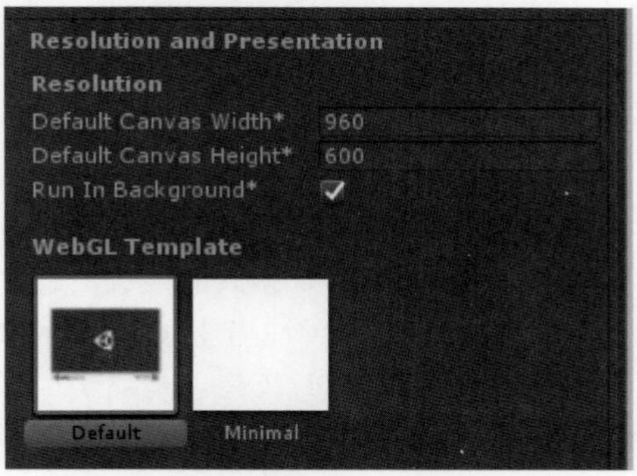

图 12-30

3．打包文件

打包参数设置好之后，单击"Build"按钮，弹出打包后文件的保存窗口，选择好存放的路径之后，单击"保存"按钮保存即可。打包结束后的文件资源结构如图 12-31 所示。

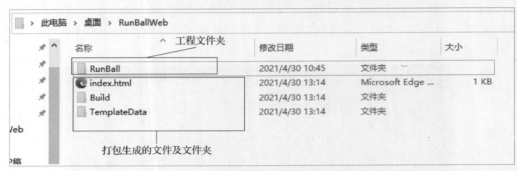

图 12-31

注意：打包输出的文件要和项目工程放在同一级别的文件目录下，否则很可能打包不成功。

4．浏览网页游戏

对于 WebGL 网页游戏，除 Firefox（火狐）浏览器不需要发布到 IIS 上以外，其他浏览器都需要先发布到 IIS 上才可以浏览。下面以 Firefox 浏览器为例来说明 WebGL 的配置过程。

打开 Firefox 浏览器，在地址栏中输入 about:config，会出现 Firefox 浏览器的配置信息窗口，如图 12-32 所示。

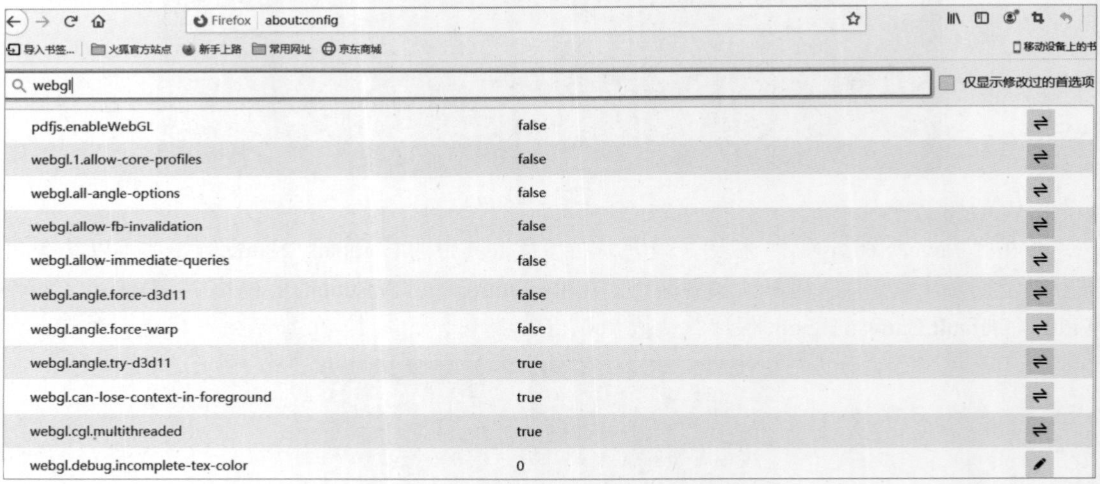

pdfjs.enableWebGL	false	⇌
webgl.1.allow-core-profiles	false	⇌
webgl.all-angle-options	false	⇌
webgl.allow-fb-invalidation	false	⇌
webgl.allow-immediate-queries	false	⇌
webgl.angle.force-d3d11	false	⇌
webgl.angle.force-warp	false	⇌
webgl.angle.try-d3d11	true	⇌
webgl.can-lose-context-in-foreground	true	⇌
webgl.cgl.multithreaded	true	⇌
webgl.debug.incomplete-tex-color	0	✎

图 12-32

在搜索栏中输入 webgl，就会出现与 WebGL 相关的配置信息：将 webgl.force-enabled 设为 true；将 webgl.disabled 设为 false；在过滤器（filter）中搜索 security.fileuri.strict_origin_polic 并设为 false。其中，前两个配置需要强制开启 WebGL 支持，最后一个配置允许从本地载入资源。

用 Firefox 浏览器打开 index.html，加载完成后，出现游戏的登录界面，如图 12-33 所示。此时 WebGL 打包成功。

图 12-33

本章小结

（1）AssetBundle 是 Unity 引擎提供的一种资源管理技术，可以用来动态地加载/卸载资源，减轻运行时内存的压力，所以也是一种热更新技术。AssetBundle 是一种特定的压缩包，可以包含模型、材质、预设包、音频，甚至整个场景，使用 WWW 类流式传输从本地或远程位置来加载资源，从而提高项目的灵活性，减小初始应用程序的大小。

（2）Unity 最大的特点就是可以跨平台运行，即一处开发多处运行。这里的跨平台运行实际上是指在 Unity 平台上发布，在不同的系统上运行，如 Windows、Android、iOS、macOS、Web 等。这样可以节省大量的时间和精力，从而提高工作效率。

（3）Unity 支持多种游戏平台，PC 平台是常见的且非常重要的发布平台之一。随着欧美游戏的崛起，很多游戏开始被发布到 PC 平台，并且很多游戏类型和好的创意都诞生于 PC 平台。

（4）在 Project 视图中选中一个预制体，Inspector 视图的底部有一个 AssetBundle 属性，第一个参数用于给资源打包的 AssetBundle 命名，固定为小写格式，若在名称中使用了大字字母，系统会自动转换为小写字母。

（5）Unity 的项目文件必须在 Unity 引擎中才能运行，通过"打包发布"可以将项目文件转换成独立的"游戏文件"，这样可以脱离 Unity 引擎直接在计算机上运行，然后可以到处发布传播。Build Settings 对话框有两个模块，分别是 Scenes In Build 和 Platform。如果在游戏中需要应用切换的场景，就需要把这个场景添加到 Scenes In Build 模块中。

（6）加载对象共有 3 种方式：内存加载、文件加载和网络加载。通过内存加载和文件加载方式加载完成后，该对象自动保存在 Unity 特定的缓存区中。通过网络加载方式加载对象后，该对象不会缓存到 Unity 在本地的设备存储器的缓存文件夹中。当把 AssetBundle 文件下载到本地之后，需要把下载好的内容加载到内存中并创建 AssetBundle 文件中的对象。Unity 提供了多种方式来加载 AssetBundle 文件，加载文件时创建的对象使用完之后，可以使用 AssetBundle.Unload()方法来卸载创建的对象。

思考与练习

1. 熟悉 AssetBundle 文件的 3 种加载对象的方式，对象使用完之后再卸载创建的对象。
2. 熟悉安装 Android 平台的发布环境。
3. 练习 RunBall 项目在 PC 平台、Android 平台、WebGL 平台的打包和发布。

第 13 章　UGUI 综合案例

13.1　案例介绍与环境搭建

　　本案例来自 SIKI 学院,是 Unity 2017 版本的 UGUI 综合案例。游戏包括 7 个 UI,即游戏的开始面板、主面板、"角色"面板、"背包"面板、"关卡选择"面板、"设置"面板、"登录"面板。

　　创建一个 3D 工程并命名为 UGUITest,在 Project 视图的 Assets 文件夹中创建 Scripts 文件夹,用于存放游戏中所有的脚本,然后创建 Scene 文件夹,用于保存场景。将资源文件包 UI.package 导入 Assets 文件夹中,并将 UI\Sprite 中所有图片的 Texture Type 修改为 Sprite(2D and UI)。Project 视图中 Assets 文件夹的结构如图 13-1 所示。

图 13-1

13.2　制作游戏的开始面板

　　游戏的开始面板是游戏启动之后展示的第一个界面,需要对游戏的音乐、音效等进行统一设置,其设计效果如图 13-2 所示。

图 13-2

（1）在 Scene 文件夹中创建场景 Start 并打开，在场景中创建 Canvas 并把场景切换到 2D 模式，分别设置 Canvas 组件的 Render Mode、UI Scale Mode、Screen Match Mode 属性的值，具体如下。

- Render Mode：Screen Space-Overlay。
- UI Scale Mode：Scale with Screen Size。
- Screen Match Mode：Expand。

另外，Reference Resolution 属性的参考数值为 800 像素×600 像素。

（2）在 Canvas 下创建 Image 并重命名为 Bg，把 UI\Sprite 中的 StartScreen 图片拖到 Source Image 处，在 Bg 的 Rect Transform 中，单击 Anchor Presets（预设锚点），再按 Alt 键选中右下角的区域，如图 13-3 所示。这样背景图片的锚点就会设置到画布的 4 个角，Bg 也铺满整个画布且跟随画布同步缩放。

图 13-3

（3）在 Canvas 下创建 Image 并重命名为 ButtonSound，把 UI\Sprite 中的 ButtonRound 图片拖到 Source Image 处，并将其锚点设置在左上角，将图片的 Width 设置为 85，Height 设置为 85。

（4）依次在 ButtonSound 下创建 3 个 Image，其锚点采用默认方式，不用修改，完成后的对象的层级结构如图 13-4 所示。3 个 Image 的属性设置如下。

- Image：将 Source Image 设置为 ButtonRound 图片，Width 设置为 75，Height 设置为 75。
- Image(1)：将 Source Image 设置为 Sound 图片，Width 设置为 40，Height 设置为 40。
- Image(2)：将 Source Image 设置为 Leave 图片，Width 设置为 65，Height 设置为 52。

（5）给 ButtonSound 添加 Button 组件，并把其下的 Image 拖到 Button 组件的 Target Graphic 处，"声音"按钮效果如图 13-5 所示。经过上面的操作，"声音"按钮开发完成。

（6）开始面板中的"开始"按钮、"邮件"按钮、"设置"按钮等和"声音"按钮基本类似，根据设计的最终效果，读者具体可参考项目的源码进行设计。最终设计的层级结构如图 13-6 所示。

图 13-4

图 13-5

图 13-6

13.3 制作游戏的主面板

游戏的主面板主要包括经验条、技能冷却等元素。经验条主要展示玩家的当前经验进度；技能冷却又被称为 CD（Cool Down Time 的缩写），是指释放一次技能（或使用一次物品）到下一次可以使用这种技能（或这个物品）的间隔时间，其设计效果如图 13-7 所示。

图 13-7

在 Scene 文件夹中创建场景 Main 并打开。在场景中创建 Canvas，Canvas 的属性设置与 Start 场景中 Canvas 的属性设置相同，在 Canvas 下创建 Image 并重命名为 Bg，把 UI\Sprite 中的 bg-02 图片拖到 Source Image 处。下面开始制作游戏中的经验条和技能冷却。

1．制作游戏中的经验条

（1）在 Canvas 下创建一个 Image 并重命名为 EnergyBar，把其放到右上角且锚点也要移至右上角，把 UI\Sprite 中的 Bar Background 图片拖到 Source Image 处，其尺寸参考值 Width 为 270，Height 为 57。

（2）复制 EnergyBar 并重命名为 Bg，让其作为 EnergyBar 的子对象，设置其 Color 值为 000000FF（黑色），其尺寸比 EnergyBar 略小，参考值 Width 为 258，Height 为 45。再复制 Bg 并重命名为 FillImage，也让其作为 EnergyBar 的子对象，设置其 Color 值为 35FF0FFF（绿色），以上 3 张图片的层级结构如图 13-8 所示。

（3）为 EnergyBar 添加 Slider 组件，并把 FillImage 拖到 Fill Rect 处，属性面板的设置如图 13-9 所示。此时 FillImage 会变形，如图 13-10 所示，只需要手动将其调节到原来的尺寸就可以。

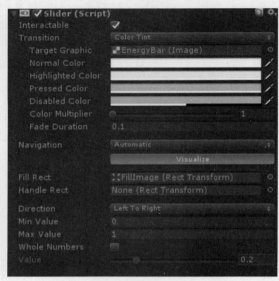

图 13-8

图 13-9

图 13-10

（4）设置 FillImage 的属性值，将 Image Type 设置为 Filled，Fill Method 设置为 Horizontal，Fill Origin 设置为 Left，如图 13-11 所示，经验条的设计效果如图 13-12 所示。经过上面的操作就完成了经验条的滑动条的设置。

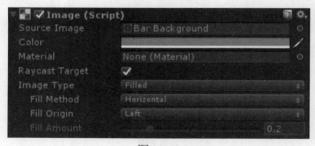

图 13-11

图 13-12

（5）设计经验条的左边部分。在 EnergyBar 下创建 Image 并重命名为 LeftImage，在其下面再创建 3 个 Image，层级结构如图 13-13 所示，它们对应的图片如下。

- LeftImage：将 Source Image 设置为 ButtonRound 图片。
- Image1：将 Source Image 设置为 Button Round Foreground Green 图片。
- Image2：将 Source Image 设置为 inventory–01 图片。
- Image3：将 Source Image 设置为 Leave2 图片。

调节 4 张图片的尺寸和位置，达到满意的效果即可，经验条左边部分的效果如图 13-14 所示。

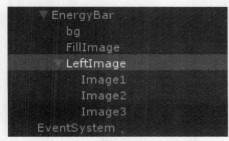

图 13-13

图 13-14

（6）设计经验条的文本部分。在 EnergyBar 下创建 Text，设置其 Text 的内容，如 500，将 Font 设置为 "造字工坊悦圆"，Font Size 设置为 30，Color 为白色，排列格式为垂直居中，属性设置如图 13-15 所示，调节尺寸和位置直至达到满意的效果。

图 13-15

（7）设计经验条的右边部分。在 EnergyBar 下创建 Image 并重命名为 RightImage，把 UI\Sprite 中的 Leave3 图片拖到 Source Image 处，调节其尺寸和位置直至达到满意的效果。通过上述操作就可以完成整个经验条的制作。经验条的最终效果如图 13-16 所示，对象的层级结构如图 13-17 所示。

图 13-16

图 13-17

2. 制作游戏中的技能冷却

（1）在 Canvas 下创建 Image 并重命名为 SkillItem1，把 UI\Sprite 中的 Slot2 图片拖到 Source Image 处，其尺寸参考值 Width 为 110，Height 为 110。在 SkillItem1 下创建 Image，把 UI\Sprite 中的 Sword Icon 图片拖到 Source Image 处，将图片调整为合适的尺寸。

（2）复制 SkillItem1 下的 Image 并重命名为 FilledImage，把 Color 中的 RGB 设为 0000005F，即黑色，A（透明度）设置为 95。把 FilledImage 的 Image Type 设置为 Filled，Fill Method 设置为 Radial 360，如图 13-18 所示。

图 13-18

（3）复制 SkillItem1 下的 Image，重命名为 Image(1)，把 UI\Sprite 中的 Leave4 图片拖到 Source Image 处，将图片调整为合适的尺寸，效果如图 13-19 所示。在 SkillItem1 下创建 Text，层级结构如图 13-20 所示。为 Text 添加 Outline 组件，其作用是给字体描边，属性设置如图 13-21 所示。

图 13-19

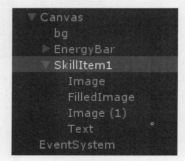

图 13-20

图 13-21

（4）技能的释放需要一段时间，此功能需要使用脚本来控制。创建 SkillItem 脚本，在脚本中添加如下代码，获取每帧的 deltaTime 时间的累加，通过按数字键 1，实现 FilledImage 图片的 fillAmount 按比例进行自动填充，模拟技能释放的效果：

```
using UnityEngine;
using System.Collections;
using UnityEngine.UI;
public class SkillItem: MonoBehaviour
{
    public float coldTime=2;            //冷却时间
    public KeyCode keycode;             //冷却开始的快捷键
    private float timer=0;
    private Image filledImage;          //模拟技能释放的自动填充图片
    private bool isStartTimer=false;    //技能是否释放的标记
    void Start()
    {
      filledImage=GameObject.Find("FilledImage").GetComponent<Image>();
    }
    void Update()
    {
      if (Input.GetKeyDown(keycode))
      {
        isStartTimer=true;
      }
      if (isStartTimer)
      {
        timer += Time.deltaTime;
        filledImage.fillAmount=(coldTime-timer)/coldTime;
        if (timer >= coldTime)
        {
          filledImage.fillAmount=0;
          timer=0;
          isStartTimer=false;
        }
      }
    }
}
```

把此脚本添加给 SkillItem1 对象，并给 Cold Time（冷却时间）和 Keycode（冷却开始的快捷键）赋值，如图 13-22 所示。运行程序，按数字键 1 就可实现技能冷却。

（5）前面介绍了按快捷键实现技能冷却的方法，同样地，给 SkillItem1 对象添加 Button 组件，单击此图片按钮也可以实现技能冷却。

图 13-22

打开 SkillItem1 脚本，自定义 OnClick()方法，再添加如下代码，实现技能冷却：

```
public void OnClick()
{
    isStartTimer=true;
}
```

为 SkillItem1 按钮的 OnClick()事件响应绑定 OnClick()方法。运行程序，单击 SkillItem1 按钮就可以实现技能冷却。

13.4 制作游戏的"角色"面板

游戏的"角色"面板通常用于存放角色的多种信息，玩家在此面板中不仅可以查看人物的称谓、等级、职业、战斗属性等，还可以进行加血、加魔法、加体力等操作。游戏的"角色"面板的设计效果如图 13-23 所示。

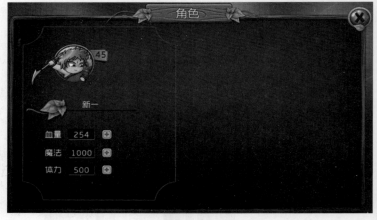

图 13-23

（1）在 Scene 文件夹中创建场景 Character 并打开。在场景中创建 Canvas，在 Canvas 下创建 Image 并重命名为 BG，Canvas 的属性设置和 BG 背景的设置与 Start 场景中相关的设置相同。在 Canvas 下再创建 Image 并重命名为 PanelCharacter，把 UI\Sprite 中的 w 图片拖到 Source Image 处，调节图片的尺寸和位置，达到视觉上满意的效果，设计效果如图 13-24 所示。

图 13-24

（2）在 PanelCharacter 下创建 Image 并重命名为 Title，把 UI\Sprite 中的 Title 图片拖到 Source Image 处，在 Title 下创建 Text，将 Text 的内容设置为"角色"，并添加 Outline 组件。在 Canvas 下创建 ButtonClose 按钮，其创建方法与开始面板中"声音"按钮的创建方法相同。对象的层级结构如图 13-25 所示，设计效果如图 13-26 所示。

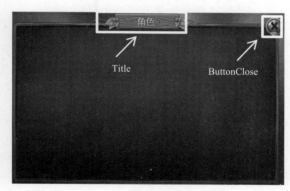

图 13-25　　　　　　　　　　　　　　　　　　图 13-26

（3）创建 Image 并重命名为 PanelHead，把 UI\Sprite 中的 frame-2 图片拖到 Source Image 处，调节图片的尺寸和位置，达到视觉上满意的效果即可，如图 13-27 所示。

（4）在 PanelHead 下创建 Image 并重命名为 Head，把 UI\Sprite 中的 Portrait 图片拖到 Source Image 处，保持图片原有尺寸，并调整到合适的位置。在 Head 下创建 Image，把 UI\Sprite 中的 Character 图片拖到 Source Image 处，保持图片原有尺寸，并调整到合适的位置。在 Head 下创建 Text，将其内容设置为 45，调整字号及位置。头像的效果如图 13-28 所示。

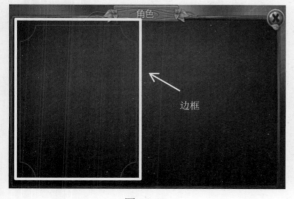

图 13-27

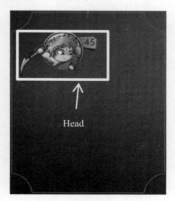

图 13-28

（5）在 PanelHead 下创建 Image 并重命名为 User，把 UI\Sprite 中的 Seperator 图片拖到 Source Image 处，保持图片原有尺寸，并调整到合适的位置。在 User 下创建 Image，把 UI\Sprite 中的 Leave2 图片拖到 Source Image 处，保持图片原有尺寸，并调整到合适的位置。在 User 下创建 Text，将其内容设置为"新一"，调整字号及位置。对象的层级结构如图 13-29 所示，用户名的效果如图 13-30 所示。

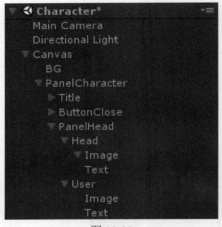

图 13-29

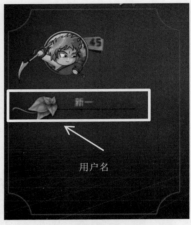

图 13-30

（6）在 PanelHead 下创建 Text 并重命名为 HP，将其内容设置为"血量"，调整字号及位置。在 HP 下创建 Image，把 UI\Sprite 中的 InputBackGround 图片拖到 Source Image 处，保持图片原有尺寸，并调整到合适的位置。在当前 Image 下创建 Text，将其内容设置为 254，调整字号及位置。复制 HP 下的 Image 为 Image(1)，把 UI\Sprite 中的 ButtonPlus 图片拖到 Source Image 处，保持图片原有尺寸，并调整到合适的位置。

（7）复制两次 HP，分别重命名为 MP 和 Energy，调整到合适的位置，并修改相应的名称及其文本内容。对象的层级结构如图 13-31 所示，"角色"面板的最终效果如图 13-32 所示。

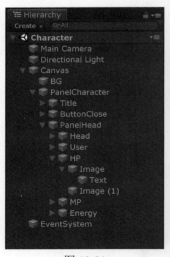

图 13-31

图 13-32

13.5 制作游戏的"背包"面板

游戏的"背包"面板主要用于存放玩家在游戏中所获得的道具、货币等,玩家也可以在"背包"面板中查看道具并使用这些道具。

"背包"面板的设计思路是利用 Toggle 开关组,使每个开关对应一张表格,通过 Toggle 开关来控制表格的显示/隐藏,实现在"背包"面板中每单击一个选项卡时可以显示一张表格,其他表格则隐藏起来。显示/隐藏表格的方法是把表格的 SetActive()方法交给 Toggle 开关组的 OnValueChanged()事件调用,通过改变其布尔值实现表格的显示/隐藏。"背包"面板的设计效果如图 13-33 所示。

图 13-33

(1)在 Scene 文件夹中创建场景 Knapsack 并打开,在场景中创建 Canvas,在 Canvas 下创建 Image 并重命名为 Bg,Canvas 和 Bg 的属性设置与 Character 场景中相关的设置相同。在 Canvas 下再创建 Image 并重命名为 PanelKnapsack,把 UI\Sprite 中的 w 图片拖到其 Source Image 处创建场景边框,在其下创建 Title 标题、ButtonClose 按钮两个子对象,创建方法和内容设置与"角色"面板的相关操作相同,将标题的内容设置为"背包",调节尺寸和位置,直至达到视觉上满意的效果。对象的层级结构如图 13-34 所示,设计的效果如图 13-35 所示。

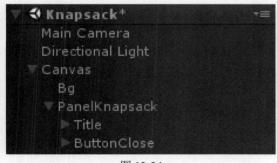

图 13-34

图 13-35

(2)在 PanelKnapsack 下创建 Image 并重命名为 Knapsack,把 UI\Sprite 中的 frame-1 图片拖到 Source Image 处,调整图片的尺寸及位置,直至达到满意的效果,如图 13-36 所示。

(3)为 Knapsack 添加 Toggle Group 组件,在 Knapsack 下创建 Image 并重命名为 Tab1,把 UI\Sprite 中的 tab-normal 图片拖到 Source Image 处,保持图片原有尺寸,并调整到合适的位置。

在 Tab1 下创建 Image，把 UI\Sprite 中的 tab-selected 图片拖到 Source Image 处，保持图片原有尺寸，并调整到合适的位置。在 Tab1 下创建 Text，将其内容设置为"装备"，调整字号及其位置。对象的层级结构如图 13-37 所示，Tab1 的调整效果如图 13-38 所示。为 Tab1 添加 Toggle 组件，并把 Tab1 下的 Image 拖到此组件的 Graphic 处，把 Knapsack 拖到此组件的 Group 处。

图 13-36

图 13-37

图 13-38

（4）复制两个 Tab1，分别重命名为 Tab2 和 Tab3，相应的 Text 的内容分别为"消耗品"和"材料"，调整到合适的位置。默认 Tab1 的 Is On 为选中状态，其他两个为非选中状态。对象的层级结构如图 13-39 所示，"背包"面板选项卡的设计效果如图 13-40 所示。

图 13-39

图 13-40

（5）在 Knapsack 下创建一个空 GameObject 并重命名为 Panel1，它的主要作用是控制布局，其尺寸的参考值 Width 为 460，Height 为 350。Panel1 的位置如图 13-41 所示。

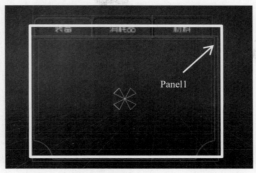

图 13-41

（6）在 Panel1 下创建一个空 GameObject 并重命名为 Grid，它的主要作用也是控制布局，其大小和 Panel1 一样即可。为 Grid 添加 Grid Layout Group 组件，使其内容以表格的形式排列，其 Cell Size 的参考值 X 为 90，Y 为 100。

（7）在 Grid 下创建一个空 GameObject 并重命名为 Grid-Item，它的主要作用是控制内容不受网格的缩放影响，其尺寸大小的参考值 Width 为 90，Height 为 100。在 Grid-Item 下创建 Image 并重命名为 Item，把 UI\Sprite 中的 Slot 图片拖到 Source Image 处，其尺寸参考值 Width 为 75，Height 为 75。在 Item 下创建 Image，把 UI\Sprite 中的 inventory-04 图片拖到 Source Image 处，保持其尺寸不变。复制 9 个 Grid-Item，并分别重命名为 Grid-Item(1)、Grid-Item(2)、Grid-Item(3)、Grid-Item(4)、Grid-Item(5)、Grid-Item(6)、Grid-Item(7)、Grid-Item(8)、Grid-Item(9)。对象的层级结构如图 13-42 所示，Grid 对象排列的设计效果如图 13-43 所示。

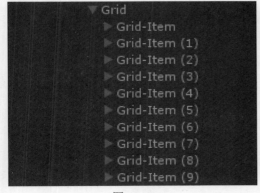

图 13-42

图 13-43

（8）复制两个 Panel1，分别重命名为 Panel2 和 Panel3，然后隐藏 Panel2 和 Panel3，每张表格的 Item 的数量可以不同，也可以选用不同内容的图片。对象的层级结构如图 13-44 所示。

（9）为 Tab1 中的 Toggle 开关的 OnValueChanged()事件绑定 SetActive()方法，实现 Tab1 控制 Panel1 的显示与隐藏。使用同样的操作方法，实现 Tab2 控制 Panel2、Tab3 控制 Panel3 的显示与隐藏。

（10）运行程序，单击选项卡就可以显示相应的表格，如单击"消耗品"选项卡的效果如图 13-45 所示。

图 13-44

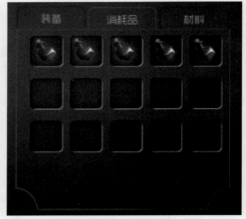

图 13-45

13.6 制作游戏的"关卡选择"面板

关卡是游戏的重要组成部分，游戏的节奏、难度阶梯等方面在很大程度上依靠关卡来设置，"关卡选择"面板可以实现进入不同关卡的功能。

"关卡选择"面板的设计思路是利用 Toggle 开关组，使每个 Toggle 开关对应一张表格的不同部分，通过单击不同的 Toggle 开关来使表格滑动到相应的部分，以便玩家选择不同的关卡。利用 Lerp()方法及 Scroll Rect 滑动组件可以实现表格的移动。"关卡选择"面板的设计效果如图 13-46 所示。

图 13-46

（1）在 Scene 文件夹中创建场景 SelectLevel 并打开。在场景中创建 Canvas，在 Canvas 下创建 Image 并重命名为 Bg，Canvas 和 Bg 的属性设置与 Character 场景中相关的设置相同。在 Canvas 下再创建 Image 并重命名为 PanelSelectLevel，在其下创建 BgFrame、Title、ButtonClose 按钮，创建方法和内容设置与"角色"面板的相关操作相同，将 Title 的内容设置为"关卡选择"，调整其尺寸和位置，直至达到满意的效果。对象的层级结构如图 13-47 所示，关卡选择的设计效果如图 13-48 所示。

図 13-47　　　　　　　　　　　　　　　図 13-48

（2）在 BgFrame 下创建 Image 并重命名为 ScrollPanel，其尺寸参考值 Width 为 600，Height 为 300，其位置如图 13-49 所示。在 ScrollPanel 下创建空 GameObject 并重命名为 GridContent，其尺寸参考值 Width 为 2400，Height 为 300，调整位置使其与 ScrollPanel 左对齐。为 GridContent 添加 Grid Layout Group 组件，其 Cell Size 尺寸的参考值 X 为 150，Y 为 150。

図 13-49

（3）为 ScrollPanel 添加 Scroll Rect 组件和 Mask 组件，Scroll Rect 组件主要用于实现 GridContent 的滑动，Mask 组件主要用于实现只有在 ScrollPanel 图片范围内的 GridContent 中的内容才能显示出来。把 GridContent 拖到 Scroll Rect 组件的 Content 处，勾选 Horizontal 复选框，可以实现表格水平滑动。ScrollPanel 的属性面板如图 13-50 所示。

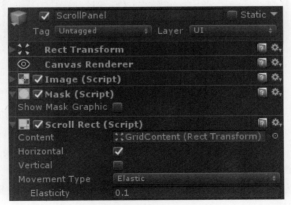

図 13-50

（4）在 GridContent 下创建空 GameObject 并重命名为 LevelItem1，在 LevelItem1 下创建 Image

并重命名为 Bg，把 UI\Sprite 中的 Button Round Background 图片拖到 Source Image 处，其尺寸参考值 Width 为 122，Height 为 85，在 Bg 下创建 1 个 Text 和 3 个 Image，将 Text 的内容设置为 1，3 个 Image 对应的图片分别为 StarLeft、StarCenter、StarRight。复制 31 个 LevelItem1，一屏显示 8 个，在每屏中按顺序对 Text 的值依次进行修改。对象的层级结构如图 13-51 所示，表格调整的效果如图 13-52 所示。

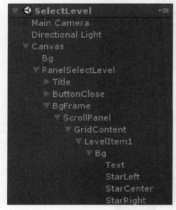

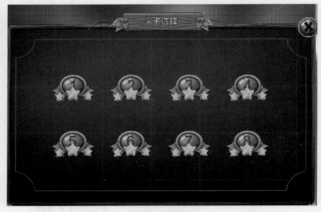

图 13-51   图 13-52

（5）在 BgFrame 下创建空 GameObject 并重命名为 ToggleGroup，其尺寸参考值 Width 为 346，Height 为 77，把其移到 BgFrame 的下方，为 ToggleGroup 添加 Toggle Group 组件。Toggle Group 组件的位置如图 13-53 所示。

图 13-53

（6）在 ToggleGroup 下创建 Image 并重命名为 Toggle，其尺寸参考值 Width 为 20，Height 为 20，把 UI\Sprite 中的 Knob 图片拖到 Source Image 处。在 Toggle 下创建 Image 并重命名为 Leave，把 UI\Sprite 中的 Leave 图片拖到 Source Image 处，其尺寸参考值 Width 为 48，Height 为 38。为 Toggle 添加 Toggle 组件，把 Leave 对象拖到其组件的 Graphic 处，把 ToggleGroup 拖到其组件的 Group 处，Is On 为选中状态。复制 3 个 Toggle，并调整到合适的位置，这 3 个 Toggle 的 Is On 为非选中状态。对象的层级结构如图 13-54 所示，ToggleGroup 的调整效果如图 13-55 所示。

（7）在 Scripts 文件夹下创建 LevelButtonScrollRect 脚本，并添加代码，利用 Mathf.Lerp() 方法实现单击 Toggle 开关使表格滑动到相应位置的功能。把该脚本添加给 ScrollPanel，为每个 Toggle

的 On Value Changed()事件设置好对应的方法。然后依次把 ScrollPanel 拖到每个 Toggle 的 On Value Changed()事件的 None(Object)框中，把 MoveToPage1()～MoveToPage4()依次添加到 4 个 Toggle 的响应方法上。

图 13-54

图 13-55

添加的代码如下：

```
using System.Collections;
using System.Collections.Generic;
using UnityEngine;
using UnityEngine.UI;
public class LevelButtonScrollRect : MonoBehaviour {
    private ScrollRect scrollRect;
    public float smoothing = 4;  //切换速度
    private float[] pageArray = new float[] { 0, 0.33333f, 0.66666f, 1 };
    private float targetHorizontalPosition = 0;
    void Start() {
        scrollRect = GetComponent<ScrollRect>();
    }
    void Update() {
        scrollRect.horizontalNormalizedPosition = Mathf.Lerp(
            scrollRect.horizontalNormalizedPosition, targetHorizontalPosition,
            Time.deltaTime*smoothing);
    }
    public void MoveToPage1(bool isOn) {
        if (isOn) { targetHorizontalPosition = pageArray[0]; }
    }
    public void MoveToPage2(bool isOn) {
        if(isOn) { targetHorizontalPosition = pageArray[1]; }
    }
    public void MoveToPage3(bool isOn) {
        if(isOn) { targetHorizontalPosition = pageArray[2]; }
    }
    public void MoveToPage4(bool isOn) {
        if(isOn) { targetHorizontalPosition = pageArray[3]; }
    }
}
```

（8）运行程序，单击开关可以实现表格的滑动，以及进行关卡的选择，滑动效果如图 13-56 所示。

图 13-56

13.7 制作游戏的"设置"面板

游戏的"设置"面板主要用于对游戏的一些属性进行设置，如声音、游戏难度、音效等。下面介绍"设置"面板的制作步骤。

（1）在 Scene 文件夹中创建场景 Settings 并打开，在场景中创建 Canvas，在 Canvas 下创建 Image 并重命名为 Bg，Canvas 和 Bg 的属性设置与 Character 场景中相关的设置相同。在 Canvas 下再创建 Image 并重命名为 PanelSettings，在其下创建 Title、ButtonClose 按钮，创建方法和内容设置与"角色"面板的相关操作相同，将 Title 的内容设置为"设置"，并调整尺寸和位置，直至达到满意的效果。对象的层级结构如图 13-57 所示，"设置"面板的窗口效果如图 13-58 所示。

图 13-57

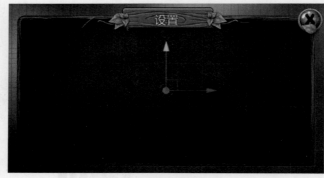

图 13-58

（2）在 PanelSettings 下创建 Text 并重命名为 Volume，将其内容设置为"声音"。在 Volume 下创建 Slider，其每部分的参数设置如下。

Background 的 Source Image 为 UI\Sprite\SliderBackground。

Fill Area 的 Color 值为#13490FFF。

Handle Slide Area 的 Source Image 为 UI\Sprite\Thumb。

调整字号及位置，对象的层级结构如图 13-59 所示，Volume 和 Slider 的调整效果如图 13-60 所示。

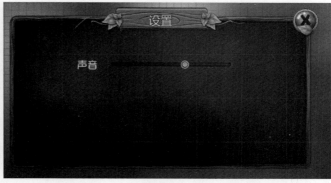

图 13-59　　　　　　　　　　　　　　　　　　图 13-60

（3）在 PanelSettings 下创建 Text 并重命名为 Difficult，将其内容设置为"难度"，并为其添加 Toggle Group 组件。在 Difficult 下创建 Image 并重命名为 Toggle，把 UI\Sprite 中的 Leave 图片拖到 Source Image 处，其尺寸参考值 Width 为 23，Height 为 23，并为其添加 Toggle 组件。在 Toggle 下创建 Image，把 UI\Sprite 中的 Tick 图片拖到 Source Image 处，其尺寸参考值 Width 为 16，Height 为 17。在 Toggle 下创建 Text，将其内容设置为"容易"，把 Toggle 下的 Image 拖到 Toggle 组件的 Graphic 处。复制两次 Toggle，将其 Text 的内容分别设置为"一般"和"困难"，并保持这 3 个中的一个 Is On 处于选中状态，调整字号及位置，对象的层级结构及效果如图 13-61 和图 13-62 所示。

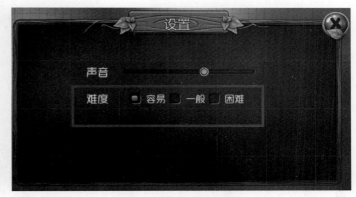

图 13-61　　　　　　　　　　　　　　　　　　图 13-62

（4）在 PanelSettings 下创建 Text 并重命名为 Audio，将其内容设置为"音效"。在 Audio 下创建 Image 并重命名为 MyToggle，把 UI\Sprite 中的 Switch BackGround 图片拖到 Source Image 处，其尺寸参考值 Width 为 76，Height 为 24，并为其添加 Toggle 组件。在 MyToggle 下创建 Image 并重命名为 SwitchOn，把 UI\Sprite 中的 SwitchOn 图片拖到 Source Image 处，其尺寸参考值 Width 为 33，Height 为 13。在 SwitchOn 下创建 Text，将其内容设置为 On，调整字号及位置，对象的层级结构及效果如图 13-63 和图 13-64 所示。

（5）复制 SwitchOn 并重命名为 SwitchOff，然后隐藏 SwitchOn，把 UI\Sprite 中的 SwitchOff 图片拖到 Source Image 处，然后把其下的 Text 内容改为 Off，并调整位置使其与 SwitchOn 重合，对象的层级结构及效果如图 13-65 和图 13-66 所示。

图 13-63

图 13-64

图 13-65

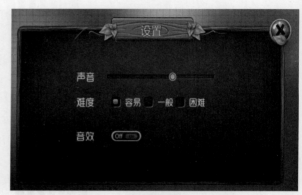

图 13-66

（6）在 Scripts 文件夹下创建脚本 MyToggle，并添加代码，利用 SetActive()方法控制游戏对象的显示/隐藏，单击 Toggle 按钮实现游戏对象的显示/隐藏。

添加的代码如下：

```
using UnityEngine;
using System.Collections;
using UnityEngine.UI;
public class MyToggle : MonoBehaviour{
    public GameObject isOnGameObject;
    public GameObject isOffGameObject;
    private Toggle toggle;
    void Start(){
        toggle = GetComponent<Toggle>();
        OnValueChange(toggle.isOn);
    }
    public void OnValueChange(bool isOn) {
        isOnGameObject.SetActive(isOn);
        isOffGameObject.SetActive(!isOn);
    }
}
```

（7）把脚本 MyToggle 添加到 MyToggle 对象上，并把 SwitchOn 拖到 IsOnGameObject 处，

再将 SwitchOff 拖到 IsOffGameObject 处；在脚本属性窗口中为 MyToggle 开关的 OnValueChanged 事件响应绑定 OnValueChange()方法。

（8）运行程序，单击 Toggle 按钮就可以实现 SwitchOn 与 SwitchOff 的切换。

 ## 13.8　制作游戏的"登录"面板

游戏的"登录"面板主要用于游戏开始时的用户登录，通常包含用户名、密码等输入框。下面介绍"登录"面板的制作步骤。

（1）在 Scene 文件夹中创建场景 Login 并打开，在场景中创建 Canvas，在 Canvas 下创建 Image 并重命名为 Bg，Canvas 和 Bg 的属性设置与 Character 场景中相关的设置相同。在 Canvas 下再创建 Image 并重命名为 PanelLogin，把 UI\Sprite 中的 w 图片拖到其 Source Image 处创建场景边框，在其下创建 Title 标题、ButtonClose 按钮、ButtonLogin 按钮、ButtonController 按钮，创建方法和内容设置与"角色"面板的相关操作相同，将 Title 的内容设置为"登录"，调整图片的尺寸和位置，直至达到满意的效果。对象的层级结构如图 13-67 所示，"登录"面板的窗口效果如图 13-68 所示。

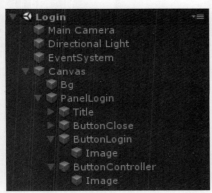

图 13-67

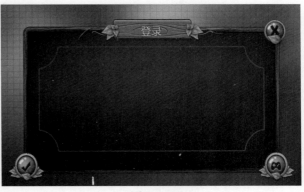

图 13-68

（2）在 PanelLogin 下创建 Text 并重命名为 Username，将其内容设置为"用户名"。在 Username 下创建 InputField，把 UI\Sprite 中的 Input Background 图片拖到 InputField 的 Source Image 处。把 Placeholder 中的 Text 设置为"在这里输入用户名..."，调整字号及颜色，"用户名"输入框的调整效果如图 13-69 所示。

图 13-69

（3）复制 Username 并重命名为 Password，修改其下的 InputField 中的 Content Type 为 Password，把 Password 下的 Placeholder 的 Text 设置为"在这里输入密码..."。调整字号及颜色，对象的层级结构如图 13-70 所示。"登录"面板的最终设计效果如图 13-71 所示。

图 13-70

图 13-71

本章小结

（1）本章是 Unity 2017 版本的 UGUI 综合案例，设计内容包括 7 个 UI，即游戏的开始面板、主面板、"角色"面板、"背包"面板、"关卡选择"面板、"设置"面板、"登录"面板。

（2）游戏的开始面板是游戏启动后展示的第一个界面，需要对游戏的音乐、音效等进行统一设置。游戏的主面板主要包括经验条、技能冷却等元素。经验条主要展示玩家当前的经验进度，技能冷却又被称为 CD，是指释放一次技能（或使用一次物品）到下一次可以使用这种技能（或这个物品）的间隔时间。

游戏的"角色"面板通常用于存放角色的多种信息，玩家在此面板不仅可以查看人物的称谓、等级、职业、战斗属性等，还可以进行加血、加魔法、加体力等操作。

（3）游戏的"背包"面板主要用于存放玩家在游戏中所获得的道具、货币等，玩家也可以在"背包"面板中查看道具并使用这些道具。"背包"面板的设计思路是利用 Toggle 开关组，使每个开关对应一张表格，通过 Toggle 开关来控制表格的显示/隐藏，实现在"背包"面板中每单击一个选项卡时可以显示一张表格，其他表格则隐藏起来。

（4）关卡是游戏的重要组成部分，游戏的节奏、难度阶梯等方面在很大程度上要依靠关卡来设置，"关卡选择"面板可以实现选择进入不同关卡的功能。"关卡选择"面板的设计思路是利用 Toggle 开关组，使每个 Toggle 开关对应一张表格的不同部分，通过单击不同的 Toggle 开关来使表格滑动到相应的部分，以便玩家选择不同的关卡。

（5）游戏的"设置"面板主要用于对游戏的一些属性进行设置，如声音、游戏难度、音效等。游戏的"登录"面板主要用于游戏开始时的用户登录，通常包含用户名、密码等输入框。

思考与练习

1．利用 Unity 的场景管理函数，设置不同按钮，把所有的场景连接起来，通过单击按钮可以实现每个场景的转换。

2．利用"登录"面板，设计用户只有正确登录才能进入游戏的开始面板及其他面板。

3．在"角色"面板中，实现用户名与用户的登录名一致，并可以改变角色的体力、魔法、血量等数值。

4．在"设置"面板中实现音乐的播放，并能通过滑动条改变音量的大小。